工程预决算快学快用系列手册

装饰装修工程预决算快学快用

（第 2 版）

本书编写组　编

中国建材工业出版社

图书在版编目(CIP)数据

装饰装修工程预决算快学快用/《装饰装修工程预决算快学快用》编写组编. —2版. —北京:中国建材工业出版社,2014.1(2017.8重印)

(工程预决算快学快用系列手册)

ISBN 978-7-5160-0716-7

Ⅰ.①装… Ⅱ.①装… Ⅲ.①建筑装饰-建筑经济定额-技术手册 Ⅳ.①TU723.3—62

中国版本图书馆 CIP 数据核字(2014)第 000364 号

装饰装修工程预决算快学快用(第2版)

本书编写组 编

出版发行 中国建材工业出版社

地　　址:北京市海淀区三里河路 1 号

邮　　编:100044

经　　销:全国各地新华书店

印　　刷:北京紫瑞利印刷有限公司

开　　本:850mm×1168mm　1/32

印　　张:14.5

字　　数:460 千字

版　　次:2014 年 1 月第 2 版

印　　次:2017 年 8 月第 2 次

定　　价:42.00 元

内 容 提 要

本书第 2 版根据《建设工程工程量清单计价规范》(GB 50500—2013)、《房屋建筑与装饰工程工程量计算规范》(GB 50854—2013)和装饰装修工程预决算定额编写,详细介绍了装饰装修工程预决算编制的基础理论和方法。全书主要包括装饰装修工程预决算概论、装饰装修工程识图、装饰装修工程基础知识、装饰装修工程定额、工程单价的确定、装饰装修工程概预算的费用、装饰装修工程工程量计算、装饰装修工程材料用量计算、装饰装修工程清单工程量计算、装饰装修工程施工图预算编制与审查、《全统装饰定额》的应用与换算、装饰装修工程招标与投标、装饰装修工程竣工结算和竣工决算等内容。

本书具有内容翔实、紧扣实际、易学易懂等特点,可供装饰装修工程预决算编制与管理人员使用,也可供高等院校相关专业师生学习时参考。

装饰装修工程预决算快学快用

编 写 组

主　编：周志华

副主编：畅艳惠　蒋林君

编　委：宋金英　王　冰　宋延涛　王　燕

　　　　张小珍　卢晓雪　王翠玲　崔奉伟

　　　　王秋艳　洪　波　王晓丽　郭钰辉

第 2 版前言

建设工程预决算是决定和控制工程项目投资的重要措施和手段,是进行招标投标、考核工程建设施工企业经营管理水平的依据。建设工程预决算应有高度的科学性、准确性及权威性。本书第一版自出版发行以来,深受广大读者的喜爱,对提升广大读者的预决算编制与审核能力,从而更好地开展工作提供了力所能及的帮助,对此编者倍感荣幸。

随着我国工程建设市场的快速发展,招标投标制、合同制的逐步推行,工程造价计价依据的改革正不断深化,工程造价管理改革正日渐加深,工程造价管理制度日益完善,市场竞争也日趋激烈,特别是《建设工程工程量清单计价规范》(GB 50500—2013),及《房屋建筑与装饰工程工程量计算规范》(GB 50854—2013)等 9 本工程量计算规范由住房和城乡建设部颁布实施,对广大建设工程预决算工作者提出了更高的要求。对于《装饰装修工程预决算快学快用》一书来说,其中部分内容已不能满足当前装饰装修工程预决算编制与管理工作的需要。

为使《装饰装修工程预决算快学快用》一书的内容更好地满足装饰装修工程预决算工作的需要,符合装饰装修工程预决算工作实际,帮助广大装饰装修工程预决算工作者能更好地理解 2013 版清单计价规范和装饰工程工程量计算规范的内容,掌握建标[2013]44 号文件的精神,我们组织装饰装修工程预决算方面的专家学者,在保持第 1 版编写风格及体例的基础上,对本书进行了修订。

(1)此次修订严格按照《建设工程工程量清单计价规范》(GB 50500—2013)和《房屋建筑与装饰工程工程量计算规范》(GB 50854—2013)的内容,及建标[2013]44 号文件进行,修订后的图书将能更好地满足当前装饰装修工程预决算编制与管理工作需要,对宣传贯彻 2013 版清单计价规范,使广大读者进一步了解定额计价与工程量清单计价的区别与联系提供很好的帮助。

（2）修订时进一步强化了"快学快用"的编写理念，集预决算编制理论与编制技能于一体，对部分内容进一步进行了丰富与完善，对知识体系进行除旧布新，使图书的可读性得到了增强，便于读者更形象、直观地掌握装饰装修工程预决算编制的方法与技巧。

（3）根据《建设工程工程量清单计价规范》（GB 50500—2013）对工程量清单与工程量清单计价表格的样式进行了修订。为强化图书的实用性，本次修订时还依据《房屋建筑与装饰工程工程量计算规范》（GB 50854—2013），对已发生了变动的装饰工程工程量清单项目，重新组织相关内容进行了介绍，并对照新版规范修改了其计量单位、工程量计算规则、工作内容等。

本书修订过程中参阅了大量装饰装修工程预决算编制与管理方面的书籍与资料，并得到了有关单位与专家学者的大力支持与指导，在此表示衷心的感谢。书中错误与不当之处，敬请广大读者批评指正。

第 1 版前言

　　工程造价管理是工程建设的重要组成部分,其目标是利用科学的方法合理确定和控制工程造价,从而提高工程施工企业的经营效果。工程造价管理贯穿于建设项目的全过程,从工程施工方案的编制、优化,技术安全措施的选用、处理,施工程序的统筹、规划,劳动组织的部署、调配,工程材料的选购、贮存,生产经营的预测、判断,技术问题的研究、处理,工程质量的检测、控制,以及招投标活动的准备、实施,工程造价管理工作无处不在。

　　工程预算编制是做好工程造价管理工作的关键,也是一项艰苦细致的工作。所谓工程预算,是指计算工程从开工到竣工验收所需全部费用的文件,是根据工程建设不同阶段的施工图纸、各种定额和取费标准,预先计算拟建工程所需全部费用的文件。工程预算造价有两个方面的含义,一个是工程投资费用,即业主为建造一项工程所需的固定资产投资、无形资产投资;另一方面是指工程建造的价格,即施工企业为建造一项工程形成的工程建设总价。

　　工程预算造价有一套科学的、完整的计价理论与计算方法,不仅需要工程预算编制人员具有过硬的基本功,充分掌握工程定额的内涵、工作程序、子目包括的内容、工程量计算规则及尺度,同时也需要工程预算人员具备良好的职业道德和实事求是的工作作风,需要工程预算人员勤勤恳恳、任劳任怨、深入工程建设第一线收集资料、积累知识。

　　为帮助广大工程预算编制人员更好地进行工程预算造价的编制与管理,以及快速培养一批既懂理论,又懂实际操作的工程预算工作者,我们特组织有着丰富工程预算编制经验的专家学者,编写了这套《工程预决算快学快用系列手册》。

本系列丛书是编者多年实践工作经验的积累。丛书从最基础的工程预算造价理论入手,重点介绍了工程预算的组成及编制方法,既可作为工程预算工作者的自学教材,也可作为工程预算人员快速编制预算的实用参考资料。

　　本系列丛书作为学习工程预算的快速入门读物,在阐述工程预算基础理论的同时,尽量辅以必要的实例,并深入浅出、循序渐进地进行讲解说明。丛书集基础理论与应用技能于一体,收集整理了工程预算编制的技巧、经验和相关数据资料,使读者在了解工程造价主要知识点的同时,还可快速掌握工程预算编制的方法与技巧,从而达到"快学快用"的目的。

　　本系列丛书在编写过程中得到了有关领导和专家的大力支持和帮助,并参阅和引用了有关部门、单位和个人的资料,在此一并表示感谢。由于编者水平有限,书中错误及疏漏之处在所难免,敬请广大读者和专家批评指正。

目　录

第一章　装饰装修工程预决算概论 …………………………………… (1)

　第一节　装饰装修工程概述 ………………………………………… (1)

　　一、装饰装修工程的概念和分类 ………………………………… (1)

　　二、装饰装修工程的主要内容 …………………………………… (2)

　　三、装饰装修工程的设计要求 …………………………………… (3)

　　四、装饰装修工程的设计作用 …………………………………… (3)

　　五、装饰装修工程的施工特点 …………………………………… (4)

　第二节　建设工程项目的划分 …………………………………… (4)

　　一、建设项目 ……………………………………………………… (5)

　　二、单项工程 ……………………………………………………… (5)

　　三、单位工程 ……………………………………………………… (5)

　　四、分部工程 ……………………………………………………… (6)

　　五、分项工程 ……………………………………………………… (6)

　第三节　装饰装修工程等级与标准 ……………………………… (7)

　　一、装饰装修工程的等级 ………………………………………… (7)

　　二、建筑装饰装修标准 …………………………………………… (7)

　第四节　装饰装修工程预决算的分类与作用 …………………… (9)

　　一、装饰装修工程预决算的分类 ………………………………… (9)

　　二、装饰装修工程预算之间的相互关系 ……………………… (11)

　　三、装饰装修工程预算在工程中的作用 ……………………… (12)

第二章　装饰装修工程识图 ………………………………………… (14)

　第一节　装饰装修工程施工图概述 …………………………… (14)

　　一、装饰装修工程构造 ………………………………………… (14)

　　二、装饰装修工程施工图的概念 ……………………………… (15)

　　三、装饰装修工程施工图的作用 ……………………………… (15)

四、装饰装修工程施工图的特点 ……………………………… (16)
第二节　装饰装修工程施工图形成原理 ……………………… (16)
一、投影原理 ……………………………………………… (16)
二、轴测投影 ……………………………………………… (26)
三、剖面图和断面图 ……………………………………… (29)
第三节　装饰装修工程施工图绘制与识读 …………………… (35)
一、工程制图有关规定 …………………………………… (35)
二、常用房屋建筑室内装饰装修材料和设备图例 ………… (51)
三、装饰装修工程施工图识读 …………………………… (62)

第三章　装饰装修工程基础知识 ……………………………… (69)
第一节　装饰装修工程施工 …………………………………… (69)
一、装饰装修工程的施工对象 …………………………… (69)
二、装饰装修施工的部位 ………………………………… (69)
三、装饰装修的基本方法 ………………………………… (69)
四、装饰装修施工工艺的特点 …………………………… (70)
第二节　装饰装修的功能与分类 ……………………………… (70)
一、墙体饰面的功能与分类 ……………………………… (70)
二、地面饰面的功能与分类 ……………………………… (70)
三、天棚的分类和作用 …………………………………… (71)
第三节　装饰装修工程常用材料 ……………………………… (71)
一、抹灰材料 ……………………………………………… (71)
二、石材类装饰材料 ……………………………………… (72)
三、木材类装饰材料 ……………………………………… (72)
四、建筑陶瓷 ……………………………………………… (73)
五、玻璃 …………………………………………………… (74)
六、裱糊材料 ……………………………………………… (77)
七、天棚装饰材料 ………………………………………… (78)
八、铺地材料 ……………………………………………… (79)
九、墙面装饰板材 ………………………………………… (80)
十、建筑涂料 ……………………………………………… (81)
第四节　常用装饰灯具 ………………………………………… (82)

一、装饰灯具的分类 ……………………………… (82)

二、常用装饰灯具简介 …………………………… (82)

第四章　装饰装修工程定额 ………………………… (84)

第一节　概述 ………………………………………… (84)

一、定额的概念、性质及作用 …………………… (84)

二、定额的分类 …………………………………… (86)

第二节　装饰装修工程定额原理 …………………… (87)

一、工时研究 ……………………………………… (87)

二、施工过程研究 ………………………………… (88)

三、工人工作时间消耗的分类 …………………… (90)

四、机械工作时间消耗的分类 …………………… (93)

五、时间消耗的测定方法——计时观察法 ……… (94)

第三节　施工定额 …………………………………… (98)

一、施工定额概述 ………………………………… (98)

二、劳动定额 ……………………………………… (99)

第四节　材料消耗定额 ……………………………… (103)

一、材料消耗定额的概念 ………………………… (103)

二、材料消耗定额的组成 ………………………… (104)

三、装饰材料消耗定额的制定 …………………… (105)

四、周转性材料消耗量计算 ……………………… (106)

第五节　机械台班使用定额 ………………………… (109)

一、机械台班使用定额的概念 …………………… (109)

二、机械台班定额的编制 ………………………… (110)

第六节　工期定额 …………………………………… (113)

一、工期定额的含义 ……………………………… (113)

二、施工工期定额 ………………………………… (114)

三、工期定额在工程预算中的应用 ……………… (116)

第七节　装饰装修工程预算定额 …………………… (117)

一、装饰装修预算定额概述 ……………………… (117)

二、装饰装修预算定额的组成 …………………… (119)

三、预算定额的编制 ……………………………… (120)

　　四、预算定额项目消耗指标的确定 ················ (123)

　　五、装饰装修工程消耗量定额的应用 ·············· (127)

　第八节　概算定额与概算指标 ···················· (132)

　　一、概算定额 ·································· (132)

　　二、概算指标 ·································· (134)

第五章　工程单价的确定 ························ (136)

　第一节　人工单价的确定 ························ (136)

　　一、人工工日单价的确定 ······················ (136)

　　二、人工单价确定的依据和方法 ················ (137)

　　三、人工单价的计算 ·························· (137)

　第二节　材料单价的确定 ························ (139)

　　一、材料单价的概念 ·························· (139)

　　二、材料单价的组成及分类 ···················· (139)

　第三节　施工机械台班单价确定 ·················· (142)

　　一、机械台班单价的概念 ······················ (142)

　　二、第一类费用计算 ·························· (142)

　第四节　单位估价表的编制 ······················ (147)

　　一、单位估价表的概念和作用 ·················· (147)

　　二、单位估价表的编制依据 ···················· (148)

　　三、单位估价表的编制方法 ···················· (148)

　　四、单位估价表中量、价的确定 ················ (149)

　　五、单位估价表(预算定额)的应用 ·············· (150)

第六章　装饰装修工程概预算的费用 ············ (153)

　第一节　装饰装修工程费用项目组成及特点 ········ (153)

　　一、装饰装修工程费用项目组成 ················ (153)

　　二、装饰装修工程费用的特点 ·················· (156)

　第二节　装饰装修工程费用参考计算方法 ·········· (156)

　　一、各费用构成要素参考计算方法 ·············· (156)

　　二、建筑安装工程计价参考公式 ················ (163)

　第三节　装饰装修工程计价程序 ·················· (166)

　　一、建设单位工程招标控制价计价程序 ·········· (166)

二、施工企业工程投标报价计价程序 …………………… (167)

三、竣工结算计价程序 …………………………………… (168)

第七章　装饰装修工程工程量计算 …………………… (170)

第一节　概述 ………………………………………… (170)

一、正确进行装饰工程量计算的意义 …………………… (170)

二、装饰装修工程量计算的依据 ………………………… (170)

三、计算装饰装修工程量时应注意的问题 ……………… (171)

第二节　建筑面积计算 ……………………………… (171)

一、建筑面积计算的意义 ………………………………… (171)

二、建筑面积的相关概念 ………………………………… (172)

三、建筑面积的作用 ……………………………………… (172)

第三节　建筑面积计算规则 ………………………… (173)

一、应计算建筑面积的部分 ……………………………… (173)

二、不应计算面积的项目 ………………………………… (193)

三、计算建筑面积时应注意的几个问题 ………………… (194)

第四节　脚手架工程 ………………………………… (195)

一、工程计算须知 ………………………………………… (195)

二、脚手架工程量计算 …………………………………… (196)

第五节　建筑装饰工程工程量计算 ………………… (197)

一、楼地面工程 …………………………………………… (197)

二、墙、柱面工程 ………………………………………… (204)

三、天棚工程 ……………………………………………… (214)

四、门窗工程 ……………………………………………… (221)

五、油漆、涂料、裱糊工程 ……………………………… (226)

六、其他工程 ……………………………………………… (232)

七、装饰装修脚手架及项目成品保护费 ………………… (234)

八、垂直运输及超高增加费 ……………………………… (235)

九、水暖卫生器具及照明与灯具 ………………………… (237)

十、通风及空调设备安装工程 …………………………… (240)

第八章　装饰装修工程材料用量计算 ……………… (242)

第一节　水泥砂浆配合比计算 ……………………… (242)

一、一般抹灰砂浆配合比计算 ················· (242)

二、特种砂浆材料用量计算 ················· (245)

三、装饰砂浆配合比计算 ··················· (246)

四、垫层材料用量计算 ····················· (248)

五、菱苦土面层材料用量计算 ··············· (251)

六、水泥白石子(石屑)浆材料用量计算 ······· (253)

第二节　装饰装修用块(板)料用量计算 ········ (254)

一、建筑陶瓷砖用量计算 ··················· (255)

二、建筑石材板(块)用量计算 ··············· (255)

三、建筑板材用量计算 ····················· (256)

四、天棚材料用量计算 ····················· (258)

第三节　壁纸、地毯用量计算 ················ (260)

一、壁纸(墙纸)用量计算 ··················· (260)

二、地毯用量计算 ························· (261)

第四节　油漆涂料用量计算 ················· (261)

一、油漆、涂料含义 ······················· (261)

二、油漆用量计算 ························· (262)

三、涂料参考用量指标 ····················· (263)

第九章　装饰装修工程清单工程量计算 ······ (265)

第一节　工程量清单计价概述 ··············· (265)

一、清单工程量计算一般规定 ··············· (265)

二、工程量清单计价表格 ··················· (266)

第二节　楼地面装饰工程 ··················· (310)

一、楼地面装饰工程工程量清单项目划分与编码 ····· (310)

二、清单工程量计算有关问题说明 ··········· (311)

三、楼地面装饰清单工程量计算规则 ········· (312)

四、楼地面清单工程量计算实例 ············· (321)

第三节　墙、柱面装饰与隔断、幕墙工程 ······· (323)

一、墙、柱面装饰与隔断、幕墙工程工程量

　　清单项目划分与编码 ··················· (323)

二、清单工程量计算有关问题说明 ··········· (324)

三、墙、柱面装饰与隔断、幕墙清单工程量计算规则 ……… (325)

四、墙、柱面装饰与隔断、幕墙清单工程量计算实例 ……… (333)

第四节　天棚工程 …………………………………………… (335)

一、天棚工程工程量清单项目划分与编码 ………………… (335)

二、清单工程量计算有关问题说明………………………… (335)

三、天棚清单工程量计算规则……………………………… (335)

四、天棚清单工程量计算实例……………………………… (337)

第五节　门窗工程 …………………………………………… (339)

一、门窗工程工程量清单项目划分与编码 ………………… (339)

二、清单工程量计算有关问题说明………………………… (340)

三、门窗清单工程量计算规则……………………………… (342)

四、门窗清单工程量计算实例……………………………… (349)

第六节　油漆、涂料、裱糊工程 ……………………………… (350)

一、油漆、涂料、裱糊工程量清单项目划分与编码 ………… (350)

二、清单工程量计算有关问题说明………………………… (351)

三、油漆、涂料、裱糊工程清单工程量计算规则…………… (352)

四、油漆、涂料、裱糊工程清单工程量计算实例…………… (355)

第七节　其他装饰工程 ……………………………………… (357)

一、其他装饰工程工程量清单项目划分与编码 …………… (357)

二、其他装饰工程清单工程量计算规则 …………………… (358)

三、其他装饰工程清单工程量计算实例…………………… (363)

第八节　拆除工程 …………………………………………… (365)

一、拆除工程工程量清单项目划分与编码 ………………… (365)

二、清单工程量计算有关问题说明………………………… (366)

三、拆除工程清单工程量计算规则………………………… (367)

第九节　措施项目 …………………………………………… (372)

一、措施项目工程量清单项目划分与编码 ………………… (372)

二、清单工程量计算有关问题说明………………………… (373)

三、措施项目清单工程量计算规则………………………… (374)

第十章　装饰装修工程施工图预算编制与审查 ………… (384)

第一节　装饰装修工程施工图预算概述 …………………… (384)

一、一般规定 ……………………………………………… (384)

二、施工图预算编制依据 ………………………………… (385)

第二节　装饰装修工程施工图预算文件组成 …………… (385)

一、三级预算编制形式工程预算文件的组成 …………… (385)

二、二级预算编制形式工程预算文件的组成 …………… (386)

第三节　装饰装修工程施工图预算编制方法 …………… (386)

一、单位工程预算编制 …………………………………… (386)

二、综合预算和总预算编制 ……………………………… (388)

三、建筑工程预算编制 …………………………………… (388)

四、安装工程预算编制 …………………………………… (388)

五、调整预算编制 ………………………………………… (388)

第四节　装饰装修工程施工图预算工料分析 …………… (389)

一、装饰装修工程施工图预算工料分析的作用 ………… (389)

二、装饰装修工程施工图预算工料分析的方法、步骤 …… (390)

三、装饰装修工程施工图预算工料分析应注意的问题 …… (390)

第五节　建设工程施工图预算审查 ……………………… (392)

一、施工图预算审查的作用 ……………………………… (392)

二、施工图预算审查的内容 ……………………………… (392)

三、施工图预算审查的方法 ……………………………… (393)

四、施工图预算审查的步骤 ……………………………… (394)

第十一章　《全统装饰定额》的应用与换算 ……… (395)

第一节　《全统装饰定额》的应用 ……………………… (395)

一、《全统装饰定额》的总说明 ………………………… (395)

二、《地区装饰装修工程预算定额》与

　　《全统装饰定额》的关系 …………………………… (397)

三、《全统装饰定额》的应用方式 ……………………… (398)

第二节　《全统装饰定额》的调整与换算 ……………… (399)

一、定额调整与换算的条件和基本公式 ………………… (399)

二、定额调整与换算的规定 ……………………………… (400)

第十二章　装饰装修工程招标与投标 ……………… (403)

第一节　概述 ……………………………………………… (403)

一、装饰装修工程招标 ……………………………………… (403)

二、装饰装修工程招标的方式 ……………………………… (404)

三、装饰装修工程招标的特点 ……………………………… (405)

四、装饰装修工程招标投标制 ……………………………… (406)

五、招标投标应具备的条件 ………………………………… (407)

第二节　装饰装修工程投标报价 ……………………………… (408)

一、投标的概念 ……………………………………………… (408)

二、投标报价的原则 ………………………………………… (409)

三、投标报价班子的组成 …………………………………… (410)

第三节　装饰装修工程招标与投标程序 …………………… (411)

一、招标投标范围 …………………………………………… (411)

二、招标投标阶段 …………………………………………… (411)

三、招标与投标程序 ………………………………………… (411)

四、开标、评标和决标 ……………………………………… (415)

第四节　招标与投标文件 ……………………………………… (416)

一、招标文件 ………………………………………………… (416)

二、投标文件 ………………………………………………… (420)

第五节　装饰装修工程投标报价编制 ……………………… (422)

一、一般规定 ………………………………………………… (422)

二、投标报价编制与复核 …………………………………… (423)

第六节　投标策略和报价技巧 ……………………………… (425)

一、投标策略分析 …………………………………………… (425)

二、选择合适的投标种类 …………………………………… (425)

三、采取合适的报价技巧 …………………………………… (426)

第十三章　装饰装修工程竣工结算和竣工决算 ………… (430)

第一节　竣工结算 …………………………………………… (430)

一、竣工结算一般规定 ……………………………………… (430)

二、竣工结算编制与复核 …………………………………… (430)

三、竣工结算 ………………………………………………… (431)

四、结算款支付 ……………………………………………… (433)

五、质量保证金 ……………………………………………… (433)

六、最终结清 ………………………………………… (434)

第二节　竣工决算 …………………………………… (434)

一、竣工决算的概念 ………………………………… (434)

二、基本建设项目竣工决算编制 …………………… (435)

第三节　装饰装修工程造价审核 …………………… (440)

一、装饰装修工程造价审核简述 …………………… (440)

二、工程造价的依据和形式 ………………………… (440)

三、工程造价审核的步骤 …………………………… (441)

四、工程造价审核的主要方法 ……………………… (441)

五、装饰装修工程造价审核的质量控制 …………… (443)

参考文献 ……………………………………………… (445)

第一章 装饰装修工程预决算概论

第一节 装饰装修工程概述

一、装饰装修工程的概念和分类

1. 装饰装修工程概念

装饰装修工程是房屋建筑工程的装饰与装修活动的简称,是在建筑主体结构完成以后,为美化装饰建筑环境、改善建筑使用功能、保护主体结构而对建筑物进行的再设计、再施工。从根本上来说,它是建筑工程的组成部分。

在建筑学中,建筑装饰和装修一般是不易明显区分的。通常,建筑装修系指为了满足建筑物使用功能的要求,在主体结构工程以外进行的装潢和修饰,如门、窗、阳台、楼梯、栏杆、扶手、隔断等配件的装潢,以及墙、柱、梁、挑檐、雨篷、地面、天棚等表面的修饰。建筑装饰主要是为了满足人的视觉要求而对建筑物进行的艺术加工,如在建筑物内外加设的雕塑、绘画以及室内家具、器具等的陈设布置等。所以,装饰和装修仅是在"粗"和"细"的程度方面和美观方面而进行的技术与艺术的再创作活动。

但近几年来,随着人们生活水平的不断提高,人们对建筑装饰要求越来越高,从而引发了人们对建筑装饰的浓厚兴趣,使得建筑装饰独树一帜,不断地表现出不同于一般建筑施工的特殊性。由于建筑装饰工程工艺性强,使用材料档次较高,建筑装饰工程费用占工程总造价的比例在不断上升。

因此,合理、准确的建筑装饰工程造价对于建筑装饰工程管理与技术人员而言,具有极为重要的意义。

2. 装饰装修工程的分类

(1)按照装饰装修部位划分。按装饰装修部位的不同,可分为内部装饰(或室内装饰)、外部装饰(室外装饰)和环境装饰等。

1)内部装饰。内部装饰是指对建筑物室内所进行的建筑装饰,包括楼地面,墙裙、踢脚线,楼梯及栏杆(板),天棚,室内门窗(包括门窗套、贴脸、窗帘盒、窗帘及窗台等);室内装饰设施(包括给排水与卫生设备、电气与照明设备、暖通设备、用具、家具以及其他装饰设施)。

2)外部装饰。外部装饰也称室外建筑装饰,通常包括外墙面、柱面、外墙裙(勒脚)、腰线;屋面、檐口、檐廊;阳台、雨篷、遮阳篷、遮阳板;外墙门窗,包括防盗门、防火门、外墙门窗套、花窗、老虎窗等;台阶、散水、落水管、花池(或花台);其他室外装饰,如楼牌、招牌、装饰条、雕塑等外露部分的装饰。

3)环境装饰。室外环境装饰包括围墙、院落大门、灯饰、假山、喷泉、水榭、雕塑小品、院内(或小区)绿化以及各种供人们休闲小憩的凳椅、亭阁等装饰物。室外环境装饰和建筑物内外装饰有机融合,形成居住环境、城市环境和社会环境的协调统一,营造一个幽雅、美观、舒适、温馨的生活和工作氛围。因此,环境装饰也是现代建筑装饰的重要配套内容。

(2)按照装饰装修的材料划分。有水泥砂浆装饰、石灰砂浆装饰、水刷石装饰、干粘石装饰、大理石装饰、花岗岩装饰、面砖装饰、板材装饰、塑料装饰以及其他各种新型材料装饰等。

(3)按照装饰装修的施工方法划分。有抹、刷、铺、贴、钉、喷、滚、弹涂等常见类型。

(4)按装饰装修时间划分。

1)前期装饰。前期装饰也称前装饰,是指建筑物的工程结构施工完成后,按照建筑装饰装修施工图所进行的室内外装饰施工,如内墙面抹灰、喷刷涂料、贴墙纸,外墙面水刷石、贴面砖等。前期装饰也称为一般装饰、普通装饰、传统装修或粗装修。

2)后期装饰。后期装饰是指原房屋的一般装饰已完工或尚未完工的情况下,依据用户的某种使用要求,对建筑物中构筑物的局部或全部所进行的内外装饰工程。目前,社会上泛称的装饰装修工程,多数是指后期装饰,也有人称之为高级装饰工程或现代装饰工程。

二、装饰装修工程的主要内容

(1)抹灰工程。

(2)木门窗工程。

(3)玻璃工程。

(4)天棚工程。

(5)隔断工程。

(6)饰面板(砖)工程。

(7)涂料工程。

(8)裱糊工程。

(9)刷浆工程。

(10)花饰工程。

目前,装饰装修工程的内容和范围有了进一步的扩展,除上述内容外,一般还包括铝合金门窗及制品、灯饰、卫生器具、家具、陈列品、绿化等内容。

三、装饰装修工程的设计要求

装饰装修设计的基本原则为:适用、经济、美观。

(1)适用原则。适用原则,是指装饰装修工程必须满足使用功能的需要,使装饰装修与人们的生活与生产互不干涉,并相互和谐,并能满足保温、隔热、隔声、照明、采光、通风等基本使用要求。

(2)经济原则。经济原则,则表现为装饰装修成本应最大限度地降低,在保证使用功能的前提下,正确选择与合理使用装饰装修材料,选择方便可行的施工方法,降低人工消耗,以此保证装饰装修的适用性。

(3)美观原则。美观原则,指的是装饰装修所表现出的综合效果与使用要求的一致性及与外部环境的和谐性。

适用、经济、美观相辅相成,缺一不可,设计人员在进行装饰装修工程设计时,必须遵守上述设计原则。

四、装饰装修工程的设计作用

(1)保护建筑主体结构。通过建筑装饰装修,使建筑物主体不受风、雨、雪、雹和其他有害气体、大气的直接侵蚀,延长建筑物寿命。

(2)改善居住的生活条件的使用功能。这是指满足某些建筑物在灯光、卫生、隔音等方面的要求而进行的各种装饰。

(3)强化建筑物的空间序列。对公共娱乐设施、商场、写字楼等建筑物的内部进行合理布局和分隔,可以满足这些建筑物在使用上的各种要求。

(4)美化城市环境,展示城市艺术魅力。

(5)促进物质文明与精神文明建设。

(6)弘扬祖国建筑文化和促进中西方建筑艺术交流。

五、装饰装修工程的施工特点

(1)工程量大,施工时间较长。一般的施工经验表明,装饰装修工程的施工工期要占地面以上工程施工工期的30%~40%,高级装饰占总工期的50%~60%。装饰装修工期所占比重之所以如此之高,主要是由装饰装修工程的工程量较大,装饰项目繁多所至,且装饰装修标准较高,施工过程琐碎,施工难度较大。

(2)新型材料用量大,劳动消耗量多。为了达到设计要求的装饰装修效果,建设单位与施工单位必须选择材质好、单价高的新型建筑装饰装修材料,因而要求较高的装饰装修施工工艺。另外,我国现在的装饰装修设计、施工,大都采用手工操作,机械化程度较低,因而必然导致劳动消耗量的增加。目前有关资料表明,装饰工程所耗用的劳动量占建筑工程总劳动量的15%~30%。

(3)装饰造价较高,装饰质量不稳定。装饰装修工程的造价占建筑总造价的30%左右,一些装饰要求较高的建筑则占总造价的50%以上。这与装饰装修工程量大、工期长、劳动消耗量大等众多因素是密切相关的。另外,目前装饰装修材料市场上,普遍存在质量不稳定。

第二节　　建设工程项目的划分

建设项目的总投资是一个复杂的计算过程,因此,想要直接计算出整个项目的总投资(造价)是很难的,为了算出工程造价必须先把建设项目分解成若干个简单的、易于计算的基本构成部分,再计算出每个基本构成部分所需的工、料、机械台班消耗量和相应的价值,则整个工程的造价即为各组成部分费用的总和。

建设项目是一个有机整体,将其进行适当的划分,一有利于对项目进行科学管理,包括投资管理、项目实施管理和技术管理;二有利于经济核算,便于编制工程预决算。

一般的建设项目由大到小可划分为建设项目、单项工程、单位工程、分部工程和分项工程五个组成部分,它们之间的关系如图1-1所示。

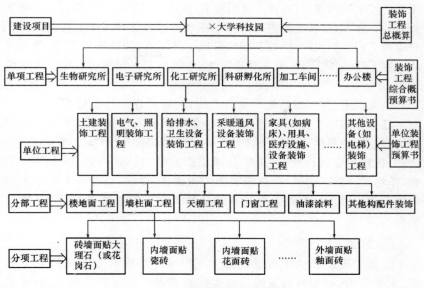

图 1-1　建设项目划分系统图

一、建设项目

建设项目亦称投资项目、建设单位，一般是指经批准按照一个设计任务书的范围进行施工，经济上实行统一核算，行政上具有独立组织形式的建设工程实体。建设项目一般来说由几个或若干单项工程所构成，也可以是一个独立工程。在民用建设中，一所学校，一所医院，一个机关单位等为一个建设项目；在工业建设中，一个企业（工厂）、矿山为一个建设项目；在交通运输建设中，一条公路，一条铁路为一个建设项目。

二、单项工程

单项工程又称工程项目，是建设项目的组成部分。单项工程是指具有独立的设计文件，能够单独编制综合预算，能够单独施工，建成后可以独立发挥生产能力或使用效益的工程，如一所学校建设项目中的教学楼、学生宿舍、图书馆等。图 1-1 中的电子研究所、科研孵化所、加工车间等都是单项工程。

三、单位工程

单位工程是单项工程的组成部分，它具有单独设计的施工图和单独编制的施工图预算,可以独立组织施工,但建成后不能单独进行生产或发挥效益。通常,单项工程要根据其中各个组成部分的性质不同分为若干个单位工程。例如,一幢写字楼的一般土建工程、装饰装修工程、给水排水工程、采暖通风工程、煤气管道工程、电气照明工程均可以是一个单位工程。

需要说明的是,按传统的划分方法,装饰装修工程是建筑工程中一般土建工程的一个分部工程。随着经济发展和人们生活水平的普遍提高,工作、居住条件和环境正日益改善,建筑装饰业已经发展成为一个新兴的、比较独立的行业,传统的分部工程便随之独立出来,成为单位工程,单独设计施工图纸,单独编制施工图预算,目前,已将原来意义上的装饰装修分部工程统称为建筑装饰装修工程或简称为装饰工程(单位工程)。

四、分部工程

分部工程是单位工程的组成部分,一般是按单位工程的各个部位、主要结构、使用材料或施工方法等的不同而划分的工程,如装饰装修单位工程分为装饰楼地面工程,墙柱面装饰与隔断工程,天棚工程,门窗工程,油漆、涂料、裱糊工程,其他装饰工程,拆除工程等全部工程(图 1-1)。

五、分项工程

分项工程是分部工程的组成部分,它是建筑安装工程的基本构成因素,通过较为简单的施工过程就能完成,且可以用适当的计量单位加以计算的建筑安装工程产品,如墙面一般抹灰、墙面装饰抹灰、墙面勾缝立面砂浆找平层等均为分项工程(图 1-1)。

分项工程是单项工程(或工程项目)的最基本的构成要素,它只是便于计算工程量和确定其单位工程价值而人为设想出来的"假定产品",但这种假想产品对编制工程预算、投标报价,以及编制施工作业计划进行工料分析和经济核算等方面都具有实用价值。企业定额和消耗量定额都是按分项工程甚至更小的子项进行列项编制的,建设项目预算文件(包括装饰项目预算)的编制也是从分项工程(常称定额子目或子项)开始,由小到大,分门别类地逐项计算归并为分部工程,再将各个分部工程汇总为单位工程预算或单项工程总预算。

第三节　装饰装修工程等级与标准

一、装饰装修工程的等级

目前,我国对装饰装修工程的等级还没有明文规定,设计图纸也不注明装饰装修工程的等级,现将常规的高级建筑标准列出,供编制高级建筑装饰装修工程预算时参考。

1. 按房屋建筑的重要性划分

按房屋建筑的重要性,高级建筑物应具备下列条件:

(1)具有重大纪念性、历史性、代表性、国际性和国家级的各类建筑。如国宾馆、国际贸易建筑、国家大剧院、大会堂、纪念性建筑、博览建筑、体育馆建筑、国家图书馆、国际航空港、特大城市火车站等,以及按建筑等级列为特等的,都属于高级建筑,其装饰装修工程应列入高级装饰。

(2)高级住宅建筑和公共建筑。如外交公寓,高级宾馆、省军级办公楼,省、自治区级重点集会建筑,医疗建筑,交通邮电建筑,商业服务建筑等。

2. 按房屋建筑质量等级划分

按房屋建筑的质量等级,高级建筑应具有下列综合指标:

房屋等级:甲等;

耐久年限:二级;

环境功能:中级以上;

建筑装饰:中级以上或高级;

建筑设备:高级;

室内设备:高级。

二、建筑装饰装修标准

根据建筑物的各个部位的装饰工艺要求,以及不同的装饰装修等级,装饰标准如表1-1~表1-3所示。

表 1-1　　　　　　　　　高级建筑的内、外装饰标准

装饰部位	内装饰材料及做法	外装饰材料及做法
墙　面	大理石、各种面砖、塑料墙纸(布),织物墙面、木墙裙、喷涂高级涂料	天然石材(花岗岩)、饰面砖、装饰混凝土、高级涂料、玻璃幕墙

装饰部位	内装饰材料及做法	外装饰材料及做法
楼地面	彩色水磨石、天然石料或人造石板(如大理石)、木地板、塑料地板、地毯	
天棚	铝合金装饰板、塑料装饰板、装饰吸声板、塑料墙纸(布)、玻璃天棚、喷涂高级涂料	外廊、雨篷底部,参照内装饰
门窗	铝合金门窗、一级木材门窗、高级五金配件、窗帘盒、窗台板、喷涂高级油漆	各种颜色玻璃铝合金门窗、钢窗、遮阳板、卷帘门窗、光电感应门
设施	各种花饰、灯具、空调、自动扶梯、高档卫生设备	

表 1-2　　　　　　　　　　　　中级建筑的内、外装饰标准

装饰部位		内装饰材料及做法	外装饰材料及做法
墙面		装饰抹灰、内墙涂料	各种面砖、外墙涂料、局部天然石材
楼地面		彩色水磨石、大理石、地毯、各种塑料地板	
天棚		胶合板、钙塑板、吸声板、各种涂料	外廊、雨篷底部,参照内装饰
门窗		窗帘盒	普通钢、木门窗,主要入口铝合金门
卫生间	墙面	水泥砂浆、瓷砖内墙裙	
	地面	水磨石、马赛克	
	顶棚	混合砂浆、纸筋灰浆、涂料	
	门窗	普通钢、木门窗	

表 1-3　　　　　　　　　　　普通建筑的内、外装饰标准

装饰部位	内装饰材料及做法	外装饰材料及做法
墙　面	混合砂浆、纸筋灰、石灰浆、大白浆、内墙涂料、局部油漆墙裙	水刷石、干粘石、外墙涂料、局部面砖
楼地面	水泥砂浆、细石混凝土、局部水磨石	
天　棚	直接抹水泥砂浆、水泥石灰浆、纸筋石灰浆或喷浆	外廊、雨篷底部,参照内装饰
门　窗	普通钢、木门窗,铁质五金配件	

第四节　装饰装修工程预决算的分类与作用

一、装饰装修工程预决算的分类

一般工程项目的建设程序依次可分为投资决策、工程设计、招标投标、施工安装、竣工验收等几个阶段,而其中的工程设计为了有次序、有步骤地进行,一般又可按工程规模大小、技术难易程度等不同分为三阶段设计(初步设计、技术设计、施工图设计),或两阶段设计(扩大初步设计、施工图设计)。

由于建筑装饰装修工程设计和施工的进展阶段不同,建筑装饰装修工程的预算可分为:投资估算、设计概算、施工图预算、施工预算和竣工结(决)算等。

当装饰装修工程只是作为某个单项工程中的一个单位工程时,它就成为整个建筑安装工程的一个组成部分,这时它又可以按建筑安装工程的规模大小分为:单位工程预算、单项工程综合预算、工程建设其他费用预算和建设工程项目总预算等。由于这种分类对建筑装饰装修工程来说,不是可以独立存在的,故建筑装饰装修工程一般都按前一种类别进行分类。

(一)按装饰装修工程设计和施工的进展阶段分类

1. 装饰装修工程投资估算

装饰装修工程投资估算是指建设单位根据设计任务书规划的工程规模,依照概算指标或估算指标、取费标准及有关技术经济资料等所编制的装饰装修工程所需费用的技术经济文件,是设计(计划)任务书的主要内容之一,也是审批立项的主要依据。

2. 装饰装修工程设计概算

装饰装修工程设计概算是指设计单位根据工程规划或初步设计图纸、概算定额、取费标准及有关技术经济资料等,编制的装饰装修工程所需费用的概算文件。它是编制基本建设年度计划、控制工程拨贷款、控制施工图纸预算和实行工程大包干的基本依据。

设计概算应由设计单位负责编制,它包括概算编制说明、工程概算表和主要材料用工汇总表等内容。

3. 装饰装修工程施工图预算

装饰装修装修工程施工图预算是指装饰装修工程在设计概算批准后,在装饰装修工程施工图纸设计完成的基础上,由编制单位根据施工图纸、装饰工程预算定额和地区费用定额等文件,编制的一种单位装饰工程预算价值的工程费用文件。它是确定装饰装修工程造价、签订工程合同、办理工程款项和实行财务监督的依据。

施工图预算一般由施工单位编制,但建设单位在招标工程中也可自行编制或委托有关单位进行编制,以便作为招标控制价(标底)的依据。施工图预算的内容包括:预算书封面、预算编制说明、工程预算表、工料汇总表和图纸会审变更通知等。

4. 装饰装修工程施工预算

装饰装修工程施工预算是指施工单位在签订工程合同后,根据施工图、施工定额等有关资料计算出施工期间所应投入的人工、材料和金额等数量的一种内部工程预算。它是施工企业加强施工管理、进行工程成本核算、下达施工任务和拟订节约措施的基本依据。

施工预算由施工承包单位编制,施工预算的内容包括:工程量计算、人工和材料数量计算、两算对比、对比结果的整改措施等。

5. 装饰装修工程竣工结(决)算

装饰装修工程的竣工结(决)算是指工程竣工验收后的结算和决算。竣工结算是以单位工程图预算为基础,补充实际工程中所发生的费用内容,由施工单位编制的一种结算工程款项的财务结算。竣工决算是以单位工程的竣工结算为基础,对工程的预算成本和实际成本,或对工程项目的全部费用开支,进行最终核算的一项财务费用清算。

它们是考核装饰装修工程预算执行情况的最终依据。

(二)按工程规模大小分类

当装饰装修工程融合到建筑安装工程中成为其一个单位工程时,它的类别就统一纳入建筑安装工程内,依建筑安装工程进行分类。建筑安装工程的类别,除可按工程进展阶段进行分类外,还可按工程规模大小分为以下几类。

1. 单位工程预决算

单位工程预决算是指某个单位工程施工时所需工程费用的预决算文件,它按不同的单位工程图纸和相应定额,编制成不同的工程预决算,如土建工程预决算、给排水工程预决算、电气照明工程预决算、装饰工程预决算等。

2. 单项工程综合预决算

单项工程综合预决算是指由所辖各个单位工程从土建到设备安装,所需全部建设费用的综合文件。它是由各个单位工程的预决算汇编而成。

3. 工程建设其他费用预算

工程建设其他费用预算是指按照国家规定应在建设投资费用中支付的,除建筑安装工程费、设备购置费、工器具及生产家具购置费和预备费以外的一些费用,如土地青苗补偿费、安置补助费、建设单位管理费、生产职工培训费等的预算。它以独立的项目列入综合预算或总预算中。

二、装饰装修工程预算之间的相互关系

建筑装饰工程概预算与建筑装饰工程设计阶段之间、工程概算与工程预算之间是互有联系的。因为建筑装饰工程概预算是体现建筑装饰工程设计本身价值的一份经济文件,是整个建筑装饰工程设计文件的一个组成部分,因此,各类建筑装饰工程概预算都是与工程的阶段设计图紧密相连的。在工程的进展阶段、设计图、概预算及其依据等之间有如图 1-2 所示的相互关系。

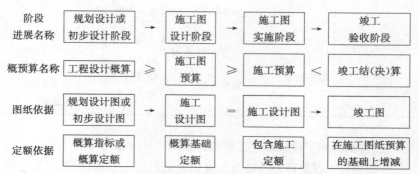

图 1-2 建筑装饰工程(概)预算相互关系总览

由上述可知,设计概算是工程概预算的最高限额,施工图预算一般不得超过设计概算,因为施工设计图是对初步设计图方案的具体化"配备图纸",而概算定额也是由基础定额概括的,故此它一般不会突破初步设计方案的总体框架。

施工预算一般也不得超过施工图预算,如果超过就说明产生负投资,这时就必须找出"超支"的原因,拟订一些改进措施加以消除。

竣工结(决)算是核算、检查和清理上述预决算的执行结果。

分析上述各类预算可以发现,它们是属于不同层次的预算文件,有相同之处,更有其区别,表1-4是对比分析结果。

表1-4　　　　　装饰装修工程设计概算、施工图预算、施工预算和
工程决算的比较分析

项　目	设计概算	施工图预算	施工预算	工程决算
编制时间	初步设计阶段后	施工图设计后	项目开工前	工程竣工后
编制单位	一般为设计单位	一般为施工企业	施工单位(队)	施工企业
定额及图纸依据	概算定额、概算指标、初步设计图纸	预算定额、施工图纸	施工定额、施工图纸	预算定额、竣工图纸
编制对象范围	装饰(工程)项目	装饰单位工程	单位工程或分部(分项)工程	装饰单位工程
编制深度	控制装饰项目总投资	工程造价(工程预算成本、招标控制价)	内部经济核算(工程计划、成本报价)	最后确定工程实际造价
编制深度	工程项目总投资概算	详细计算的造价、金额,比概算精确	准确计算工料,是考虑节约、提效后的计划成本额	与装饰装修实体相符的详细造价,精度同施工图预算

三、装饰装修工程预算在工程中的作用

装饰装修工程预算是对装饰工程造价进行正规管理、降低装饰工程成本、提高经济效益的一个重要监控手段,它对保证施工企业的合理收益

和确保装饰投资的合理开支起着很重要的作用。因此,装饰装修工程预算在工程中所起的作用可以归纳为以下几点:

(1)它是确定装饰装修工程造价的重要文件。装饰装修工程预算的编制,是根据装饰装修工程设计图纸和有关预算定额正规文件进行认真计算后,经有关单位审批确认的具有一定法令效力的文件,它所计算的总造价包括了工程施工中的所有费用,是被有关各方共同认可的工程造价,没有特殊情况均应遵照执行。它同装饰装修工程的设计图纸和有关批文一起,构成一个建设项目或单位(项)工程的工程执行文件。

(2)它是选择和评价装饰装修工程设计方案的标准。由于各类建筑装饰工程的设计标准、构造形式、工艺要求和材料类别等的不同,都会如实地反映到建筑装饰工程预算上来,因此,人们可以通过建筑装饰工程预算中的各项指标,对不同的设计方案进行分析比较和反复认证,从中选择艺术上美观、功能上适用、经济上合理的设计方案。

(3)它是控制工程投资和办理工程款项的主要依据。经过审批的装饰装修工程预算是资金投入的准则,也是办理工程拨款、贷款、预支和结算的依据,如果没有这项依据,执行单位有权拒绝办理任何工程款项。

(4)它是签订工程承包合同、确定招标控制价(标底)和投标报价的基础。建筑装饰工程预算一般都包含了整个工程的施工内容,具体的实施要求都以合同条款形式加以明确以备核查;而对招标投标工程的招标控制价(标底)和投标报价,也是在装饰装修工程预算的基础上,依具体情况进行适当调整而加以确定的。因此,没有一个完整的预算书,就很难具体订立合同的实施条款和招标投标工程的标价价格。

(5)装饰装修工程预算是做好工程进展阶段的备工备料和计划安排的主要依据。建设单位对工程费用的筹备计划、施工单位对工程的用工安排和材料准备计划等,都是以预算所提供的数据为依据进行安排的。因此,编制预算的正确与否,将直接影响到准备工作安排的质量。

(6)装饰装修工程预算是加强施工企业经济核算的依据。有了建筑装饰装修工程预算,可以进行工、料核算,对比实际消耗量,进行经济活动分析,加强企业管理。

第二章 装饰装修工程识图

第一节 装饰装修工程施工图概述

一、装饰装修工程构造

装饰装修施工图用来表明建筑室内外装饰的形式和构造,其中必然会涉及一些专业上的问题,我们要看懂装饰装修施工图,必须要熟悉建筑装饰构造的基本知识,否则将会有读图的障碍。

装饰构造的作用是一方面保护主体结构,使主体结构在室内外各种环境因素作用下具有一定的耐久性;另一方面是为了满足人们的使用要求和精神需求,进一步实现建筑的实用和审美功能。

1. 室内构造项目

(1)天棚。又称天花板、天棚,是室内空间的顶界面。天棚装饰是室内装饰的重要组成部分,它的设计常常要从物理功能、审美要求、设备安装、建筑照明、检修维护、管线敷设、防火安全等多方面综合考虑。

(2)楼地面。是指在普通水泥或混凝土地面和其他地层表面上所做的饰面层,通常是室内空间的底界面。

(3)内墙(柱)面。室内空间的侧界面,经常处于人们的视线范围内,是人们在室内接触最多的部位,因而其装饰常常也要从艺术性、使用功能、接触感、防火等方面综合考虑。

(4)隔墙与隔断。隔墙是指建筑内部在隔声和遮挡视线上有一定要求的封闭型非承重墙。隔断是指完全不能隔声的不封闭的室内非承重墙。隔断一般制作都较精致,多做成镂空花格或折叠式,有固定的也有活动的,它主要起划定室内小空间的作用。

(5)内墙装饰。

1)护壁和墙裙:一般习惯将高度在 1.5m 以上的、用饰面板(砖)饰面的墙面装饰形式称为护壁,护壁高度在 1.5m 以下的又称为墙裙。

2)壁龛和踢脚:在墙体上凹进去一块的装饰形式称为壁龛,墙面下部起保护墙脚面层作用的装饰构件称为踢脚。

（6）室内外门窗。按材料分为铝合金门窗、木门窗、塑钢门窗、钢门窗等；按开启方式分，门有平开、推拉、弹簧、转门、折叠等，窗有固定、平开、推拉、转窗等。

门窗的装饰构件有贴脸板、筒子板等。筒子板又称门、窗套。此外窗.还有窗帘盒，用来安装窗帘轨道，遮挡窗帘上部，增加装饰效果。

（7）室内装饰。楼梯踏步、楼梯栏杆（板）、壁橱和服务台、柜（吧）台等。

2. 室外构造项目

（1）檐头。屋顶檐门的立面，常用琉璃、面砖等材料饰面。

（2）外墙。室内外中间的界面，一般常用面砖、琉璃、涂料、石渣、石材等材料饰面，有的还用玻璃或铝合金幕墙板做成幕墙，使建筑物明快、挺拔，具有现代感。

（3）幕墙。指悬挂在建筑结构框架表面的非承重结构，它的自重及受到的风荷载通过连接件传给建筑结构框架。玻璃幕墙和铝合金幕墙主要由玻璃或铝合金幕墙板与固定它们的金属型材骨架系统两大部分组成。

（4）门头。指建筑物的出入口部分，它包括雨篷、外门、门廊、台阶、花台或花池等。

二、装饰装修工程施工图的概念

装饰装修工程施工图是指用于装饰装修施工的蓝图。装饰装修施工图，是设计人员运用制图学原理，按照国家的建筑方针政策、设计规范、设计标准，结合有关资料（如建设地点的水文、地质、气象、资源、交通运输条件等）以及建设项目委托人提出的具体要求，在经过批准的初步（或扩大初步）设计的基础上，采用国家统一规定的符号、线型、数字、文字绘制而成的图样。

装饰装修工程施工图与建筑工程施工图是不能截然分开的，除局部部位另绘制外，一般都是在建筑施工图的基础上加以标注或说明。

三、装饰装修工程施工图的作用

装饰装修工程施工图不仅是建设单位（业主）委托施工单位进行施工的依据，同时，也是工程造价师（造价员）计算工程数量、编制工程预算、核算工程造价、衡量工程投资效益的依据。

四、装饰装修工程施工图的特点

虽然装饰装修施工图与建筑施工图在绘制原理和图示标识形式上有许多方面基本一致,但由于专业分工不同,图示内容不同,还是存在一定的差异。其差异反映在图示方法上主要有以下几个方面:

(1)由于建筑装饰工程不仅与建筑有关,与水、暖、电等设备有关,与家具陈设、绿化及各种室内配套产品有关,还与钢、铁、铝、铜、木等不同材质的结构处理有关。因此,装饰装修施工图中常出现建筑制图、家具制图、园林制图和机械制图等多种画法并存的现象。

(2)装饰装修施工图表达内容多,它不仅要标明建筑的基本结构,还要标明装饰的形式、结构与构造。为了表达翔实,符合施工要求,装饰装修施工图一般都是将建筑图的一部分加以放大后进行图示,所用比例较大,因而有建筑局部放大图之说。

(3)装饰装修施工图由于所用比例较大,又多是建筑物某一装饰部位或某一装饰空间的局部图示,因而有些细部描绘比建筑施工图更细腻。

(4)装饰装修施工图图例部分无统一标准,多是在流行中互相沿用,各地多少有点大同小异,有的还不具有普遍意义,不能让人一望而知,需加文字说明。

(5)装饰装修施工图中标准定型化设计少,可采用的标准图不多,因而基本图中大部分局部和装饰配件都需要专画详图来标明其构造。

第二节　装饰装修工程施工图形成原理

一、投影原理

1. 投影的基本概念

光线投影于物体产生影子的现象称为投影,例如光线照射物体在地面或其他背景上产生影子,这个影子就是物体的投影。在制图学上把此投影称为投影图(亦称视图)。

用一组假想的光线把物体的形状投射到投影面上,并在其上形成物体的图像,这种用投影图表示物体的方法称投影法,它表示光源、物体和投影面三者间的关系。投影法是绘制工程图的基础。

2. 投影法分类

根据投影中心与投影面之间距离的不同,投影法分为中心投影法

和平行投影法两大类,平等投影法又分为斜投影和正投影,如图 2-1
所示。

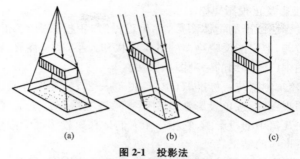

图 2-1　投影法
(a)中心投影;(b)斜投影;(c)正投影

(1)中心投影法。当投影中心距离投影有限远时,所有的投射线都经
过投影中心(即光源),这种投影法称为中心投影法,所得投影称为中心投
影。中心投影常用于绘制透视图,在表达室外或室内装饰效果时常用这
种图样来表示,如图 2-2(a)所示。

(2)平行投影法。当投影中心离开投影无限远时,投射线可以看作是
相互平行的,投射线相互平行的投影方法称为平行投影法。平行投影法所
得到的投影称为平行投影。根据投射线与投影面的位置关系不同,平行投
影法又可分为两种。投射线相互平行而且垂直于投影面,称为正投影法
[图 2-2(b)];投射线相互平行,但倾斜于投影面,称为斜投影法[图 2-2(c)]。
平行于投影面时,其投影与该平面全等,即直线的长度和平面的大小可以

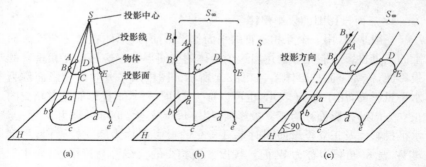

图 2-2　中心投影与平行投影
(a)中心投影;(b)正投影;(c)斜投影

从投影图中直接度量出来，这种特性称为显实性，这种投影称为实形投影。

3. 正投影及正投影规律

用正投影法画出的物体图形，称为正投影（正投影图）。正投影图虽然直观性较差，但它能反映物体的真实形状和大小，度量性好，作图简便，是工程制图中广泛采用的一种图示方法。

《房屋建筑制图统一标准》（GB/T 50001—2010）在图样画法中规定：房屋建筑的视图，应按正投影法并用第一角画法绘制。建筑制图中的视图就是画法几何中的投影图，它相当于人们站在离投影面无限远处，正对投影面观看形体的结果。

采用正投影法进行投影所得的图样，称为正投影图，如图 2-3 所示。

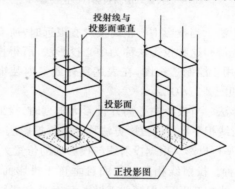

图 2-3　正投影图

4. 三面投影图的投影规律

一般来说，用三个互相垂直的平面作投影面，用形体在这三个投影面上的三个投影才能充分表达出这个形体的空间形状。这三个互相垂直的投影面，称为三面投影体系，如图 2-4 所示。图中水平方向的投影面称为水平投影面，用字母 H 表示，也可以称为 H 面；与水平投影面垂直相交的正立方向的投影面称为正立投影面，用字母 V 表示，也可以称为 V 面；与水平投影面及正立投影面同时垂直相交的投影面称为侧立投影面，用字母 W 表示，也可以称为 W 面。各投影面相交的交线称为投影轴，其中 V 面与 H 面的相交线称作 X 轴；W 面与 H 面的相交线称作 Y 轴；V 面与 W 面的相交线称作 Z 轴，三条投影轴的交点 O 称为原点。

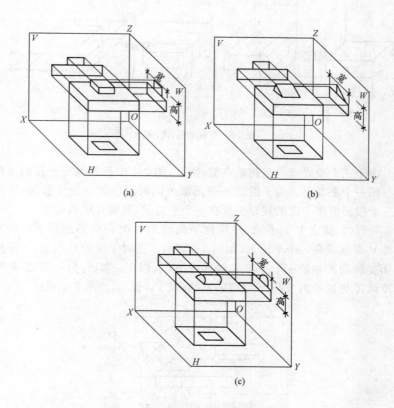

图 2-4 形体的三面投影

每个投影图(即视图)表示形体一个方向的形状和两个方向的尺寸，V 投影图(即主视图)表示从形体前方向后看的形状和长与高方向的尺寸；H 投影图(即俯视图)表示从形体上方向下俯视的形状和长与宽方向的尺寸；W 投影图(即左视图)表示从形体左方向右看的形状和宽与高方向的尺寸。因此，V、H 投影反映形体的长度，这两个投影左右对齐，这种关系称为"长对正"；V、W 投影反映形体的高度，这两个投影上下对齐，这种关系称为"高平齐"；H、W 投影反映形体的宽度，这种关系称为"宽相等"。"长对正、高平齐、宽相等"是正投影图重要的对应关系及投影规律，如图 2-5 所示。

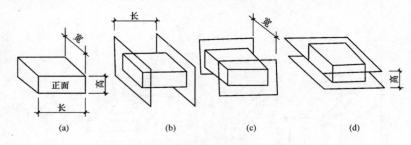

图 2-5　形体的长、高、宽

由于三个投影面是互相垂直的,因此,图 2-4 中形体的三个投影也就不在同一个平面上。为了能在一张图纸上同时反映出这三个投影,需要把三个投影面按一定的规则展开在一个平面上,其展开规则如下:

展开时,规定 V 面不动,H 面向下旋转 90°,W 面向右旋转 90°,使它们与 V 面展成在一个平面上,如图 2-6 所示。这时 Y 轴分成两条,一条随 H 面旋转到 Z 轴的正下方与 Z 轴成一直线,以 Y_H 表示;另一条随 W 面旋转到 X 轴的正右方与 X 轴成一直线,以 Y_W 表示,如图 2-6 所示。

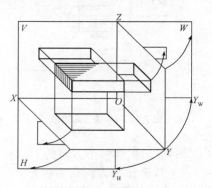

图 2-6　三个投影面的展开

投影面展开后,如图 2-7 所示,形体的水平投影和正面投影在 X 轴方向都反映形体的长度,它们的位置应左右对正。形体的正面投影和侧面投影在 Z 轴方向都反映形体的高度,它们的位置应上下对齐。形体的水平投影和侧面投影在 Y 轴方向都反映形体的宽度。这三个关系即为三面正投影的投影规律。在实际制图中,投影面与投影轴省略不画,但三个投影图的位置必须正确。

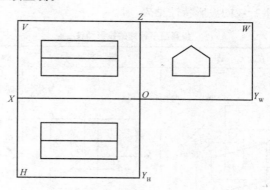

图 2-7　投影面展开图

　　在工程制图中,对视图图名也做出了规定:由前向后观看形体在 V 面上得到的图形,称为正立面图;由上向下观看形体在 H 面上得到的图形,称为平面图;由左向右观看形体在 W 面上得到的图形,称为左侧立面图;由下向上观看形体在 H_1 面上得到的图形,称为底面图;由后向前观看形体在 V_1 面上得到的图形,称为背立面图;由右向左观看形体在 W_1 面上得到的图形,称为右侧立面图。这 6 个基本视图仍然应满足和保持"长对正、高平齐、宽相等"的投影规律,如在同一张图纸上绘制这 6 个基本视图,各视图的位置宜按顺序进行配置,并且每个视图一般均应标注图名。图名宜标注在视图下方或一侧,并在图名下用粗实线绘一条横线,其长度应以图名所占长度为准。

　　制图标准中规定了 6 个基本视图,不等于任何形体都要用 6 个基本视图来表达;相反,在考虑到看图方便,并能完整、清晰地表达形体各部分形状的前提下,视图的数量应尽可能减少。

5. 直线的三面正投影特性

　　空间直线与投影面的位置关系有三种:投影面垂直线、投影面平行线、一般位置直线。

　　(1)投影面平行线。平行于一个投影面,而倾斜于另两个投影面的直线,称为投影面平行线。投影面平行线分为:

　　1)水平线:直线平行于 H 面,倾斜于 V 面和 W 面。

　　2)正平线:直线平行于 V 面,倾斜于 H 面和 W 面。

3)侧平线:直线平行于 W 面,倾斜于 H 面和 V 面。

投影面平行线的投影特性见表 2-1。

表 2-1　　　　　　　　　投影面平行线的投影特性

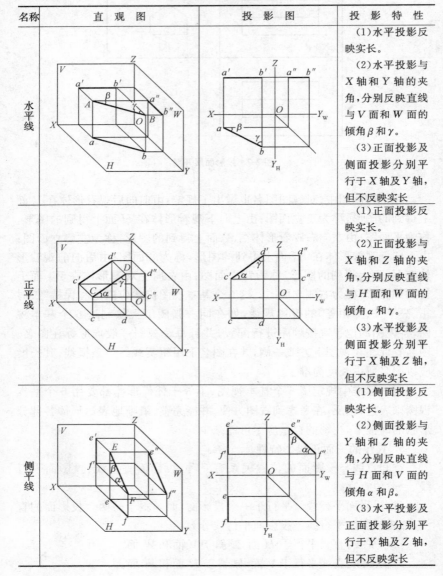

名称	直　观　图	投　影　图	投　影　特　性
水平线			(1)水平投影反映实长。 (2)水平投影与 X 轴和 Y 轴的夹角,分别反映直线与 V 面和 W 面的倾角 β 和 γ。 (3)正面投影及侧面投影分别平行于 X 轴及 Y 轴,但不反映实长
正平线			(1)正面投影反映实长。 (2)正面投影与 X 轴和 Z 轴的夹角,分别反映直线与 H 面和 W 面的倾角 α 和 γ。 (3)水平投影及侧面投影分别平行于 X 轴及 Z 轴,但不反映实长
侧平线			(1)侧面投影反映实长。 (2)侧面投影与 Y 轴和 Z 轴的夹角,分别反映直线与 H 面和 V 面的倾角 α 和 β。 (3)水平投影及正面投影分别平行于 Y 轴及 Z 轴,但不反映实长

(2)投影面垂直线。垂直于一投影面，而平行于另两个投影面的直线，称为投影面垂直线。投影面垂直线分为：

1)铅垂线：直线垂直于 H 面，平行于 V 面和 W 面。

2)正垂线：直线垂直于 V 面，平行于 H 面和 W 面。

3)侧垂线：直线垂直于 W 面，平行于 H 面和 V 面。

投影面垂直线的投影特性见表 2-2。

表 2-2　　　　　　　　　　投影面垂直线的投影特性

名称	直 观 图	投 影 图	投影特性
铅垂线			(1)水平投影积聚成一点。 (2)正面投影及侧面投影分别垂直于 X 轴及 Y 轴，且反映实长
正垂线			(1)正面投影积聚成一点。 (2)水平投影及侧面投影分别垂直于 X 轴及 Z 轴，且反映实长
侧垂线			(1)侧面投影积聚成一点。 (2)水平投影及正面投影分别垂直于 Y 轴及 Z 轴，且反映实长

(3)一般位置直线。图 2-8 为一般位置直线的投影。由于直线 AB 倾斜于 H 面、V 面和 W 面,所以其端点 A、B 到各投影面的距离都不相等,因此,一般位置直线的三个投影与投影轴都成倾斜位置,且不反映实长,也不反映直线对投影面的倾角。

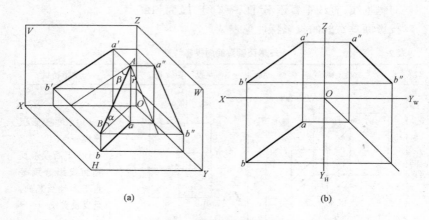

图 2-8　一般位置直线的投影

(a)直观图;(b)投影图

6. 平面的三面正投影特性

空间平面与投影面的位置关系有三种:投影面平行面、投影面垂直面、一般位置平面。

(1)投影面平行面。投影面平面平行于一个投影面,同时垂直于另外两个投影面,见表 2-3,其投影特点如下:

1)平面在它所平行的投影面上的投影反映实形。

2)平面在另两个投影面上的投影积聚为直线,且分别平行于相应的投影轴。

(2)投影面垂直面。此类平面垂直于一个投影面,同时倾斜于另外两个投影面,见表 2-4,其投影图的特征为:

1)垂直面在它所垂直的投影面上的投影积聚为一条与投影轴倾斜的直线。

2)垂直面在另两个面上的投影不反映实形。

(3)一般位置平面。对三个投影面都倾斜的平面称一般位置平面,其投影的特点是：三个投影均为封闭图形，小于实形没有积聚性，但具有类似性。

表 2-3　　　　　　　　　　　　　　投影面平行面的投影特性

名称	直　观　图	投　影　图	投 影 特 点
水平面			(1)在 H 面上的投影反映实形。 (2)在 V 面、W 面上的投影积聚为一直线，且分别平行于 OX 轴和 OYw 轴
正平面			(1)在 V 面上的投影反映实形。 (2)在 H 面、W 面上的投影积聚为一直线，分别平行于 OX 轴和 OZ 轴
侧平面			(1)在 W 面上的投影反映实形。 (2)在 V 面、H 面上的投影积聚为一直线，且分别平行于 OZ 轴和 OYH 轴

表 2-4　　　　　　　　　　　　　　　投影面垂直面的投影特性

名称	直观图	投影图	投影特点
铅垂面			(1)在 H 面上的投影积聚为一条与投影轴倾斜的直线。 (2)β、γ 反映平面与 V、W 面的倾角。 (3)在 V、W 面上的投影小于平面的实形
正垂面			(1)在 V 面上的投影积聚为一条与投影轴倾斜的直线。 (2)α、γ 反映平面与 H、W 面的倾角。 (3)在 H、W 面上的投影小于平面的实形
侧垂面			(1)在 W 面上的投影积聚为一条与投影轴倾的直线。 (2)α、β 反映平面与 H、V 面的倾角。 (3)在 V、H 面上的投影小于平面的实形

二、轴测投影

1. 轴测投影图的概念

轴测投影图,简称轴测图,是用一组平行投射线将物体连同确定该物体的坐标轴一起投影到一个投影面上所得到的立体图,如图 2-9 所示。轴测图能把物体三个方向的面同时反映出来,具有立体感,具有较强的直观性。

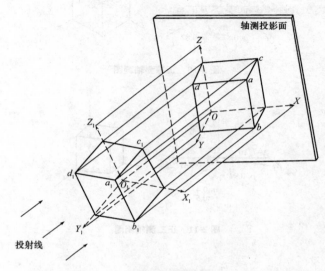

图 2-9　轴测投影图

O_1X_1、O_1Y_1、O_1Z_1 为坐标轴;

OX、OY、OZ 为轴测轴;$\angle XOY$、$\angle ZOX$、$\angle ZOY$ 为轴间角

2. 轴测投影图的分类

(1)轴测正投影。当物体三个方向的坐标轴倾斜于投影面而平行投射线垂直于投影面所得的轴测投影称为轴测正投影,也称正轴测。常见的正轴测图有正等测图和正二测图。

(2)轴测斜投影。当物体两个方面的坐标轴与投影面平行,投射线与投影面倾斜所形成的轴测投影称轴测斜投影,简称斜轴测。常见的斜轴测图有正面斜轴测和水平斜轴测图。

3. 常用轴测投影图的画法

在轴测投影中,随着物体坐标轴与投影面的相对位置不同以及投影方向的不同,可得到不同的轴间角和轴向变形系数,如图 2-10～图 2-13 所示。

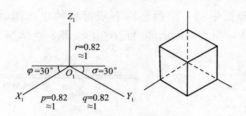

图 2-10　正等测轴测图

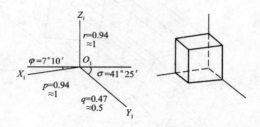

图 2-11　正二测轴测图

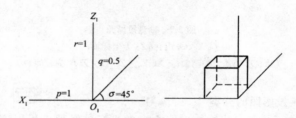

图 2-12　正面斜轴测图

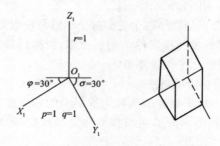

图 2-13　水平斜轴测图

三、剖面图和断面图

(一)剖面图

1. 剖面图的形成

在画形体投影图时,形体上不可见的轮廓线在投影图上需用虚线画出。这样,对于内部形状复杂的形体,例如一幢房屋,内部有各种房间、走廊、楼梯、门窗、基础等,如果用虚线来表示这些看不见的部分,必然导致图面虚实线交错,混淆不清,既不利于标注尺寸,也不容易读图。为了解决这个问题,可以假想将形体剖开,让它的内部构造显露出来,使形体的不可见部分变为可见部分,从而可用实线表示其形状。

用一个假想的剖切平面将形体剖切开,移去观察者和剖切平面之间部分,作出剩余部分的正投影,叫作剖面图,如图 2-14 所示。

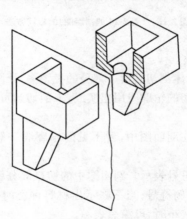

图 2-14 剖面图的形成

2. 剖面图的标注方法

(1)剖切位置。一般把剖切平面设置成平行于某一投影面的位置,或设置在较长形的对称轴线位置及需要剖切的洞口的中心。

(2)剖切符号。剖切位置及投影方向用剖切符号表示,剖切符号由剖切位置线及剖视方向线组成。这两种线均用粗实线绘制。剖切位置线的长度一般为 6～10mm。剖视方向线应垂直于剖切位置线,长度为 4～6mm,剖切符号应尽量不要穿越图画上的图线。

(3)编号。剖视剖切符号宜采用阿拉伯数字编号,并注写在剖视方向线的端部,编号应按顺序由左至右,由下而上连续编排,如图 2-15 所示。

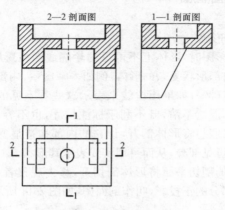

图 2-15   (图 2-14 的剖面图)的标注方法

3. 剖面图的画法

剖面图应画出形体剖切后留下部分的投影图,绘图要点是:

(1)图线。被剖切的轮廓线用粗实线,未剖切的可见轮廓线为中或细实线。

(2)不可见线。在剖面图中,看不见的轮廓线一般不画,特殊情况可用虚线表示。

(3)被剖切面的符号表示。剖面图中的切口部分(剖切面上),一般画上表示材料种类的图例符号;当不需示出材料种类时,用 45°平等细线表示;当切口截面比较狭小时,可涂黑表示。

4. 剖面图的种类

(1)按剖切位置可分为水平剖面图和垂直剖面图两种。

1)水平剖面图。当剖切平面平行于水平投影面时,所得的剖面图称为水平剖面图。建筑施工图中的水平剖面图称为平面图。

2)垂直剖面图。若剖切平面垂直于水平投影面所得到的剖面图称垂直剖面图。图 2-15 中的 1—1 剖面称为纵向剖面图,2—2 剖面称为横向剖面图,两者均为垂直剖面图。

(2)按剖切面的形式分类。由于形体的形状不同,对形体作剖面图时所剖切的位置和作图方法也不同,通常所采用的剖面图有:全剖面图、半剖面图、阶梯剖面图和展开剖面图等。

1)全剖面图。不对称的建筑形体,或虽然对称但外形比较简单,或在另一个投影中可将它的外形表达清楚时,可假想用一个剖切平面将形体全部剖开,然后画出形体的剖面图,该剖面图称为全剖面图。如图 2-16 所示,该形体虽然对称,但比较简单,分别用正平面、侧平面和水平面剖切形体,得到 1—1 剖面图、2—2 剖面图和 3—3 剖面图。

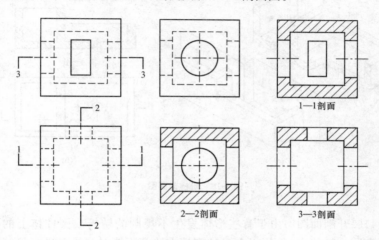

图 2-16 全剖面图

2)半剖面图。当物体的投影图和剖面图都是对称图形时,可采用半剖的表示方法,如图 2-17 所示。图中投影图与剖面图各占一半。这种画法可以节省投影图的数量,从投影图可以同时观察到立体的外形和内部构造。

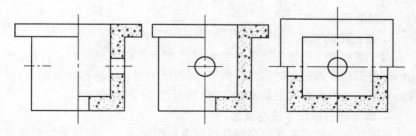

图 2-17 半剖面图

3)阶梯剖面图。用阶梯形平面剖切形体后得到的剖面图,其剖切位置线的转折处用两个端部垂直相交的粗实线画出。需注意,这样的剖切方法可以是两个或两个以上的平行平面剖切。图 2-18 为阶梯剖面图。

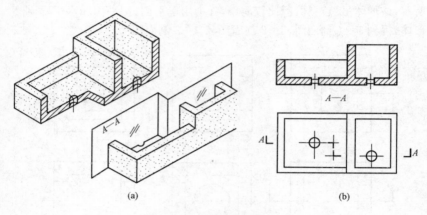

图 2-18　阶梯剖面图

4)展开剖面图。由于有些形体发生不规则的转折或圆柱体上的孔洞不在同一轴线上,采用以上三种剖切方法都不能对其构造进行很好地表示,则可以用两个或两个以上相交剖切平面将形体剖切开,画出其剖面图称为展开剖面图。如图 2-19 所示为一个楼梯的展开剖面图。由于楼梯的两个梯段在水平投影图上成一定夹角,如用一个或两个平行的剖切平面都无法将楼梯表示清楚。因此,可以用两个相交的剖切平面进行剖切。展开剖面图的图名后应注"展开"字样,剖切符号的画法如图 2-19所示。

(二)断面图

1. 断面图的形成

对于某些单一的杆件或需要表示某一部位的截面形状时,可以只画出形体与剖切平面相交的那部分图形,即假想用剖切平面将物体剖切后,仅画出断面的投影图称为断面图,简称断面,如图 2-20 所示。

2. 断面图的标注方法与画法

断面图的剖切位置线仍用断开的两段短粗线表示。剖视方向用编号所在位置来表示,编号在哪方,就向哪方投影。编号用阿拉伯数字。

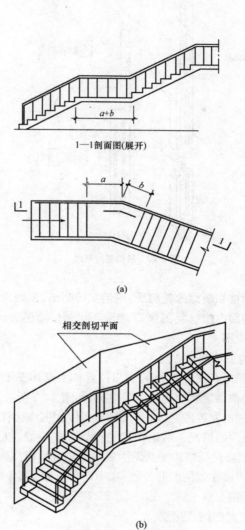

图 2-19　楼梯的展开剖面图

(a)投影图；(b)直观图

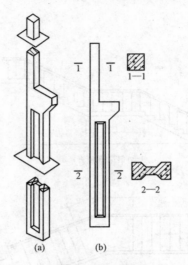

图 2-20　断面图的形成

　　断面图只画被切断面的轮廓线,用粗实线画出,不画未被剖切部分和看不见部分。断面内按材料图例画,断面狭窄时,涂黑表示,或不画图例线,用文字予以说明。

　　3. 断面图的三种表示方法

　　(1)将断面图画在视图之外的适当位置称为移出断面图。移出断面图适用于形体的截面形状变化较多的情况,如图 2-20 所示。

　　(2)将断面图画在视图之内称折倒断面图或重合断面图,适用于形体截面形状变化较少的情况。断面图的轮廓线用粗实线,剖切面画材料符号。图 2-21 是现浇楼层结构平面图中表示梁板及其标高所用的断面图。

　　(3)将断面图画在视图的断开处,称中断断面图。此种图适用于形体为较长的杆件且截面单一的情况,如图 2-22 所示。

　　4. 断面图与剖面图的区别

　　(1)断面图只画出物体被剖切后剖切平面与形体接触的那部分,即只画出截断面的图形,而剖面图则画出被剖切后剩余部分的投影,如图 2-23 所示。

　　(2)断面图和剖面图的符号也有不同,断面图的剖切符号只画长度为6～10mm 的粗实线作为剖切位置线,不画剖视方向线,编号写在投影方向的一侧。

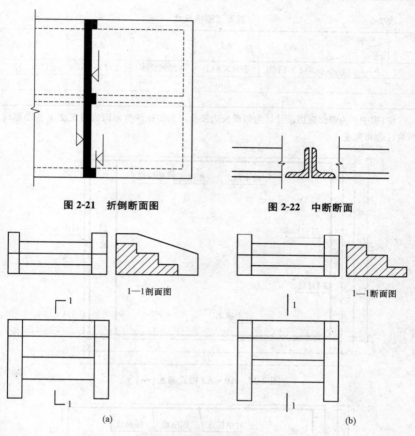

图 2-21 折倒断面图

图 2-22 中断断面

1—1剖面图

1—1断面图

(a)

(b)

图 2-23 断面图与剖面图的区别
(a)剖面图的画法;(b)断面图的画法

第三节 装饰装修工程施工图绘制与识读

一、工程制图有关规定

(一)图纸幅面

(1)装饰装修工程施工图图纸幅面及图框尺寸应符合表 2-5 的规定及图 2-24～图 2-27 的格式。

表 2-5　　　　　　　　　　　　幅面及图框尺寸　　　　　　　　　　　　mm

尺寸代号 \ 幅面代号	A0	A1	A2	A3	A4
$b \times l$	841×1189	594×841	420×594	297×420	210×297
c	10			5	
a	25				

注:表中 b 为幅面短边尺寸, l 为幅面长边尺寸, c 为图框线与幅面线间宽度, a 为图框线与装订边间宽度。

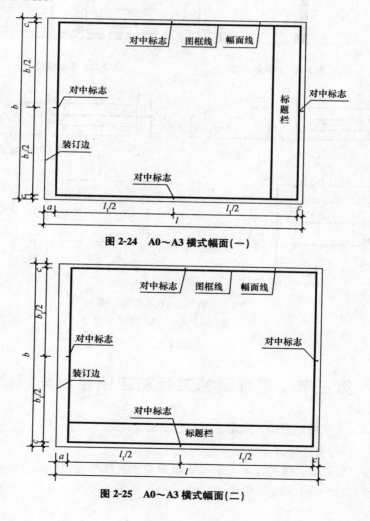

图 2-24　A0～A3 横式幅面(一)

图 2-25　A0～A3 横式幅面(二)

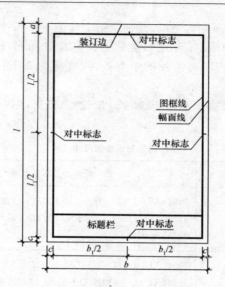

图 2-26 A0～A4 立式幅面(一)

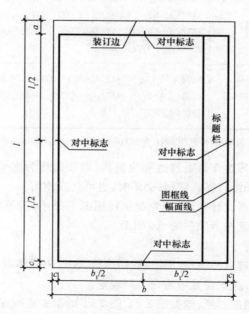

图 2-27 A0～A4 立式幅面(二)

(2)需要微缩复制的图纸,其一个边上应附有一段准确米制尺度,四个边上均附有对中标志,米制尺度的总长应为100mm,分格应为10mm。对中标志应画在图纸各边长的中点处,线宽应为0.35mm,伸入框内应为5mm。

(3)图纸的短边一般不应加长,长边可加长,但应符合表2-6的规定。

表 2-6   图纸长边加长尺寸   mm

幅面代号	长边尺寸	长边加长后的尺寸
A0	1189	$1486(A0+1/4l)$ $1635(A0+3/8l)$ $1783(A0+1/2l)$ $1932(A0+5/8l)$ $2080(A0+3/4l)$ $2230(A0+7/8l)$ $2378(A0+l)$
A1	841	$1051(A1+1/4l)$ $1261(A1+1/2l)$ $1471(A1+3/4l)$ $1682(A1+l)$ $1892(A1+5/4l)$ $2102(A1+3/2l)$
A2	594	$743(A2+1/4l)$ $891(A2+1/2l)$ $1041(A2+3/4l)$ $1189(A2+l)$ $1338(A2+5/4l)$ $1486(A2+3/2l)$ $1635(A2+7/4l)$ $1783(A2+2l)$ $1932(A2+9/4l)$ $2080(A2+5/2l)$
A3	420	$630(A3+1/2l)$ $841(A3+l)$ $1051(A3+3/2l)$ $1261(A3+2l)$ $1471(A3+5/2l)$ $1682(A3+3l)$ $1892(A3+7/2l)$

注:有特殊需要的图纸,可采用 $b×l$ 为 841mm×891mm 与 1189mm×1261mm 的幅面。

(4)图纸以短边作为垂直边称为横式,以短边作为水平边称为立式。一般 A0~A3 图纸宜横式使用;必要时,也可立式使用。

(5)一个工程设计中,每个专业所使用的图纸,一般不宜多于两种幅面,不含目录及表格所采用的 A4 幅面。

(二)标题栏

(1)图纸中应有标题栏、图框线、幅面线、装订边线和对中标志。图纸的标题栏及装订边的位置应符合下列规定:

1)横式使用的图纸,应按图2-24、图 2-25 的形式进行布置;

2)立式使用的图纸,应按图2-26、图 2-27 的形式进行布置。

(2)标题栏应符合图 2-28、图 2-29 的规定，根据工程的需要选择确定其尺寸、格式及分区。签字栏应包括实名列和签名列，并应符合下列规定：

1)涉外工程的标题栏内，各项主要内容的中文下方应附有译文，设计单位的上方或左方，应加“中华人民共和国”字样；

2)在计算机制图文件中当使用电子签名与认证时，应符合《中华人民共和国电子签名法》的有关规定。

设计单位
名称区
注册师
签章区
项目经理
签章区
修改记录区
工程名称区
图号区
签字区
会签栏
40~70

图 2-28　标题栏(一)

(三)图纸编排顺序

(1)房屋建筑装饰装修图纸应按专业顺序编排，并应依次为图纸目录、房屋建筑装饰装修图、给排水图、暖通空调图、电气图等。

(2)各专业的图纸应按图纸内容的主次关系、逻辑关系进行分类排序。

(3)房屋建筑装饰装修图纸编排宜按设计(施工)说明、总平面图、天棚总平面图、天棚装饰灯具布置图、设备设施布置图、天棚综合布点图、墙体定位图、地面铺装图、陈设家具平面布置图、部品部件平面布置图、各空间平面布置图、各空间天棚平面图、立面图、部品部件立面图、剖面图、详图、节点图、装饰装修材料表、配套标准图的顺序排列。其中墙体定位图应反映设计部分的原始建筑图中墙体与改造后的墙体关系，以及现场测绘后对原建筑图中墙体尺寸修正的状况。

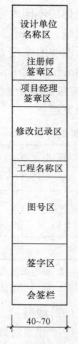

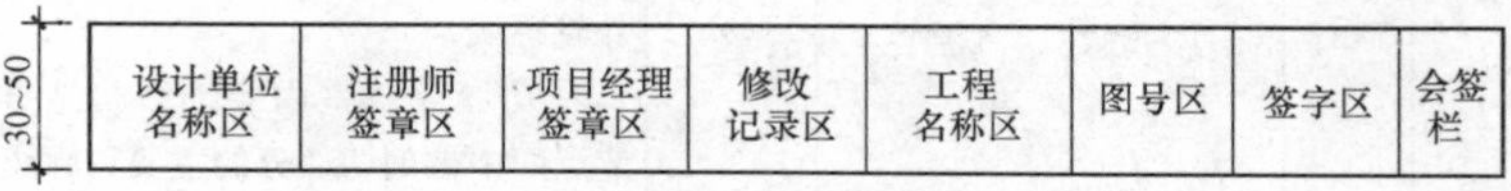

30~50
设计单位
名称区
注册师
签章区
项目经理
签章区
修改
记录区
工程
名称区
图号区
签字区
会签
栏

图 2-29　标题栏(二)

(4)各楼层的装饰装修图纸应按自下而上的顺序排列，同楼层各段(区)的装饰装修图纸应按主次区域和内容的逻辑关系排列。

(四)图线

图线是表示工程图样的线条，图线由线型和线宽组成。为了表示工程图样的不同内容,并能够分清主次,工程图样须使用不同的线型和线宽的图线。

图线的宽度 b,宜从 1.4mm、1.0mm、0.7mm、0.5mm、0.35mm、0.25mm、0.18mm、0.13mm 线宽系列中选取。图线宽度不应小于 0.1mm。每个图样,应根据复杂程度与比例大小,先选定基本线宽 b,再选用表 2-7 中相应的线宽组。

表 2-7　　　　　　　　　　　　　　　线宽组　　　　　　　　　　　　　　　mm

线宽比	线宽组			
b	1.4	1.0	0.7	0.5
$0.7b$	1.0	0.7	0.5	0.35
$0.5b$	0.7	0.5	0.35	0.25
$0.25b$	0.35	0.25	0.18	0.13

注:1. 需要缩微的图纸,不宜采用 0.18mm 及更细的线宽。

　　2. 同一张图纸内,各不同线宽中的细线,可统一采用较细的线宽组的细线。

(五)线型

房屋建筑装饰装修制图应采用实线、虚线、单点长画线、折断线、波浪线、点线、样条曲线、云线等线型,并应选用表 2-8 所示的常用线型。

表 2-8　　　　　　　　房屋建筑室内装饰装修制图常用线型

名　称		线　型	线宽	用　途
实线	粗	———	b	1. 平、剖面图中被剖切的房屋建筑和装饰装修构造的主要轮廓线 2. 房屋建筑室内装饰装修立面图的外轮廓线 3. 房屋建筑室内装饰装构造详图、节点图中被剖切部分的主要轮廓线 4. 平、立、剖面图的剖切符号
	中粗	———	$0.7b$	1. 平、剖面图中被剖切的房屋建筑和装饰装修构造的次要轮廓线 2. 房屋建筑室内装饰装修详图中的外轮廓线

续表

名　称		线　型	线宽	用　途
实线	中	———————	0.5b	1. 房屋建筑室内装饰装修构造详图中的一般轮廓线 2. 小于 0.7b 的图形线、家具线、尺寸线、尺寸界线、索引符号、标高符号、引出线、地面、墙面的高差分界线等
	细	———————	0.25b	图形和图例的填充线
虚线	中粗	— — — — —	0.7b	1. 表示被遮挡部分的轮廓线 2. 表示被索引图样的范围 3. 拟建、扩建房屋建筑室内装饰装修部分轮廓线
	中	- - - - - -	0.5b	1. 表示平面中上部的投影轮廓线 2. 预想放置的房屋建筑或构件
	细	- - - - - -	0.25b	表示内容与中虚线相同，行使小于 0.5b 的不可见轮廓线
单点长画线	中粗	—·—·—·—	0.7b	运动轨迹线
	细	—·—·—·—	0.25b	中心线、对称线、定位轴线
折断线	细	——/\———	0.25b	不需要画全的断开界线
波浪线	细	∼∼∼∼	0.25b	1. 不需要画全的断开界线 2. 构造层次的断开界线 3. 曲线形构件断开界线
点线	细	·········	0.25b	制图需要的辅助线
样条曲线	细	～～	0.25b	1. 不需要画全的断开界线 2. 制图需要的引出线
云线	中	﹏﹏	0.5b	1. 圈出被索引的图样范围 2. 标注材料的范围 3. 标注需要强调、变更或发动的区域

(1)同一张图纸内,相同比例的各图样,应选用相同的线宽组。

(2)图纸的图框和标题栏线可采用表 2-9 的线宽。

表 2-9　　　　　　　　　　　　图框和标题栏线的宽度　　　　　　　　　　　mm

幅面代号	图框线	标题栏外框线	标题栏分格线
A0、A1	b	$0.5b$	$0.25b$
A2、A3、A4	b	$0.7b$	$0.35b$

（3）相互平行的图例线，其净间隙或线中间隙不宜小于 0.2mm。

（4）虚线、单点长画线或双点长画线的线段长度和间隔，宜各自相等。

（5）单点长画线或双点长画线，当在较小图形中绘制有困难时，可用实线代替。

（6）单点长画线或双点长画线的两端，不应是点。点画线与点画线交接点或点画线与其他图线交接时，应是线段交接。

（7）虚线与虚线交接或虚线与其他图线交接时，应是线段交接。虚线为实线的延长线时，不得与实线相接。

（8）图线不得与文字、数字或符号重叠、混淆，不可避免时，应首先保证文字的清晰。

（六）字体

（1）图纸上所需书写的文字、数字或符号等，均应笔画清晰、字体端正、排列整齐；标点符号应清楚正确。

（2）文字的字高应从表 2-10 中选用。字高大于 10mm 的文字宜采用 True type 字体，当需书写更大的字母，其高度应按 $\sqrt{2}$ 的倍数递增。

表 2-10　　　　　　　　　　　　　文字的字高　　　　　　　　　　　　mm

字体种类	中文矢量字体	True type 字体及非中文矢量字体
字高	3.5、5、7、10、14、20	3、4、6、8、10、14、20

（3）图样及说明中的汉字，宜采用长仿宋体或黑体，同一图纸字体种类不应超过两种。长仿宋体的高宽关系应符合表 2-11 的规定，黑体字的宽度与高度应相同。大标题、图册封面、地形图等的汉字，也可书写成其他字体，但应易于辨认。

表 2-11　　　　　　　　　　　　长仿宋字高宽关系　　　　　　　　　　mm

字高	20	14	10	7	5	3.5
字宽	14	10	7	5	3.5	2.5

（4）图样及说明中的拉丁字母、阿拉伯数字与罗马数字，宜采用单线简体或 ROMAN 字体。

（5）拉丁字母、阿拉伯数字与罗马数字，当需写成斜体字时，其斜度应是从字的底线逆时针向上倾斜 75°。斜体字的高度和宽度应与相应的直体字相等。

（6）拉丁字母、阿拉伯数字与罗马数字的字高，不应小于 2.5mm。

（7）数量的数值注写，应采用正体阿拉伯数字。各种计量单位凡前面有量值的，均应采用国家颁布的单位符号注写。单位符号应采用正体字母。

（8）分数、百分数和比例数的注写，应采用阿拉伯数字和数学符号。

（9）当注写的数字小于 1 时，应写出各位的"0"，小数点应采用圆点，齐基准线书写。

（10）长仿宋汉字、拉丁字母、阿拉伯数字与罗马数字示例应符合现行国家标准《技术制图——字体》（GB/T 14691）的有关规定。

（七）比例

图样的比例，应为图形与实物相对应的线性尺寸之比。比例的符号应为"："，比例应以阿拉伯数字表示。

（1）比例宜注写在图名的右侧，字的基准线应取平；比例的字高宜比图名的字高小一号或二号（图 2-30）。

（2）建筑装饰装修图样的比例应根据图样用途与被绘对象的复杂程度选取。常用比例宜为 1：1、1：2、1：5、1：10、1：15、1：

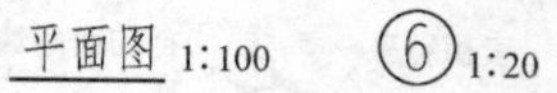

平面图 1:100　　　⑥ 1:20

图 2-30　比例的注写

20、1：25、1：30、1：40、1：50、1：75、1：100、1：150、1：200。

（3）建筑装饰装修绘图所用的比例，应根据房屋建筑装饰装修设计的不同部位、不同阶段的图纸内容和要求确定，并应符合表 2-12 的规定。对于其他特殊情况，可自确定比例，这时除应注出绘图比例外，还应在适当位置绘制出相应的比例尺。

表 2-12　　　　　　　　　　　　绘图所用的比例

比例	部位	图纸内容
1：200～1：100	总平面、总顶面	总平面布置图、总天棚平面布置图
1：100～1：50	局部平面、局部天棚平面	局部平面布置图、局部天棚平面布置图
1：100～1：50	不复杂的立面	立面图、剖面图

比例	部位	图纸内容
1:50~1:30	较复杂的立面	立面图、剖面图
1:30~1:10	复杂的立面	立面放大图、剖面图
1:10~1:1	平面及立面中需要详细表示的部位	详图
1:10~1:1	重点部位的构造	节点图

(4)同一图纸中的图样可选用不同比例。

(八)符号

1. 剖视的剖切符号

(1)剖视的剖切符号应由剖切位置线、投射方向线和索引符号组成。剖切位置线位于图样被剖切的部位,以粗实线绘制,长度宜为 8~10mm;投射方向线平行于剖切位置线,由细实线绘制,一段应与索引符号相连,另一段长度与剖切位置线平等且长度相等。绘制时,剖视剖切符号不应与其他图线相接触(图 2-31)。也可采用国际统一和常用的剖视方法,如图 2-32 所示。

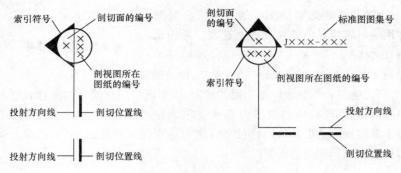

图 2-31　剖视的剖切符号(一)

(2)剖视的剖切符号的编号宜采用阿拉伯数字或字母,编写顺序按剖切部位在图样中的位置由左至右、由下至上编排,并注定在索引符号内。

(3)剖切符号应标注在需要表示装饰装修剖面内容的位置上。

(4)局部剖面图(不含首层)的剖切符号应标注在被剖切部位的最下

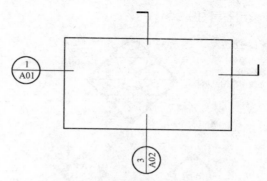

图 2-32 剖视的剖切符号(二)

面一层的平面图上。

2. 断面的剖切符号

(1)断面的剖切符号(图 2-33)应由剖切位置线、引出线及索引符号组成。剖切位置线应以粗实线绘制,长度宜为 8~10mm。引出线由细实线绘制,连接索引符号和剖切位置线。

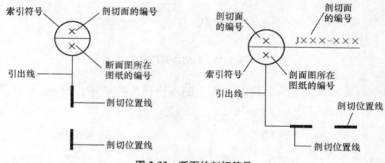

图 2-33 断面的剖切符号

(2)断面的剖切符号的编号宜采用阿拉伯数字或字母,编写顺序按剖切部位在图样中的位置由左至右、由下至上编排,并应注写在索引符号内。

3. 索引符号

(1)索引符号根据用途的不同,可分为立面索引符号、剖切索引符号、详图索引符号、设备索引符号、部品部件索引符号。

(2)表示室内立面在平面上的位置及立面图所在图纸编号,应在平面图上使用立面索引符号(图2-34)。

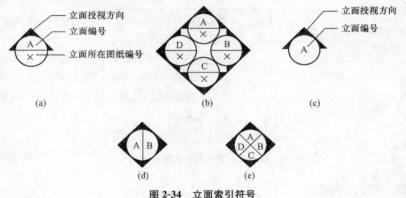

图 2-34 立面索引符号

(3)表示剖切面在界面上的位置或图样所在图纸编号,应在被索引的界面或图样上使用剖切索引符号(图2-35)。

图 2-35 剖切索引符号

(4)表示局部放大图样在原图上的本图样所在页码,应在被索引图样上使用详图索引符号(图2-36)。

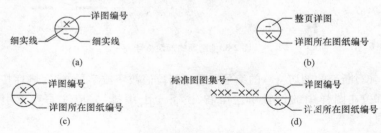

图 2-36 详图索引符号

(a)本页索引符号;(b)整页索引符号;(c)不同页索引符号;(d)标准图索引符号

(5)表示各类设备(含设备、设施、家具、灯具等)的品种及对应的编号,应在图样上使用设备索引符号(图 2-37)。

4. 图名编号

(1)房屋建筑室内装饰装修的图纸宜包括平面

图、索引图、天棚平面图、立面图、剖面图、详图等。

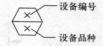

图 2-37　设备索引符号

(2)图名编号应由圆、水平直径、图名和比例组成。圆及水平直径均应由细实线绘制,圆直径根据图面比例,可选择 8～12mm(图 2-38 和图 2-39)。

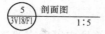

图 2-38　被索引出的图　　　　图 2-39　索引图与被索引出的图样同
　　　　　样的图名编写　　　　　　　　在一张图纸内的图名编写

(3)图名编号的绘制应符合下列规定:

1)用来表示被索引出的图样时,应在图号圆圈内画一水平直径,上半圆中应用阿拉伯数字或字母注明该图样编号,下半圆中应用阿拉伯字母注明该索引符号所在图纸编号(图 2-39)。

2)当索引出的详图图样与索引图同在一张图纸内时,圆内可用阿拉伯数字或字母注明详图编号,也可在圆圈内画一水平直径,且上半圆中应用阿拉伯数字或字母注明编号,下半圆中间应画一段水平细实线(图 2-39)。

(4)图名编号引出的水平直线上方宜用中文注明该图的图名,其文字宜与水平直线前端对齐或居中。

5. 其他符号

(1)对称符号应由对称线和分中符号组成。对称线应用细单点长画线绘制,分中符号应用细实线绘制。分中符号可采用两对平行线作为分中符号时[图 2-40(a)],其长度宜为 6～10mm,每对的间距宜为 2～3mm;对称线垂直平分于两对平等线,两端超出平行线宜为 2～3mm。采用英文作为分中符号时,大写英文 CL 应置于对称线一端[图 2-40(b)]。

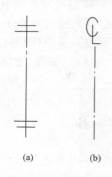

(a)　　　(b)

图 2-40　对称符号

(2)连接符号应以折断线或波浪线表示需连接的部位。两部位相距过远时,折断线或波浪线两端靠图样一侧应标注大写拉丁字母表示连接编号。两个被连接的图样应用相同的字母编号(图 2-41)。

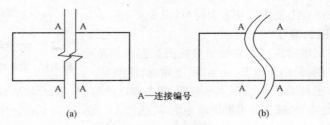

A—连接编号

(a)　　　　　　　　　　　　　　　　　　　(b)

图 2-41　连接符号

（3）立面的转折应用转角符号表示，且转角符号应以垂直线连接两端交叉线加注角度符号表示（图 2-42）。

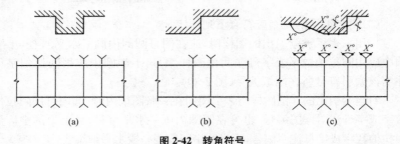

(a)　　　　　　　　　(b)　　　　　　　　　(c)

图 2-42　转角符号

（a）表示成 90°外凸立面；（b）表示成 90°内转折立面；（c）表示不同角度转折外凸立面

（九）尺寸标注

（1）图样尺寸标注的一般标注方法应符合现行国家标准《房屋建筑制图统一标准》（GB/T 50001—2010）的规定。

（2）尺寸起止符号用中粗斜短线绘制，其倾斜方向应与尺寸界线成顺时针 45°角，长度宜为 2～3mm；也可用黑色圆点绘制，其直径宜为 1mm。

（3）尺寸标注应清晰，不应与图线、文字及符号等相交或重叠（图 2-43）。尺寸宜标注在图样轮廓以外，当需要注在图样内时，不应与图线、文字及

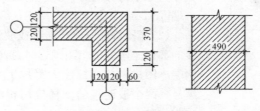

图 2-43　尺寸数字的注写

符号等相交或重叠。当标注位置相对密集时,各标注数字应在离该尺寸线较近处注写,并应与相仿数字错开。

(4)互相平行的尺寸线,应从被注写的图样轮廓线由近向远整齐排列,较小尺寸应离轮廓线较近,较大尺寸应离轮廓线较远(图 2-44)。

(5)图样轮廓线以外的尺寸界线,距图样最外轮廓之间的距离,不宜小于 10mm。平行排列的尺寸线的间距,宜为 7~10mm,并应保持一致(图 2-44)。

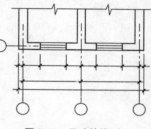

(6)总尺寸的尺寸界线应靠近所指部位,中间的分尺寸的尺寸界线可稍短,但其长度应相等(图 2-44)。

图 2-44　尺寸的排列

(7)总尺寸应标注在图样轮廓以外。定位尺寸及细部尺寸可根据用途和内容注定在图样外或图样内相应的位置。

(8)尺寸标注和标高注定应符合下列规定:

1)立面图、剖面图及详图应标注标高和垂直方向尺寸;不易标注垂直距离尺寸时,可在相应位置标注标高(图 2-45);

2)各部分定位尺寸及细部尺寸应注定净距离尺寸或轴线间尺寸;

3)标注剖面或详图各部位的定位尺寸时,应注定其所在层次内的尺寸(图 2-46);

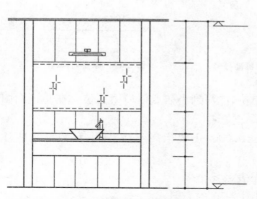

图 2-45　尺寸及标高的标注

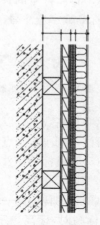

图 2-46　定位尺寸的标注

4)图中连续等距重复的图样,当不易标明具体尺寸时,可按现行国家标准《建筑制图标准》(GB/T 50104—2010)的规定表示;

5)对于不规则图样,可用网格形式标注尺寸,标注方法应符合现行国家标准《房屋建筑制图统一标准》(GB/T 50001—2010)的规定。

(十)标高

(1)房屋建筑室内装饰装修中,设计空间应标注标高,标高符号可采用直角等腰三角形,也可采用涂黑的三角形或90°对顶角的圆,标注天棚标高时,也可采用CH符号表示(图2-47)。

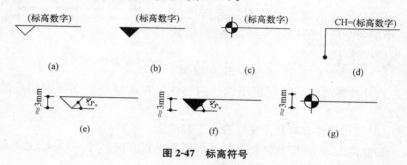

图 2-47　标高符号

(2)总平面图室外地坪标高符号,宜用涂黑的三角形表示,具体画法应符合图2-48的规定。

(3)标高符号的尖端应指至被注高度的位置。尖端宜向下,也可向上。标高数字应注写在标高符号的上侧或下侧(图2-49)。

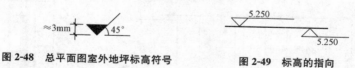

图 2-48　总平面图室外地坪标高符号　　　　　图 2-49　标高的指向

(4)标高数字应以米为单位,注写到小数点以后第三位。在总平面图中,可注写到小数字点以后第二位。

(5)零点标高应注写成±0.000,正数标高不注"+",负数标高应注"—",例如3.000、—0.600。

(6)在图样的同一位置需表示几个不同标高时,标高数字可按图2-50的形式注写。

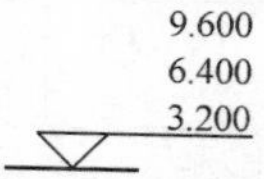

$$\begin{array}{c} 9.600 \\ 6.400 \\ \underline{3.200} \\ \triangledown \end{array}$$

图 2-50　同一位置注写多个标高数字

二、常用房屋建筑室内装饰装修材料和设备图例

(1)房屋建筑室内装饰装修材料的图例画法应符合现行国家标准《房屋建筑制图统一标准》(GB/T 50001—2010)的规定。

(2)常用房屋建筑室内装饰装修材料应按表 2-13 所示图例画法绘制。

表 2-13　　　　　常用房屋建筑室内装饰装修材料图例

序号	名称	图　例	备　注
1	夯实土壤		—
2	砂砾石、碎砖三合土		—
3	石材		注明厚度
4	毛石		必要时注明石料块面大小及品种
5	普通砖		包括实心砖、多孔砖、砌块等砌体。断面较窄不易绘出图例线时，可涂红，并在图纸备注中加注说明，画出该材料图例
6	轻质砌块砖		指非承重砖砌体
7	轻钢龙骨板材隔墙		注明材料品种
8	饰面砖		包括铺地砖、锦砖、陶瓷锦砖、人造大理石等

序号	名称	图　　例	备　　注
9	混凝土		1. 本图例指能承重的混凝土及钢筋混凝土 2. 包括各种强度等级、骨料、添加剂的混凝土
10	钢筋混凝土		3. 在剖面图上画出钢筋时,不画图例线 4. 断面图形小,不易画出图例线时,可涂黑
11	多孔材料		包括水泥珍珠岩、沥青珍珠岩、泡沫混凝土、非承重加气混凝土、软木、蛭石制品等
12	纤维材料		包括矿棉、岩棉、玻璃棉、麻丝、木丝板、纤维板等
13	泡沫塑料材料		包括聚苯乙烯、聚乙烯、聚氨酯等多孔聚合物类材料
14	密度板		注明厚度
15	实木		表示垫木、木砖或木龙骨
			表示木材横断面
			表示木材纵断面
16	胶合板		注明厚度或层数
17	多层板		注明厚度或层数

序号	名称	图　　例	备　　注
18	木工板		注明厚度
19	石膏板		1. 注明厚度 2. 注明石膏板品种名称
20	金属		1. 包括各种金属,注明材料名称 2. 图形小时,可涂黑
21	液体	(平面)	注明具体液体名称
22	玻璃砖		注明厚度
23	普通玻璃	(立面)	注明材质、厚度
24	磨耗玻璃	(立面)	1. 注明材质、厚度 2. 本图例采用较均匀的点

续三

序号	名称	图　例	备　注
25	夹层(夹绢、夹纸)玻璃	(立面)	注明材质、厚度
26	镜面	(立面)	注明材质、厚度
27	橡胶		—
28	塑料		包括各种软、硬塑料及有机玻璃等
29	地毯		注明种类
30	防水材料	(小尺度比例)　(大尺度比例)	注明材质、厚度
31	粉刷		本图例采用较稀的点
32	窗帘	(立面)	箭头所示为开启方向

注:序号 1、3、5、6、10、11、16、17、20、23、25、27、28 图例中的斜线、短斜线、交叉斜线等均为 45°。

（3）《房屋建筑室内装饰装修制图标准》（JGJ/T 244—2011）规定：当采用表 2-13 所列图例中未包括的建筑装饰材料时，可自编图例，但不得与表 2-13 所列的图例重复，且在绘制时，应在适当位置现出该材料图例，并应加以说明。下列情况，可不画建筑装饰材料图例，但应加文字说明：

1）图纸内的图样只用一种图例时；

2）图形较小无法画出建筑装饰材料图例时；

3）图形较复杂，画出建筑装饰材料图例影响图纸理解时。

（4）常用家具图例应按表 2-14 所示图例画法绘制。

表 2-14　　　　　　　　　　　常用家具图例

序号	名称		图例	备注
1	沙发	单人沙发		1. 立面样式根据设计自定 2. 其他家具图例根据设计自定
		双人沙发		
		三人沙发		
2	办公桌			
3	椅	办公椅		
		休闲椅		
		躺椅		

序号	名称		图例	备注
4	床	单人床		1. 立面样式根据设计自定 2. 其他家具图例根据设计自定
		双人床		
5	橱柜	衣柜		
		低柜		
		高柜		

(5)常用电器图例应按表2-15所示图例画法绘制。

表2-15　　　　　　　　　　常用电器图例

序号	名称	图例	备注
1	电视	TV	1. 立面样式根据设计自定 2. 其他电器图例根据设计自定
2	冰箱	REF	
3	空调	A / C	
4	洗衣机	W / M	

续表

序号	名称	图例	备注
5	饮水机	(WD)	
6	电脑	PC	1. 立面样式根据设计自定 2. 其他电器图例根据设计自定
7	电话	T E L	

(6)常用厨具图例应按表 2-16 所示图例画法绘制。

表 2-16　　　　　　　　　　　　常用厨具图例

序号	名称		图例	备注
1	灶具	单头灶		1. 立面样式根据设计自定 2. 其他厨具图例根据设计自定
		双头灶		
		三头灶		
		四头灶		
		六头灶		

续表

序号	名称		图例	备注
2	水槽	单盆		1. 立面样式根据设计自定 2. 其他厨具图例根据设计自定
		双盆		

(7)常用洁具图例宜按表 2-17 所示图例画法绘制。

表 2-17　　　　　　　　　　　　　常用洁具图例

序号	名称		图例	备注
1	大便器	坐式		1. 立面样式根据设计自定 2. 其他厨具图例根据设计自定
		蹲式		
2	小便器			
3	台盆	立式		
		台式		
		挂式		

续表

序号	名称		图例	备注
4	污水池		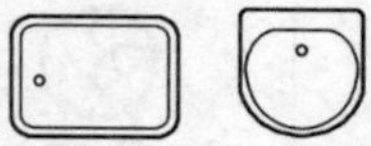	
5	浴缸	长方形	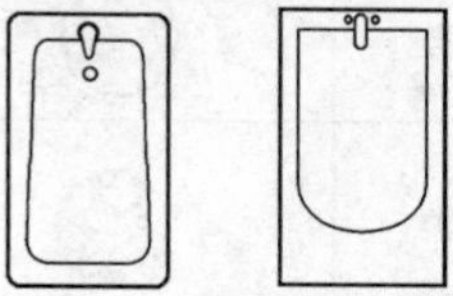	1. 立面样式根据设计自定 2. 其他厨具图例根据设计自定
		三角形	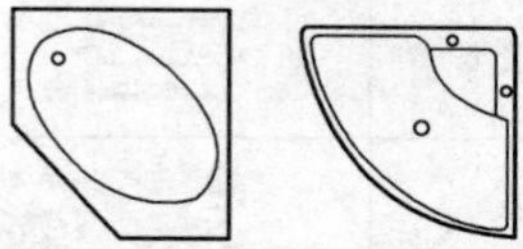	
		圆形	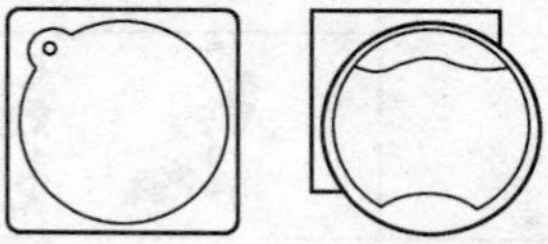	
6	沐浴房		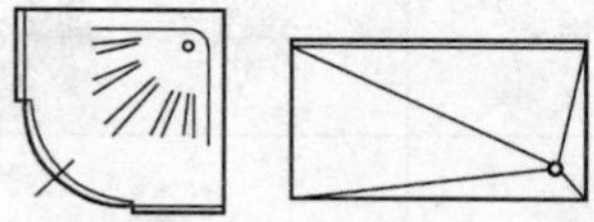	

(8)室内常用景观配饰图例宜按表 2-18 所示图例画法绘制。

表 2-18　　　　　　　　　　室内常用景观配饰图例

序号	名称	图例	备注
1	阔叶植物	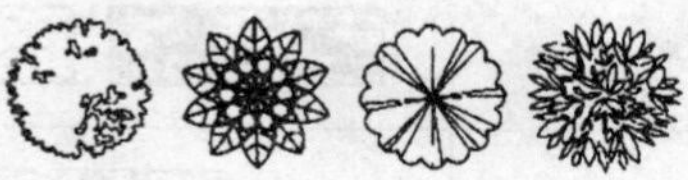	1. 立面样式根据设计自定 2. 其他景观配饰图例根据设计自定
2	针叶植物	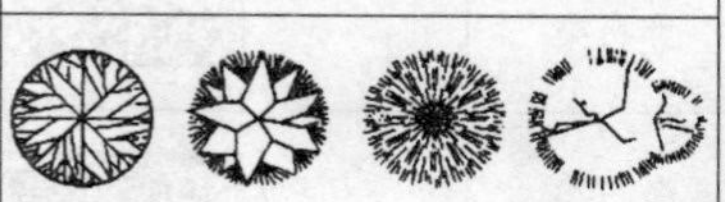	
3	落叶植物	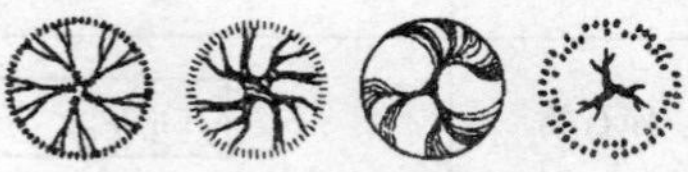	

序号	名称		图例	备注
4	盆景类	树桩类		
		观花类		
		观叶类		
		山水类		
5	插花类			
6	吊挂类			1. 立面样式根据设计自定 2. 其他景观配饰图例根据设计自定
7	棕榈植物			
8	水生植物			
9	假山石			
10	草坪			
11	铺地	卵石类		
		条石类		
		碎石类		

(9)常用设备图例应按表 2-19 所示图例画法绘制。

表 2-19 常用设备图例

序号	名称	图例
1	送风口	(条形) (方形)
2	回风口	(条形) (方形)
3	侧送风、侧回风	
4	排气扇	
5	风机盘管	(立式明装) (卧式明装)
6	安全出口	EXIT
7	防火卷帘	F
8	消防自动喷淋头	
9	感温探测器	
10	感烟探测器	S
11	室内消火栓	(单口) (双口)
12	扬声器	

三、装饰装修工程施工图识读

(一)施工图绘制方法与视图布置

1. 施工图绘制方法——投影法

(1)房屋建筑室内装饰装修的视图,应采用位于建筑内部的视点按正投影法并用第一角画法绘制,且自 A 的投影镜像图应为天棚平面图,自 B 的投影应为平面图,自 C、D、E、F 的投影应为立面图(图 2-51)。

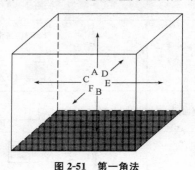

图 2-51 第一角法

(2)天棚平面图应采用镜像投影法绘制,其图像中纵横轴线排列应与平面图完全一致(图 2-52)。

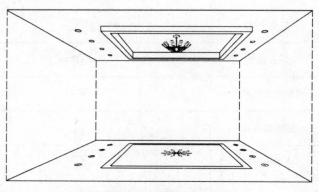

图 2-52 镜像投影法

(3)装饰装修界面与投影面不平行时,可用展开图表示。

2. 视图布置

(1)同一张图纸上绘制若干个视图时,各视图的位置应根据视图的逻辑关系和版面的美观决定(图 2-53)。

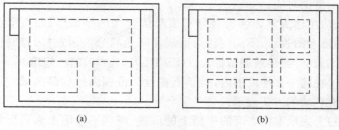

(a)　　　　　　　　　　　　　　　(b)

图 2-53　常规的布图方法

(2)每个视图均应在视图下方、一侧或相近位置标注图名。

(二)装饰装修施工平面图识读

建筑装饰平面图是建筑功能、建筑技术、装饰艺术、装饰经济等在平面上的体现,在建筑装饰装修工程中是非常受人重视的。其效用主要表现为:①建筑结构与尺寸;②装饰布置与装饰结构及其尺寸的关系;③设备、家具陈设位置及尺寸关系。

1. 施工平面图的画法

(1)除天棚平面图外,各种平面图应按正投影法绘制。

(2)平面图宜取视平线以下适宜高度水平剖切俯视所得,并根据表现内容的需要,可增加剖视高度和剖切平面。

(3)平面图应表达室内水平界面中正投影方向的物象,且需要时,还应表示剖切位置中正投影方向墙体的可视物象。

(4)局部平面放大图的方向宜与楼层平面图的方向一致。

(5)平面图中应注写房间的名称或编号,编号应注定在直径为 6mm 细实线绘制的圆圈内,其字体大小应大于图中索引用文字标注,并应在同张图纸上列出房间名称表。

(6)对于平面图中的装饰装修物件,可注写名称或用相应的图例符号表示。

(7)在同一张图纸上绘制多于一层的平面图时,应按现行国家标准《建筑制图标准》(GB/T 50104—2010)的规定执行。

(8)对于较大的房屋建筑室内装饰装修平面,可分区绘制平面图,且每张分区平面图均应以组合示意图表示所在位置。对于在组合示意图中要表示的分区,可采用阴影线或填充色块表示。各分区应分别用大写拉丁字母或功能区名称表示。名分区视图的分区部位及编号应一致,并应与组合示意图对应。

(9)房屋建筑室内装饰装修平面起伏较大的呈弧形、曲折形或异形时,可用展开图表示,不同的转角面应用转角符号表示连接,且画法应符合现行国家标准《建筑制图标准》(GB/T 50104—2010)的规定。

(10)在同一张平面图内,对于不在设计范围内的局部区域应用阴影线或填充色块的方式表示。

(11)为表示室内立面的平面上的位置,应在平面图上表示出相应的索引符号。

(12)对于平面图上未被剖切到的墙体立面的洞、龛等,在平面图中可用细虚线连接表明其位置。

(13)房屋建筑室内各种平面中出现异形的凹凸形状时,可用剖面图表示。

2. 施工平面图识读要点

(1)首先看图名、比例、标题栏,弄清是什么平面图。再看建筑平面基本结构及尺寸,把各个房间的名称、面积及门窗、走道等主要尺寸记住。

(2)通过装饰面的文字说明,弄清施工图对材料规格、品种、色彩的要求,对工艺的要求。结合装饰面的面积,组织施工和安排用料。明确各装饰面的结构材料与饰面材料的衔接关系与固定方式。

(3)确定尺寸。先要区分建筑尺寸与装饰装修尺寸,再在装饰装修尺寸中,分清定位尺寸、外形尺寸和结构尺寸(平面上的尺寸标注一般分布在图形的内外)。

(4)通过平面布置图上的符号:①通过投影符号,明确投影面编号和投影方向,并进一步查出各投影方向的立面图;②通过剖切符号,明确剖切位置及其剖切方向,进一步查阅相应的剖面图;③通过索引符号,明确被索引部位和详图所在位置。

(三)装饰装修天棚平面图识读

1. 天棚平面图的画法

(1)天棚平面图中应省去平面图中门的符号,并应用细实线连接门洞以表明位置。墙体立面的洞、龛等,在天棚平面中可用细虚线连接表明其位置。

(2)天棚平面图应表示出镜像投影后水平界面上的物象,且需要时,还应表示剖切位置中投影方向的墙体的可视内容。

（3）平面为圆形、弧形、曲折形、异形的天棚平面，可用展开图表示，不同的转角面应用转角符号表示连接，画法应符合现行国家标准《建筑制图标准》（GB/T 50104—2010）的规定。

（4）房屋建筑室内天棚上出现异形的凹凸形状时，可用剖面图表示。

2. 天棚平面图识读要点

（1）首先应弄清楚天棚平面图与平面布置图各部分的对应关系，核对天棚平面图与平面布置图的基本结构和尺寸上是否相符。

（2）对于某些有迭级变化的天棚，要分清它的标高尺寸和线型尺寸，并结合造型平面分区线，在平面上建立起二维空间的尺度概念。

（3）通过天棚平面图，了解天部灯具和设备设施的规格、品种与数量。

（4）通过天棚平面图上的文字标注，了解天棚所用材料的规格、品种及其施工要求。

（5）通过天棚平面图上的索引符号，找出详图对照着阅读，弄清楚天棚的详细构造。

（四）装饰装修立面图识读

1. 装饰装修立面图的画法

（1）房屋建筑室内装饰装修立面图应按正投影法绘制。

（2）立面图应表达室内垂直界面中投影方向的物体，需要时，还应表示剖切位置中投影方向的墙体、天棚、地面的可视内容。

（3）立面图的两端宜标注房屋建筑平面定位轴线编号。

（4）平面为圆形、弧形、曲折形、异形的室内立面，可用展开图表示，不同的转角面应用转角符号表示连接，画法应符合现行国家标准《建筑制图标准》（GB/T 50104—2010）的规定。

（5）对称式装饰装修面或物体等，在不影响物象表现的情况下，立面图可绘制一半，并应在对称轴线处画对称符号。

（6）在房屋建筑室内装饰装修立面图上，相同的装饰装修构造样式可选择一个样式给出完整图样，其余部分可只画图样轮廓线。

（7）在房屋建筑室内装饰装修立面图上，表面分隔线应表示清楚，并应用文字说明各部位所用材料及色彩等。

（8）图形或弧线形的立面图应以细实线表示出该立面的弧度感（图 2-54）。

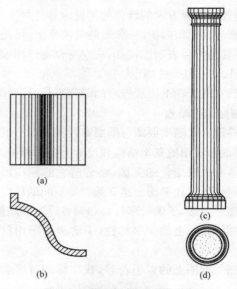

图 2-54　圆形或弧线形图样立面
(a)立面图；(b)平面图；(c)立面图；(d)平面图

　　(9)立面图宜根据平面图中立面索引编号标注图名。有定位轴线的立面，也可根据两端定位轴线号编注立面图名称。

2. 装饰装修立面图识读要点

　　(1)明确建筑装饰装修立面图上与该工程有关的各部分尺寸和标高。

　　(2)弄清地面标高，装饰立面图一般都以首层室内地坪为零，高出地面者以正号表示，反之则以负号表示。

　　(3)弄清每个立面上有几种不同的装饰面，这些装饰面所用材料以及施工工艺要求。

　　(4)立面上各不同材料饰面之间的衔接收口较多，要注意收口的方式、工艺和所用材料。

　　(5)要注意电源开关、插座等设施的安装位置和方式。

　　(6)弄清建筑结构与装饰结构之间的衔接，装饰结构之间的连接方法和固定方式，以便提前准备预埋件和紧固件。仔细阅读立面图中文字说明。

(五)装饰装修剖面图识读

　　装饰装修剖面图的效用主要是为表达建筑物、建筑空间的竖向形象和装饰结构内部构造以及有关部件的相对关系。在建筑装饰装修工程中存在着极其密切的关联和控制作用。

装饰装修剖面图识读应注意以下要点：

(1)看剖面图首先要弄清该图从何处剖切而来。分清是从平面图上，还是从立面图上剖切的。剖切面的编号或字母，应与剖面图符号一致，了解该剖面的剖切位置与方向。

(2)通过对剖面图中所示内容的阅读研究，明确装饰装修工程各部位的构造方法、尺寸、材料要求与工艺要求。

(3)注意剖面图上索引符号，以便识读构件或节点详图。

(4)仔细阅读剖面图竖向数据及有关尺寸、文字说明。

(5)注意剖面图中各种材料结合方式以及工艺要求。

(6)弄清剖面图中标注、比例。

(六)装饰装修详图识读

建筑装饰装修工程详图是补充平、立、剖图的最为具体的图式手段。

建筑装饰施工平、立、剖三图主要是用以控制整个建筑物、建筑空间与装饰结构的原则性做法。但在建筑装饰全过程的具体实施中还存在着一定的限度，还必须加以深化和提供更为详细和具体的图示内容，建筑装饰的施工才能得以继续下去，以求得其竣工后的满意效果。所指的详图应包含"三详"：①图形详；②数据详；③文字详。

1. 局部放大图

放大图就是把原状图放大而加以充实，并不是将原状图进行较大的变形。

(1)室内装饰平面局部放大图以建筑平面图为依据，按放大的比例图示出厅室的平面结构形式和形状大小、门窗设置等，对家具、卫生设备、电器设备、织物、摆设、绿化等平面布置表达清楚，同时还要标注有关尺寸和文字说明等。

(2)室内装饰立面局部放大图是重点表现墙面的设计，先图示出厅室围护结构的构造形式，再对墙面上的附加物以及靠墙的家具都详细地表现出来，同时标注有关详细尺寸、图示符号和文字说明等。

2. 建筑装饰件详图

建筑装饰件项目很多，如暖气罩、吊灯、吸顶灯、壁灯、空调箱孔、送风口、回风口等。这些装饰件都可能要依据设计意图画出详图。其内容主要是表明它在建筑物上的准确位置,与建筑物其他构配件的衔接关系,装饰件自身构造及所用材料等内容。

建筑装饰件的图示法要视其细部构造的繁简程度和表达的范围而定。有的只要一个剖面详图就行,有的还需要另加平面详图或立面详图来表示,有的还需要同时用平、立、剖面详图来表现。对于复杂的装饰件,除本身的平、立、剖面图外,还需增加节点详图才能表达清楚。

3. 节点详图

节点详图是将两个或多个装饰面的交汇点,按垂直或水平方向切开,并加以放大绘出的视图。

节点详图主要是表明某些构件、配件局部的详细尺寸、做法及施工要求;表明装饰结构与建筑结构之间详细的衔接尺寸与连接形式;表明装饰面之间的对接方式及装饰面上的设备安装方式和固定方法。

节点详图是详图中的详图。识读节点详图一定要弄清该图从何处剖切而来,同时注意剖切方向和视图的投影方向,对节点图中各种材料结合方式以及工艺要求要弄清。

第三章 装饰装修工程基础知识

第一节 装饰装修工程施工

一、装饰装修工程的施工对象

近年来,装饰装修工程施工主要限于民用建筑、公共建筑领域。目前完成的大部分装饰装修工程是商业性建筑和大型公共建筑。随着经济的发展,人们生活水平的提高,居住建筑的装饰装修正逐渐兴起,在装饰装修工程领域中占据的比重越来越大。

二、装饰装修施工的部位

装饰装修所起的作用是与人的视觉和触觉有关的,装饰的效果好坏取决于人们的视觉愉悦和产生的舒适感。

装饰装修所涉及的主要是建筑物内外可接触到或可见到的部位。从建筑物的外观讲,建筑物的外墙面、入口处、台阶、雨篷、门窗、檐口、屋顶、柱及各种小品、地面铺装等都须装饰。从建筑物的内部讲,地面、楼梯、内墙面、隔断、天棚、梁、柱、门窗以及与这些部位有关的灯具、空调、音响、卫生器具和其他小型设备等都在装饰装修施工的范围之内。

另外,常常还将陈设品、家具、绿化及喷水池等设施和设备包括在装饰装修工程施工的范围之内。

三、装饰装修的基本方法

目前,在装饰装修施工中常采用以下几种方法:

1. 现制的方法

现制的方法是指需要现场制作成型,是具有面层效果的整体式的装饰做法。适用于这种方法的装饰材料主要包括各种水泥砂浆、石灰砂浆、水泥石子浆、装饰混凝土及各种涂料等。

从成型方法的角度,还可以划分为手工成型和借助于机械成型两类。手工成型有抹水泥砂浆地面、墙面等;借助机械成型的有水磨石地面、楼梯面等。

2. 粘贴的方法

粘贴法是指采用一定的胶凝材料将工厂预制加工成型的、具有一定饰面效果的成品或半成品装饰材料附着在建筑物上的一种方法。壁纸、墙面砖、地面砖、胶合板、保丽板、镁铝曲板等饰面材料,就可以用粘贴的方法施工。

3. 装配的方法

将各种饰面板材、饰面石材等采用钉、绑、挂、搁、卡等柔性连接或刚性连接的方法完成的装饰施工叫作装配施工。如,墙面干挂花岗岩、镜面不锈钢包柱面、铝合金玻璃幕墙,就采用该方法施工。

4. 综合的方法

综合法是指将两种或两种以上的施工方法混合使用的一种方法。如,墙面贴挂大理石板,就需要采用水泥砂浆粘贴和铁丝连接两种方法综合施工。

四、装饰装修施工工艺的特点

(1)机械化程度高。在装饰装修施工中要使用各种电动或汽动机具。

(2)装配化程度高。当前使用的装饰材料,已有相当部分是通过工业化生产而提供的制成品或半成品,这就必然导致装饰装修施工中出现装配式或半装配式安装的施工方法。

(3)干法作业量比重大。由于机械化、装配化程度高,使得干法作业量的比重增大。这给装饰装修施工提供了立体交叉作业的可能性,可以逐层施工、逐层交付使用。干法作业施工较大地缩短了施工工期。

第二节　　装饰装修的功能与分类

一、墙体饰面的功能与分类

(1)墙体饰面按装饰材料可分为:涂料饰面、锦砖饰面、装饰板饰面、墙纸、墙布饰面、金属罩面板饰面和玻璃类饰面等。按照施工工艺可分为:贴面类饰面、裱糊类饰面、镶贴类饰面、粉刷类饰面等。

(2)外墙饰面的主要功能是保护墙面和装饰立面。

(3)内墙饰面的主要功能是保护墙体,保证室内使用条件和装饰室内。

二、地面饰面的功能与分类

(1)地面饰面的功能是为保护楼地面及地面的使用条件和装饰地面。

（2）地面装饰按装饰材料可分为：水泥砂浆地面、木地板地面、瓷砖地面、塑料地面、橡胶地面、大理石与花岗岩地面、地毯地面、镭射玻璃地面等。按装饰效果可分为：美术图案地面、拼花地面、彩灯效果地面等。

三、天棚的分类和作用

天棚是现代室内装饰的一个重要组成部分，它是除墙面、地面之外，用以围合成室内空间的另一大面。

（1）天棚的分类。按结构形式和施工工艺不同可分为：无吊顶天棚（刷白）、毛面无吊顶天棚（彩喷）、裱糊壁纸无吊顶天棚、铺设装饰板无吊顶天棚、轻钢龙骨吊顶天棚、木龙骨天棚、铝龙骨天棚等。

（2）天棚的主要作用。满足照明、音响、防火等技术要求，表现室内装饰的风格与艺术效果。

第三节　装饰装修工程常用材料

一、抹灰材料

1. 装饰水泥

装饰水泥有白色硅酸盐水泥和彩色硅酸盐水泥两种。

装饰水泥用于装饰建筑物的表层，具有施工简单、造型方便、维修容易、价格便宜等优点。使用装饰水泥比使用天然石材更容易得到所需的色彩和装饰效果。

2. 砂子

砂子是抹灰用的主要砂料，常用的有普通砂（粗砂、中砂、细砂、特细砂）和石英砂。石英砂在装饰上主要用于喷砂饰面。

3. 石子

抹灰中常用的石子有石粒、豆石、石屑等。

4. 纤维材料

纤维材料在抹灰面中起拉结和骨架的作用，防止面层开裂和脱落，提高抹灰层的抗拉强度，增强抹灰层的弹性和耐久性。常用的纤维材料有麻刀、纸筋、玻璃丝、草秸等。

5. 建筑石膏

建筑石膏是用天然二水石膏（生石膏），经低温煅烧分解为半水石膏，再磨细而成。

建筑石膏可用于调制石膏砂浆,制造建筑配件及建筑装饰用。

二、石材类装饰材料

建筑装饰装修用的天然饰面石材主要有大理石、花岗岩、人造石材三大类。大理石主要用于室内,花岗岩主要用于室外,均为高级饰面材料。

1. 大理石

天然大理石具有质地细密、坚实,花纹多样,色泽鲜艳、抗压性强、吸水率小、耐磨,不变形等优点。

淡色大理石板装饰效果庄重而清雅,浓艳色大理石板装饰效果华丽高贵。

2. 花岗岩

花岗岩是指具有装饰功能,并可磨平、抛光的各种岩浆岩。经磨光处理的花岗岩板光亮如镜,质感丰富,华丽高贵,是建筑装饰装修中最高档次的饰面材料之一。常用于室内外墙、柱、地面、踏步等工程。

3. 人造石板材

人造石板材是以大理石碎料、石英砂、石粉等为骨料,拌和树脂等聚合物或水泥粘结剂,经过强力拌和震动、加压成型、打磨抛光、切割制成。

人造石板是仿造大理石、花岗岩的表面纹理加工而成,具有类似大理石、花岗岩的机理特点,色泽均匀,结构紧密,耐磨、耐水、耐寒、耐热。

人造石除可代替大理石、花岗岩作装饰材料外,还可用作卫生洁具、工作台、加工成浮雕等材料。

三、木材类装饰材料

1. 胶合板

胶合板是由圆木旋切成薄片或木方刨切成薄木,用胶水粘合制成的木板。胶合板均由奇数层薄片组成,常用 3~15 层为多。由 3 层组成的称为三合板(三层板),由 5 层组成的称为五层板,以此类推。

胶合板具有材质均匀,吸湿变形小,幅面大,横纹抗拉强度好等优点,常用于建筑装饰的墙裙、墙面、天棚面、柱面等部位。

2. 木地板

木地板有条木地板和拼花木地板两种。适用于高级住宅、室内运动场、健身房的地面装饰。

3. 纤维板

纤维板是将植物纤维作为主要原料,经过纤维分离、成型、干燥和热压等工序制成的一种人造板材。可供制作纤维板的材料有木材加工剩余物、稻草、麦秸、玉米秆、竹材、芦苇等。

纤维板具有构造匀质、胀缩性小、不翘曲、不开裂,各向强度一致,并有一定的绝热性等特点。主要用于建筑壁板和家具。

4. 刨花板、木丝板、木屑板

刨花板、木丝板、木屑板是利用刨花碎片及短小废料加工刨制的木丝、木屑等,经过干燥、加粘合剂拌和,然后压制而成的板材。常用于吊顶天棚、分隔墙等部位的装饰。

四、建筑陶瓷

1. 定义

凡以黏土为主要原料,经配料、制坯、干燥、熔烧而制得的成品,统称为陶瓷制品。用于建筑装饰工程的陶瓷制品,则称为建筑陶瓷。

2. 建筑陶瓷的分类

建筑陶瓷从广义来讲可以分为三类:

(1)建筑粗陶:如黏土砖、瓦等。

(2)建筑陶瓷:如装饰面砖、陶瓷锦砖、铺地砖、耐酸瓷砖等产品。

(3)建筑精陶:如卫生陶瓷、外墙饰面砖等。

从使用功能上,建筑陶瓷可分为外墙面砖、内墙面砖、地面砖、陶瓷锦砖、卫生陶瓷和琉璃制品等类别。

3. 外墙面砖

外墙面砖用于建筑物的外表面,主要用于大公共建筑,如展览馆、纪念馆、宾馆、饭店以及商场等的外墙面装饰。

外墙表面铺贴面砖后,不仅可以改善建筑的卫生条件,提高建筑物的艺术效果,而且还可以提高建筑物的耐久性,使用年限可达几十年甚至上百年。

4. 内墙面砖

内墙面砖系用颜色洁白的瓷土或耐火黏土经焙烧而成,分正面上釉或不上釉两种,统称为瓷砖。

瓷砖表面平整、光滑、不易沾污、耐水性好、耐酸性好。瓷砖多用于浴室、厨房、实验室、医院、精密仪器车间等的室内墙面及工作台、墙裙处。也可用来作水池、水槽及卫生设施的贴面。经过专门设计、彩绘、烧制而成的面砖,可镶拼成各式壁画。

5. 地面砖

地面砖有正方形、长方形、六角形等,其抗压和抗冲击强度高,常用于人流较密集的建筑物内部地面,如通道、站台、商场、展览馆等场所,也可作工厂、实验室、医院及厨房、卫生间、走廊等地面。

6. 陶瓷锦砖

陶瓷锦砖是以优质瓷土烧制成的小块瓷砖,又称"马赛克"。分为挂釉和不挂釉两种。陶瓷锦砖的特点是:美观、耐磨、不吸水、易清洗、抗冻性好,有较高的耐酸、耐碱、耐火等性能。主要用于镶嵌地面,也可作为建筑物外墙面防护和装饰。

7. 陶瓷壁画

陶瓷壁画是以陶瓷锦砖、面砖、陶板等为原材料镶拼而成的建筑装饰。陶瓷壁画具有较高的艺术价值,常镶嵌于大型公共建筑大厅内。

8. 琉璃制品

琉璃制品是以难熔黏土做原料,经配料、成型、干燥素烧、表面涂以琉璃釉料后,经烧制而成的制品。琉璃制品在我国具有悠久的历史,造型古朴优美,色泽鲜艳,质地坚密,表面光滑、不易沾污,富有传统的民族特色。

玻璃制品的品种较多,包括琉璃砖、琉璃瓦、琉璃兽以及各种装饰制品,如花窗、花格、栏杆等,还有供陈设用的建筑工艺品,如琉璃桌、鱼缸、花盆、花瓶等。

五、玻璃

1. 玻璃的分类

玻璃随着现代建筑的发展需要,其制品由过去单纯作为采光和装饰功能,逐步向着控制光线、调节热量、节约能源、控制噪声、降低建筑物自重、改善建筑环境、提高建筑艺术等功能方向发展,在建筑工程和室内装饰装修工程中,玻璃已发展成为一种重要的材料。

玻璃的种类很多,按功能可分为平板玻璃、压花玻璃、钢化玻璃、吸热玻璃、夹层玻璃、夹丝玻璃、中空玻璃、曲面玻璃等。玻璃制品有装饰镜、玻璃锦砖、玻璃砖等。

2. 普通窗玻璃

普通窗玻璃也称单光玻璃或净片玻璃,简称玻璃。属于钠玻璃类,是未经研磨加工的平板玻璃。主要用于装配门窗,起到透光、挡风和保温的作用。要求有较好的透明度和表面平整无缺陷。

3. 磨光玻璃

磨光玻璃又称白片玻璃或镜面玻璃,是用平板玻璃经过抛光后的玻璃。具有表面平整光滑且有光泽,物像透过玻璃不变形等优点。

磨光玻璃常用以安装大型高级门窗、橱窗或制作镜子。

4. 磨砂玻璃

磨砂玻璃又称毛玻璃或暗玻璃,是采用机械喷砂、手工研磨或氢氟酸溶蚀等方法将普通平板玻璃表面处理成均匀毛面。磨砂玻璃由于表面粗糙,使光线产生漫射,只能透光而不能透视,并能使室内光线柔和而不刺目。

5. 有色玻璃

有色玻璃又称颜色玻璃或彩色玻璃,分透明与不透明两种。透明颜色玻璃是在原料中加入一定的金属氧化物使玻璃带色。不透明颜色玻璃是在一定形状的平板玻璃的一面喷上色釉,经过烘烤而成。

有色玻璃具有耐腐蚀、抗冲刷、易清洗及可拼成各种图案等优点。适用于门窗及对光有特殊要求的采光部位和装饰外墙面用。

6. 压花玻璃

压花玻璃又称花纹玻璃或滚花玻璃,采用连续压延法生产而成。

压花玻璃有一般压花玻璃、真空镀膜压花玻璃、彩色膜压花玻璃等,是各种公共设施,如宾馆、饭店、餐厅、酒吧、浴池、游泳池、卫生间等的内部装饰和分隔材料,而且还可以用来加工屏风、台灯等工艺品和日用品。

7. 钢化玻璃

钢化玻璃是利用加热到一定温度后迅速冷却的方法或化学方法进行特殊钢化处理的玻璃,又称强化玻璃。钢化玻璃具有强度高、热冲击强度高、安全性好等特点。平面钢化玻璃主要用于建筑门窗、隔墙等,弯钢化玻璃主要用于汽车车窗玻璃,半钢化玻璃主要用于暖房、温室、隔墙等玻璃窗,区域钢化玻璃主要用作汽车风挡以及要求具有较好安全性、耐热性的特殊场所。

8. 吸热玻璃

吸热玻璃是指能吸收大量红外线辐射能而又保持良好可见光透过率的平板玻璃。凡需要采光又需要隔热之处均可采用。常用于炎热地区需设置空调、避免眩光的建筑物门窗或外墙体,以及火车、汽车、轮船风挡玻璃等。采用各种颜色的吸热玻璃,不但能合理利用太阳光调节室内或车船内的温度,节约能源,而且又可以创造舒适优美的环境。

9. 热反射玻璃

具有较高的热反射能力而又保持良好透光性能的平板玻璃称为热反射玻璃。热反射玻璃又称镀膜玻璃。

由于热反射玻璃具有良好的隔热性能,所以在建筑工程中广泛应用。如用热反射玻璃与透明玻璃组成带空气层的隔热玻璃幕墙,其遮蔽系数仅有 0.1 左右,导热系数为 $1.74\text{W}/(\text{m·k})$,比一砖厚两面抹灰的砖墙保温性能还好。因此,热反射玻璃在现代化建筑中获得越来越广泛的应用。

10. 夹层玻璃

夹层玻璃系指在两片或多片平板玻璃之间嵌夹透明塑料薄片,经热压粘合而成的平面或弯曲的复合玻璃制品。

夹层玻璃的品种很多,有遮阳夹层玻璃、电热夹层玻璃、防弹夹层玻璃、玻璃纤维增强夹层玻璃、防紫外线夹层玻璃、隔音夹层玻璃等。

夹层玻璃常用于安全性要求高的窗户玻璃,如用于商品陈列箱、橱窗、水槽用玻璃,地下室、屋顶以及天窗等处防止有飞散物落下的场所等。

11. 夹丝玻璃

夹丝玻璃又称钢丝玻璃或防碎玻璃。它是将普通平板玻璃加热到红热软化状态,再将预热处理的铁丝或铁丝网压入玻璃中间而制成。

12. 中空玻璃

中空玻璃由两层或两层以上平板玻璃构成。四周用高强复合粘结剂,将两片或多片玻璃与密封条、玻璃条粘接、密封而成。玻璃中间充入干燥气体,框内充以干燥剂,以保证玻璃片间空气的干燥度。玻璃原片可采用透明浮法玻璃、压花玻璃、彩色玻璃,热反射玻璃、夹丝玻璃、钢化玻璃等。

中空玻璃具有良好的保温、隔热、隔音等性能,主要用于住宅、饭店、宾馆、办公楼、学校、医院、商店等场合。

13. 装饰镜

装饰镜是室内装饰常用材料。装饰镜不仅用于照人,而且还可以扩大室内视野的空间,增加室内明亮度,给人以典雅、光泽、明亮和清新的感觉。

装饰镜常用于装饰商场的墙面、柱面,大厅的墙面、柱面、天花板、向导板等处。

14. 玻璃马赛克

玻璃马赛克常用于宾馆、医院、办公楼、礼堂、住宅等建筑的内外墙装饰。玻璃马赛克具有色调柔和、朴实、典雅、美观大方、化学稳定性好、冷热稳定性好等优点。

15. 玻璃空心砖

玻璃空心砖是由两块压铸成凹形玻璃,经熔接或胶结而成的正方形或圆形玻璃砖块。

玻璃空心砖常用于砌筑需要透光的外墙、分隔墙、楼面、地下室采光等部位，具有绝热、隔声、耐酸、耐火等特点。

16. 镭射玻璃

镭射玻璃是以玻璃为基材的新一代装饰装修材料。其特征在于经特种工艺处理后的玻璃背面出现全息或其他光栅，在阳光、月光、灯光等光源照射下，形成物理衍射分光，经金属层反射后，会出现艳丽的七色光，使被装饰物显得华贵高雅、富丽堂皇、梦幻迷人。

六、裱糊材料

裱糊类装饰是以壁纸、墙布等为饰面材料，粘贴到墙面、天棚等处的施工工艺。此类装饰色彩鲜艳丰富、图案变化多样，富有以假乱真的装饰效果。

1. 壁纸和墙布的分类

壁纸和墙布的种类繁多，可按不同角度进行分类（图 3-1）。

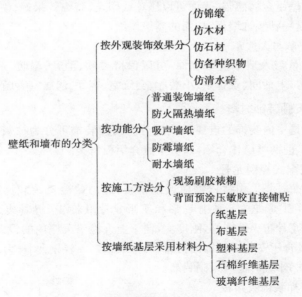

图 3-1　壁纸和墙布分类

2. 纸基织物壁纸

纸基织物壁纸是以纸为基层，纸面粘接各类彩色纺线而成。纸基织物壁纸具有色泽鲜艳、耐摩擦、粘接性好、收缩率稳定、防霉性能好等特点,适用于宾馆、饭店、会议室、接待室、疗养院等墙面装饰。

3. 玻璃纤维印花贴墙布

玻璃纤维印花贴墙布是以中碱玻璃纤维布为基材,表面涂以耐磨树脂,印上彩色图案而制成。具有色彩鲜艳、花色多、不褪色、不老化、防火、耐潮性强、可洗刷、施工简便等特点,适用于旅馆、宾馆、展览馆、会议室、餐厅、工厂净化车间、住宅等内墙面装饰。

4. 无纺贴墙布

无纺贴墙布是采用棉、麻等天然纤维或涤、腈等合成纤维,经过无纺成型、上树脂、印制彩色花纹而成的一种贴墙材料。

无纺贴墙布具有墙布挺括、富有弹性、不易折断、纤维不老化、对皮肤无刺激、色彩鲜艳、图案雅致、粘贴方便、可擦洗、不褪色等特点,适用于高级宾馆、高级住宅的墙面装饰。

5. 金属壁纸

金属壁纸金属感强,表面可以压花或印花,装饰效果好、使用寿命长、耐擦洗,是一种装饰墙面、柱面的高级墙纸。

6. 皮革与人造革

用皮革与人造革装饰墙面,可以保持柔软、消音、温暖,适用于幼儿园、练功房、电话间、录音室、小餐厅、会议室、客厅、起居室等墙面装饰。

七、天棚装饰材料

天棚是室内装饰的重要组成部分。天棚装饰可分为抹灰类、裱糊类和板材类,前两类已作介绍,以下重点介绍板材类。

1. 装配式轻钢龙骨

轻钢龙骨是采用镀锌钢板或薄钢板,经剪裁冷弯滚轧冲压而成,有 C 形、U 形、T 形龙骨。其中 U 形和 T 形龙骨用来作天棚骨架。

轻钢龙骨防火性能好,刚度大,便于上人检修天棚内的设备、线路,施工简便,适合于安装多种饰面材料,装饰效果好。轻钢龙骨多用于防火要求高和高层建筑的室内天棚装饰。

2. 矿棉装饰吸声板

矿棉装饰吸声板是以矿渣棉为主要原料,加入适量的粘接剂、防潮剂、防腐剂,经加压、烘干而成的一种高级天棚装饰材料。

矿棉装饰吸声板具有吸声、防火、隔热、保温、美观大方、质轻、施工简便等特点,适用于影剧院、会堂、音乐厅、播音室、录音室、会议室、商场等天棚面装饰。

3. 珍珠岩装饰吸声板

珍珠岩装饰吸声板是由颗粒状膨胀珍珠岩用胶结剂粘合的多孔性吸声材料。它的特点和用途与矿棉装饰吸声板基本相同。

4. 金属微孔吸声板

金属微孔吸声板是根据声学原理,利用各种不同穿孔率的金属板起到消除噪声的作用。根据需要可以选择不同材质的金属板,如不锈钢板、防锈铝板、电化铝板、镀锌铁皮等。孔型根据需要有圆孔、方孔、长圆孔、长方孔、三角孔、大小组合孔等不同的孔型。金属微孔吸声板具有材质轻、强度高、耐高温、耐高压、耐腐蚀、防火、防潮、化学稳定性好、造型美观、立体感强、组装方便、装饰效果好等特点。适用于宾馆、剧院、播音室、高级住宅、各类机房等天棚装饰。

5. 不燃埃特板

不燃埃特板简称埃特板,是引进比利时埃特尼特集团生产设备和工艺技术生产的建筑材料。埃特板具有不燃、防水、防潮、防虫、隔音、隔热、耐腐蚀、强度高、施工简便等特点。适用于宾馆、大型商场、餐厅等建筑物的天棚及内隔墙装饰。

八、铺地材料

1. 普通木地板

普通木地板由龙骨、水平撑、地板等部分组成,具有一定的弹性和保温性。

2. 硬木地板

硬木地板一般有两层,下层为毛地板,上层为硬木地板。硬木地板多采用水曲柳、核桃木、柞木等制成,拼成各种花色图案。硬木地板施工较复杂、成本高,一般常用于高级住宅和室内运动场。

3. 拼木地板

拼木地板分高、中、低三个档次。高档产品适用于大型会场、宾馆、会议室内的地面装饰;中档产品适用于办公室、疗养院、托儿所、体育馆、舞厅等地面装饰;低档产品适用于一般住宅地面装饰。

4. 复合木地板

复合木地板是以中密度纤维板为基材和用特种耐磨塑料贴面板为面材的地面装饰材料。复合木地板具有耐烟头烫、耐化学试剂污染、易清扫、抗重压、耐磨等特点。适用于会议室、办公室、高洁度实验室、中高档旅游饭店及民用住宅的地面装饰。

5. 装配式地板

装配式地板是由各种规格型号和材质的面板块、可调节架等组合拼装而成。可以满足敷设纵横交错的电缆和各种管线的需要;还可以满足静压送风等空调方面的要求。适用于邮电部门、电子计算机房、试验室、控制室、调度室、广播室以及有空调要求的会议室、高级宾馆客厅、自动化办公室等。

6. 化纤地毯

化纤地毯以化学纤维为主要原料制成,适用于宾馆、饭店、餐厅及车、船等地面铺设。

7. 纯毛机织地毯

纯毛机织地毯具有毯面平整光泽、富有弹性、脚感柔软、经磨耐用的特点,适用于客房、楼梯、宴会厅、酒吧、会议室等地面铺设。

8. 手工地毯

手工地毯图案优美、色彩鲜艳、质地厚实、经久耐用、柔软舒适、装饰效果好,常用于国家级大会堂、高级宾馆、高级住宅、舞台及其他装饰性要求高的场所。

九、墙面装饰板材

墙面装饰的功能主要表现在保护墙体,提高使用条件和美化空间环境。由于使用条件是多样的,因而墙面也应采用不同的材料来装饰。

1. 铝合金骨架

用于隔墙的铝合金骨架有大方管、扁管、等边槽、连接角等铝合金型材,这些铝合金型材配合玻璃或其他材料做墙体饰面,则称为铝合金隔墙。

2. 塑料饰面板

塑料饰面板也称防火饰面板,是用改良的三聚氰胺树脂、酚醛树脂浸渍专用纸基,经高温压制而成。塑料饰面板质地坚硬、耐热和耐磨性好,花色品种多,既有各种柔和、鲜艳的饰面板,又有仿各种名贵树种纹理、大理石和花岗岩纹理的饰面板。塑料饰面板可用胶粘贴于木墙面、木墙裙、木屏风、木造型体等木质基层表面,是中、高档的装饰材料。

3. 宝丽板

宝丽板又称华丽板,是以三合板为基料,表面贴以特种花纹纸面,涂覆不饱和树脂后，表面再压合一层塑料薄膜保护层而成。宝丽板光亮、平直、色调丰富多彩，板面易于清洗，可用于墙面、墙裙、柱面、造型面的装饰。

4. 仿人造革饰面板

仿人造革饰面板是以三合板为基材，在表面涂覆耐磨的合成树脂，经过热压复合而成。仿人造革饰面板平整挺直、表面哑光、色调丰富，有人造革的表面特征和触摸手感及质感。主要用于墙面、墙裙、柱面的表面装饰。

5. 石膏板

石膏板是以石膏为主要材料，加入纤维、粘结剂、缓凝剂、发泡剂后压制干燥而成。其品种较多，有纸面石膏板、纤维石膏板、吸声石膏板、浮雕石膏板、装饰石膏板等。石膏板具有防火、隔声、隔热、质轻、强度高、收缩率小、不受虫害、耐腐蚀、不老化、稳定性好、施工方便等优点，广泛用于内墙贴面板和天棚吊顶板。

6. 镁铝饰板

镁铝饰板是以三合板为基板，在表面胶合一层铝箔而成。镁铝饰板具有平直光洁、华丽高贵、不翘曲、耐湿、可擦洗、施工方便等优点，是装饰中高档餐厅、酒吧、接待室、商场等室内墙面、柱面和造型面的理想材料。

7. 镁铝曲板

镁铝曲板是在复合纸基上贴电化铝箔，再经开槽，使之能卷曲的装饰板材。镁铝曲板能纵向卷曲，可粘贴在弧形面上，有金属的光泽，立体感强、施工方便，是商场、饭店等门面装饰的常用材料。

8. 镜面不锈钢饰面板

镜面不锈钢饰面板是不锈钢薄板经特殊抛光处理而成的饰面板，其特点是板面光亮如镜、耐火、耐腐蚀、不变形、安装方便，多用于高级宾馆、饭店、舞厅、会议厅、展览厅、影剧院的墙柱面、造型面以及门面、门厅的装饰。

十、建筑涂料

涂料是指涂敷于物体表面，并能很好地粘结形成完整保护膜的物料。建筑涂料与其他饰面材料相比，具有重量轻、色彩鲜艳、附着力强、施工方便、质感丰富、价廉质好等优点。

1. 有机涂料

有机涂料分为溶剂型和水溶型两类。溶剂型以油类溶剂、油性材料或树脂为成膜物质,如聚氨酯、树脂等。水溶型以水为溶剂,树脂材料为成膜物质,如聚醋酸乙烯乳液等。

2. 无机涂料

无机涂料是主要以水泥、石灰和无机高分子材料组成的涂料。

3. 复合涂料

复合涂料是以有机材料与无机材料复合制成的涂料。其复合方法是采用在无机物质表面加入有机聚合物分子,经粘结化合制成悬浮液胶结剂。

第四节　常用装饰灯具

一、装饰灯具的分类

1. 按户内外划分

户内灯具包括:吊灯、吸顶灯、槽灯、发光天花板、壁灯、浴室灯、落地灯、工作灯、台灯等。室内功能灯包括:舞厅转灯、激光灯、聚光灯、追光灯、柔光灯、泛光灯、光束射灯、效果灯、电频闪光灯等。

户外灯具包括:户外壁灯、门前座灯、路灯、园林灯、广告灯、信号灯、探照灯、水底灯、效果投射灯等。

2. 按构造和材料划分

主要包括:高级豪华水晶装饰灯、普通玻璃装饰灯、塑料装饰灯、金属装饰灯、木竹装饰灯等。

二、常用装饰灯具简介

1. 吊灯

吊灯一般用在宾馆、饭店的大厅、宴会厅、影剧院、大会堂、候机(车、船)大厅、贵宾室、体育馆等内。

大型吊灯具有不同题材和风格。如皇冠水晶吊灯、兰花水晶吊灯、七彩水晶宫吊灯、垂帘大型宫灯、蜡烛水晶吊灯、绣球水晶吊灯、双筒水晶吊灯、水晶珠吊灯、飞天砂雕吊灯等。这些吊灯都各具特色,光彩夺目。

2. 吸顶灯

吸顶灯多用于走廊、门厅、会议室、厨房、浴室、影剧院、体育馆和展览馆等处,作为照明和装饰用。

单头或小型吸顶灯的直径为150mm,大型吸顶灯的直径在360mm左

右。多头吸顶灯有双头至九头等多种,组合后的尺寸从 300mm×300mm
到 1000mm×1000mm 左右。

吸顶灯从灯罩形状可分为圆球、半圆球、扁圆、平圆、长方形、菱形、三
角形、橄榄形和垂花形等多种。

3. 壁灯

壁灯一般用于影剧院、会议室、展览馆、休息厅等公共场所及门厅、卧
室、浴室、厨房等处。公共场所与卧室的壁灯,对亮度的要求不太高,但对
造型美观与装饰效果要求较高。

4. 射灯

各种展览会、博物馆或商店,为了突出展览品、陈设品和商品,往往要
使用小型的聚光灯照明。该灯多用磨砂灯泡,而且灯泡的上半部涂有水
银反射膜,以提高光通量的利用率和更好地聚光。

5. 筒灯类灯具

筒灯类灯具常装于宾馆大厅、门厅,作局部照明或组成满天星的图
案。筒灯分为一般筒灯和吊杆筒灯、眼球厅(牛眼灯)。

一般筒灯有白边内乌黑筒灯、全黑筒灯、全白筒灯、银边内乌黑筒灯、
金边内乌黑筒灯、全金色筒灯、全银色筒灯、吸顶筒灯等。吊杆筒灯有银
色吊杆筒灯、金色吊杆筒灯、眼球型吊杆灯、圆形四环吊杆筒灯等。眼球
灯有金色眼球灯、全白眼球灯、银色眼球灯、古铜色眼球灯具。

6. 舞台(厅)灯具

舞台(厅)用的转灯类包括:2 头转灯、4 头转灯、6 头转灯、8 头转灯、
16 头转灯等,还包括扫描灯、聚光灯、太阳灯等。

7. 水下照明灯

水下照明灯用于喷水池中作为水面、水柱、水花的彩色灯光照明。水
下照明灯的滤色片分红、黄、绿、蓝、透明等。水下灯的接线盒为铸铝合金
结构,密封可靠。

8. 园林灯

园林灯也叫庭院灯,一般用于庭院、公园或大型建筑的周围。既可用
来照明,又可用来装饰美化环境。

第四章 装饰装修工程定额

第一节 概　　述

一、定额的概念、性质及作用

1. 定额的概念

定额是指在正常的施工条件、先进合理的施工工艺和施工组织的条件下,采用科学的方法,制定每完成一定计量单位的质量合格产品所必须消耗的人工、材料、机械设备及其价值的数量标准。它除了规定各种资源和资金的消耗量外,还规定了应完成的工作内容、达到的质量标准和安全要求。

定额是根据国家一定时期的管理体制和管理制度,按照定额的不同用途和适用范围,由国家指定的机构按照一定程序编制的。在工程中实行定额管理的目的,是为了在施工中力求最少的人力、物力和资金消耗量,生产出更多、更好的工程产品,取得最大经济效益。

2. 定额的性质

(1)定额的科学性。装饰定额中各种参数是在遵循客观的经济规律、价值规律的基础上,以实事求是的态度,运用科学的方法,经长期严密的观察、测定,广泛搜集和总结生产技术及有关的资料,对工时消耗、操作动作、现场布置、工具设备改革以及生产技术与劳动组织的合理配合等各方面,进行科学的综合分析研究后而制定的。因此,它具有一定的科学性,所确定的定额水平,是大多数企业和职工经过努力能够达到的平均先进水平。

(2)定额的法令性。定额是由国家各级主管部门按照一定的科学程序组织编制和颁发的,它是一种具有法令性的指标。在执行和使用过程中任何单位都必须严格遵守和执行,不得随意改变定额的内容和水平。如需要进行调整、修改和补充,必须经授权部门批准。

(3)定额的群众性。定额的群众性是指定额的制定和执行要有广泛的群众基础。定额的拟定,通常采取工人、技术人员和专职定额人员三结合方式。拟定定额应从实际出发,反映工人的实际水平,并保持一定的先进性,使定额容易为广大职工所掌握。

(4)定额的时效性。定额的科学性和法令性表现出一种相对的稳定性,即定额有一定的使用年限。随着生产技术和社会生产力的发展,各种资源消耗量势必有所不同,稳定的时间有长有短,一般在 5~10 年之间。

但是,任何一种工程定额,都只能反映一定时期的生产力水平,当生产力向前发展了,定额就会变得陈旧。所以,工程定额在具有稳定性特点的同时,也具有明显的时效性。当定额不能起到它应有作用的时候,工程定额就要重新编制或修订了。

3. 定额的作用

在工程建设和企业管理中,确定和执行先进合理的定额是技术和经济管理工作中的重要一环。在工程项目的计划、设计和施工过程中,定额具有以下几方面的作用:

(1)定额是编制工程计划,组织和管理施工的重要依据。为了更好地组织和管理施工生产,必须编制施工进度计划和施工作业计划。在编制计划和组织管理施工过程中,直接或间接地要以各种定额来作为计算人力、物力和资金需用量的依据。

(2)定额是确定工程造价的依据和评价设计方案经济合理性的尺度。在有了设计文件规定的工程规模、工程数量及施工方法之后,即可依据相应定额所规定的人工、材料、机械台班的消耗量,以及单位预算价值和各种费用标准来确定工程造价。

(3)定额是组织和管理施工的工具。建筑企业计算、平衡资源需要量、组织材料供应、调配劳动力、签发任务单、组织劳动竞赛、调动人的积极因素、考核工程消耗和劳动生产率、贯彻按劳分配工资制度、计算工人报酬等,都要利用定额,因此,从组织施工和管理生产的角度来说,定额又是企业组织和管理施工的工具。

(4)定额是总结先进生产方法的手段。定额是在平均先进合理的条件下,通过对施工生产过程的观察、分析综合制定的。它可以比较科学地反映出生产技术和劳动组织的先进合理程度。因此,我们可以以定额的方法为手段,对同一工程产品在同一施工操作条件下的不同生产方式进行观察、分析和总结,从而得到一套比较完整的先进生产方法,在施工生产中推广应用,使劳动生产率得到普遍提高。

由此可见,定额是实现工程项目,确定人力、物力和财力等资料需要,有计划地组织生产、提高劳动生产率,降低工程造价,完成或超额完成计划的重要的技术经济工具,是工程管理和企业管理的基础。

二、定额的分类

工程定额是一个综合概念,是生产消耗性定额的总称。它包括的定额种类很多。为了对工程定额从概念上有一个全面的了解,可对工程定额作如下分类。

1. 按生产要素分类

进行劳动生产所必须具备的三要素是:劳动者、劳动对象和劳动手段。劳动者是指生产工人,劳动对象是指建筑材料和各种半成品等,劳动手段是指生产机具和设备。因此,定额可按这三个要素编制,即劳动定额、材料消耗定额、机械台班消耗定额。

2. 按编制程序和用途划分

工程定额按其用途分类,可分为施工定额、预算定额、概算定额、工期定额及概算指标。

施工定额是施工企业中最基本的定额,是直接用于施工企业内部施工管理的一种技术定额。施工定额是以工作过程或复合工作过程为标定对象,规定某种建筑产品的劳动消耗量、材料消耗量和机械台班消耗数量。施工定额可用来编制施工预算,编制施工组织设计、施工作业计划、考核劳动生产率和进行成本核算。施工定额也是编制预算定额的基础。

预算定额是以建筑物或构筑物的各个分项工程为单位编制的,定额中包括所需人工工日数、各种材料的消耗量和机械台班数量,同时表示相应的地区基价。预算定额是在施工定额的综合和扩大的基础上编制的,可以用来编制施工图预算,确定工程造价,编制施工组织设计和工程竣工决算。预算定额是编制概算定额和概算指标的基础。

概算定额是以扩大结构构件、分部工程或扩大分项工程为单位编制的,它包括人工、材料和机械台班消耗量,并列有工程费用。概算定额是在预算定额的综合和扩大的基础上编制,可以用来编制概算,进行设计方案经济比较,也可作为编制主要材料申请计划的依据。

概算指标是以整座房屋或构筑物为单位编制的,包括劳动力、材料和机械台班定额等组成部分,而且列出了各结构部分的工程量和以每100m² 建筑面积或每座构筑物体积为计量单位而规定的造价指标,是比概算定额更为综合的指标。概算指标是初步设计阶段编制概算的依据,是进行技术经济分析,考核建设成本的标准,是国家控制基本建设投资的主要依据。

3.按编制单位和执行范围划分

按编制单位和执行范围,定额可分为全国统一定额、地方统一定额、企业定额和临时定额。

全国统一定额是综合全国基本建设的生产技术、施工组织和生产劳动的情况下编制的,在全国范围内执行。

地方统一定额是根据地方特点和统一定额水平编制的,只在规定的地区范围内使用。

企业定额是由工程企业自己编制,在本企业内部执行的定额。针对现行的定额项目中的缺项和与国家定额规定条件相差较远的项目可编制企业定额,经主管部门批准后执行。

临时定额是指统一定额和企业定额中未列入的项目,或在特殊施工条件下无法执行统一定额,由定额员和有经验的工人根据施工特点、工艺要求等直接估算的定额。制定后应报上级主管部门批准,在执行过程中及时总结。

4.按费用性质划分

按费用的性质,定额可分为直接费定额和间接费定额。直接费是指施工过程中耗费的构成工程实体和有助于工程形成的各项费用。间接费是指组织和管理施工生产而发生的费用。

第二节　装饰装修工程定额原理

一、工时研究

工时研究是在一定的标准测定条件下,确定工人作业活动所需时间总量的一套程序和方法。工时研究的直接结果是制定出时间定额。研究施工中的工作时间,最主要的目的是确定施工的时间定额或产量定额,亦称为确定时间标准。

工时研究还可以用于编制施工作业计划、检查劳动效率和定额执行情况、决定机械操作的人员组成、组织均衡生产、选择更好的施工方法和机械设备、决定工人和机械的调配、确定工程的计划成本以及作为计算工人劳动报酬的基础。但这些用途和目的,只有在确定了时间定额或产量定额的基础上才能达到。

二、施工过程研究

1. 施工过程的概念

施工过程即生产过程,其目的是建造、恢复、改建、移动或拆除工业、民用建筑物和构筑物的全部或一部分。施工过程由不同工种、不同技术等级的建筑工人完成,并且必须有一定的劳动对象——建筑材料、半成品、配件、预制品等,一定的劳动工具——手动工具、小型机具和机械等。

2. 施工过程分类

(1)按施工过程的完成方法不同可以分为手工操作过程(手动过程)、机械化操作过程(机动过程)和机手并动操作过程(半机械化过程)。

(2)按施工过程劳动分工的特点不同,可以分为个人完成的过程、工人班组完成的过程和施工队完成的过程。

(3)按施工过程组织上的复杂程度,可以分为工序、工作过程和综合工作过程。

1)工序是组织上分不开而技术上相同的施工过程。工序的主要特征是工人班组、工作地点、施工工具和材料均不发生变化。如果其中有一个因素发生变化,就意味着从一个工序转入另一个工序。从施工的技术操作和组织的观点看,工序是工艺方面最简单的施工过程。但是,如果从劳动过程来看,工序又可以分解为操作和动作。

施工动作是施工工序中最小的可以测算的部分。施工操作是一个施工动作接一个施工动作的综合。每一个动作和操作都是构成施工工序的一部分。

例如:手工弯曲钢筋这一个工序,可分解为以下"操作":①将钢筋放到工作台上;②对准位置;③用扳手弯曲钢筋;④扳手回原;⑤将弯好的钢筋取出。

其中,"将钢筋放到工作台上"这个"操作",可分解成以下"动作":①走到已调直的钢筋堆放处;②弯腰拿起钢筋;③拿着钢筋走向工作台;④把钢筋放到工作台上。

工序、操作和动作的关系,如图 4-1 所示。

工序可以由一个人来完成,也可以由工人班组或施工队几名工人协同完成;可以由手动完成,也可以由机械操作完成,在机械化的施工工序中,又可以包括由工人自己完成的各项操作和由机器完成的操作两部分。在用计时观察法来制定劳动定额时,工序是主要的研究对象。

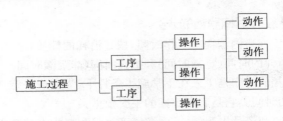

图 4-1 施工过程的组成

将一个施工过程分解成工序、操作和动作的目的,是为了分析、研究这些组成部分的必要性和合理性,测定每个组成部分的工时消耗,分析它们之间的关系及其衔接时间,最后测定施工过程或工序的定额。测定定额只要分解到工序为止。如果进行某项先进技术或新技术的工时研究,就要分析到操作甚至动作为止,从中研究可加以改进的操作,从而节约工时。

2)工作过程是由同一工人或同一工人班组所完成的在技术操作上相互联系的工序的总和,其特点是人员编制不变、工作地点不变,而材料和工具则可以变换。例如:砌墙和勾缝,抹灰和刷浆。

3)综合工作过程是同时进行的、在组织上有机联系在一起的、最终能获得一种产品的工作过程的总和。例如:浇筑混凝土结构构件的施工过程,是由配制、运送、浇筑和捣实混凝土等工作过程组成。

4)施工过程的工序或其组成部分,如果是以同样次序不断重复,并且每一次重复都可以生产出同一种产品,则称为循环的施工过程。反之若施工过程的工序或其组成部分不是以同样的次序重复,或者生产出来的产品各不相同,这种施工过程则称为非循环的施工过程。

3. 影响施工过程的因素

在施工过程中,生产效率受到诸多因素的影响,这些因素导致同一单位产品消耗的作业时间各不相同,甚至差别很大。为此,有必要对影响施工过程的因素进行研究,以便正确确定单位产品所需要的正常作业时间消耗。

(1)技术因素。技术因素包括产品的种类和质量要求;所用材料、半成品,及构配件的类别、规格和性能;所用工具和机械设备的类别、型号、性能及完好情况。

(2)组织因素。组织因素包括施工组织与施工方法;劳动组织;工人技术水平、操作方法和劳动态度;工资分配形式;劳动竞赛。

(3)自然因素。自然因素包括酷暑、大风、雨雪、冰冻等。

三、工人工作时间消耗的分类

工人在工作班内消耗的工作时间,按其消耗的性质,基本可以分为两大类:必需消耗的时间(定额时间)和损失时间(非定额时间)。

必需消耗的时间是工人在正常施工条件下,为完成一定产品(工作任务)所消耗的时间。它是制定定额的主要根据。

损失时间和产品生产无关,而和施工组织和技术上的缺点有关,是与工人在施工过程的个人过失或某些偶然因素有关的时间消耗。

工人工作时间的一般分类如表 4-1 所示。

表 4-1 　　　　　　　　　　　　**工人工作时间分类表**

时间性质	时间分类构成	
必需消耗的时间	有效工作时间	基本工作时间
		辅助工作时间
		准备与结束工作时间
	不可避免的中断时间	
	休息时间	
损失时间	多余和偶然工作时间	多余工作的工作时间
		偶然工作的工作时间
	停工时间	施工本身造成的停工时间
		非施工本身造成的停工时间
	违背劳动纪律损失的时间	

1. 必需消耗的工作时间

必需消耗的工作时间包括有效工作时间、不可避免的中断时间和休息时间。

(1)有效工作时间是从生产效果来看与产品生产直接有关的时间消耗,其中包括基本工作时间、辅助工作时间、准备与结束工作时间的消耗。

1)基本工作时间是完成一定产品的施工工艺过程所消耗的时间,是工人完成基本工作所消耗的时间。完成产品的施工工艺过程可以使材料改变外形,如钢筋煨弯等;可以改变材料的结构与性质,如混凝土制品的养护干燥等;可以使预制构件安装组合成型,如预制混凝土梁、柱、板的安装;也可以改变产品外部及表面的性质,如油漆等。

基本工作时间所包括的内容依工作性质而各不相同。例如,抹灰的基本工作时间包括:准备工作时间、润湿表面时间、抹灰时间、抹平抹光的时间。工人操纵机械的时间也属基本工作时间。基本工作时间的长短和工作量大小成正比。

根据定额制定工作的需要,基本工作按工人的技术水平又可分为适合于工人技术水平与不适合于工人技术水平两种。工人的工作专长和技术操作水平符合于基本工作要求的技术等级或执行比其技术等级稍高的基本工作时,称为适合于工人技术水平的基本工作。工人执行低于其本人技术等级的基本工作时,称为不适合于工人技术水平的基本工作,如技工干普工工作。

对于辅助工人完成他们生产任务的工作亦称为基本工作,如普工搬砖、运砂。

2)辅助工作时间是为保证基本工作能顺利完成所做的辅助性工作所消耗的时间。在辅助工作时间里,不能使产品的形状、性质或位置发生变化。例如:施工过程中工具的校正和小修;机械的调整;搭设小型脚手架等所消耗的工作时间等。辅助工作时间的结束,往往是基本工作时间的开始。辅助工作一般是手工操作,但在机手并动即半机械化的情况下,辅助工作是在机械运转过程中进行的,这时不应再计辅助工作时间的消耗。

3)准备与结束工作时间是指开始生产以前的准备工作所消耗的时间。例如:工作地点、劳动工具和劳动对象的准备工作时间;工作结束后的整理工作时间等。准备与结束工作时间消耗一般与工人接受任务的数量大小无直接关系,而与任务的复杂程度有关,所以,又可以把这项时间消耗分为班内的准备与结束工作时间和任务的准备与结束工作时间。

班内的准备与结束工作时间包括:工人每天从仓库领取工具、设备的时间;准备安装设备的时间;机器开动前的观察和试车的时间;交接班时间等。

任务的准备与结束工作时间与每个工作日交替无关,但与具体任务有关。例如接受施工任务书、研究施工详图、接受技术交底、领取完成该任务所需的工具和设备,以及验收交工等工作所消耗的时间。

(2)不可避免的中断时间是由于施工工艺特点引起的工作中断所消耗的时间。例如:汽车司机在等待装、卸货时消耗的时间、安装工等待起重机吊预制构件的时间、电气安装工由一根电杆转移到另一根电杆的时间等。与施工过程工艺特点有关的工作中断时间应作为必需消耗的时间,但应尽量缩短此项时间消耗。与工艺特点无关的工作中断时间是由于劳动组织不合理引起的,属于损失时间,不能作为必需消耗的时间。

(3)休息时间系指在施工过程中,工人为了恢复体力所必需的短暂的间歇及因个人需要(如喝水、上厕所)而消耗的时间,但午饭时的工作中断时间不属于施工过程中的休息时间,因为这段时间并不列入工作之内。休息时间的长短和劳动条件有关。劳动繁重紧张、劳动条件差(如高温),则休息时间需要长一些。

2. 损失时间

损失时间包括多余和偶然工作、停工、违背劳动纪律所引起的时间损失。

(1)多余和偶然工作的时间损失,包括多余工作引起的时间损失和偶然工作引起的时间损失两种情况。

1)多余工作是工人进行了任务以外的而又不能增加产品数量的工作。如对质量不合格的墙体返工重砌,对已磨光的水磨石进行多余的磨光等。多余工作的时间损失,一般都是由于工程技术人员和工人的差错而引起的修补废品和多余加工造成的,不是必需消耗的时间。

2)偶然工作是工人在任务外进行,但能够获得一定产品的工作。如电工铺设电缆时需要临时在墙上开洞等。从偶然工作的性质看,不应考虑它是必需消耗的时间,但由于偶然工作能获得一定产品,也可适当考虑。

(2)停工时间是工作班内停工造成的时间损失。停工时间按其性质可分为施工本身造成的停工时间和非施工本身造成的停工时间两种。

1)施工本身造成的停工时间,是由于施工组织不善、材料供应不及时、工作面准备工作做得不好等情况引起的停工时间。

2)非施工本身造成的停工时间,是由于气候条件以及水源、电源中断引起的停工时间。由于自然气候条件的影响又不在冬、雨期施工范围内的时间损失,应给予合理的考虑作为必需消耗的时间。

(3)违背劳动纪律造成的工作时间损失是指工人在工作班开始和午休后的迟到、午饭前和工作班结束前的早退、擅自离开工作岗位、工作时间内聊天或办私事等造成的时间损失。由于个别工人违背劳动纪律而影响其他工人无法工作的时间损失,也包括在内。在定额中不能考虑此项工时损失。

四、机械工作时间消耗的分类

在机械化施工过程中,对工作时间消耗的分析和研究,除了要对工人工作时间的消耗进行分类研究之外,还需要分类研究机器工作时间的消耗。

机械工作时间的消耗和工人工作时间的消耗虽然有许多共同点,但也有其自身特点。机械工作时间的消耗,按其性质可分为必需消耗的工作时间和损失时间。

1. 必需消耗的工作时间

在必需消耗的工作时间里,包括有效工作、不可避免的无负荷工作和不可避免的中断三项时间消耗。

(1)有效工作时间包括正常负荷下、有根据地降低负荷下和低负荷下工作的工时消耗。

1)正常负荷下的工作时间,是机械按其说明书规定的负荷下进行工作的时间。

2)有根据地降低负荷下的工作时间,是在个别情况下机械由于技术上的原因,在低于负荷下工作的时间,例如汽车运输质量轻而体积大的货物时,不能充分利用汽车的载重吨位等。

3)低负荷下的工作时间,是由于工人或技术人员的过错所造成的施工机械在低负荷的情况下工作的时间。例如工人装入碎石机轧料口中的石块数量不够,引起碎石机在降低负荷的情况下工作所延续的时间。此项工作时间不能完全作为必需消耗的时间。

(2)不可避免的无负荷工作时间是由施工过程的特点和机械结构的特点造成的机械无负荷工作时间。不可避免的无负荷按出现的性质可分为循环的不可避免无负荷和定时的不可避免无负荷两种。

1)循环的不可避免无负荷是指由于机械工作特点引起并循环出现的无负荷现象。如运输汽车在卸货后空车回驶、铲土机卸土后回至取土地点的空车回驶等。但是,对于一些复式行程的机械,其回程时间不应列为不可避免的无负荷,而仍应算作有效工作时间,例如打桩机打桩时桩锤的吊起时间等。

2)定时的不可避免无负荷又称周期的不可避免无负荷,它主要是发生在一些开行式机械,例如挖土机、压路机、运输汽车等在上班和下班时的空放和空回,以及在工地范围内由这一工作地点调至另一工作地点时的空驶上。

　　循环的不可避免无负荷与定时的不可避免无负荷的差别,主要在于前者是重复性、循环性的,而后者是单一性、定时性的。

　　(3)不可避免的中断工作时间是与工艺过程的特点、机械的使用和保养、工人休息有关的不可避免的中断时间。

　　1)与工艺过程的特点有关的不可避免中断时间有循环的和定期的两种。循环的不可避免中断,是在机械工作的每一个循环中重复一次,如汽车装货和卸货时的停车;定期的不可避免中断,是经过一定时期重复一次,如把混凝土振动棒由一个工作地点转移到另一工作地点时的工作中断。

　　2)与机械有关的不可避免中断时间,是由于工人进行准备与结束工作或辅助工作时,机械停止工作而引起的中断工作时间。它是与机械的使用与保养有关的不可避免中断时间。

　　3)工人休息时间。应尽量利用与工艺过程有关的和与机械有关的不可避免中断时间组织工人进行休息,以充分利用工作时间。

2. 损失时间

　　机械工作损失的时间中包括多余工作、停工和违背劳动纪律所消耗的工作时间。

　　(1)机械的多余工作时间,是机械进行任务内和工艺过程内未包括的工作而延续的时间,如工人没有及时供料而使机械空运转的时间。

　　(2)机械的停工时间按其性质也可分为施工本身造成和非施工本身造成的停工。前者是由于施工组织得不好而引起的停工现象,如由于未及时供给机器燃料而引起的停工。后者是由于气候条件所引起的停工现象,如暴雨时压路机的停工。上述停工中延续的时间,均为机械的停工时间。

　　(3)违反劳动纪律引起的机械的时间损失是指由于工人迟到、早退或擅离岗位等原因引起的机械停工时间。

五、时间消耗的测定方法——计时观察法

　　计时观察法,是研究工作时间消耗的一种技术测定方法。它以工时消耗为对象,以观察测时为手段,通过抽样技术进行直接的时间研究。计时观察法适宜于研究人工手动过程和机手并动过程的工时消耗。

　　在工程施工中运用计时观察法的主要目的是:查明工作时间消耗的性质和数量;查明和确定各种因素对工作时间消耗数量的影响;找出工时

损失的原因和研究缩短工时、减少损失的可能性。

1. 计时观察前的准备工作

(1)确定需要进行计时观察的施工过程。计时观察之前首先应研究并确定有哪些施工过程需要进行计时观察。对于需要进行计时观察的施工过程要编出详细的目录，拟定工作进度计划，制定组织技术措施，并组织编制定额的专业技术队伍，按计划认真开展工作。

(2)对施工过程进行预研究，对于已确定的施工过程的性质应充分研究，目的是为了正确地安排计时观察和收集可靠的原始资料，研究的方法是全面地对各个施工过程及其所处的技术组织条件进行实际调查和分析，以便设计正常的(标准的)施工条件和分析研究测时数据。

1)熟悉与该施工过程有关的现行技术规范标准等资料。

2)了解新采用的工作方法的先进程度，了解已经得到推广的先进施工技术和操作，还应该了解施工过程存在的技术组织方面的缺点和由于某些原因造成的混乱现象。

3)注意系统地收集完成定额的统计资料和经验资料，以便与计时观察所得的资料进行对比分析。

4)把施工过程划分为若干个组成部分(一般划分到工序)。例如砌砖墙的施工过程可以划分为拉线、铺灰、砌砖、勾缝和检查砌体质量等工序。施工过程划分的目的是便于计时观察。

5)确定定时点和施工过程产品的计量单位。定时点是上下两个相衔接的组成部分之间时间上的分界点。确定定时点，对于保证计时观察的精确性具有很大的影响。例如砌砖过程中，取砖和将砖放在墙上这个组成部分，它的开始是工人手接触砖的那一瞬间，结束是将砖放在墙上手离开砖的那一瞬间。确定产品计量单位，要能具体地反映产品的数量，并具有最大限度的稳定性。

(3)选择施工的正常条件。绝大多数企业和施工队、组在合理组织施工所处的施工条件，称之为施工的正常条件。选择施工的正常条件是技术测定中的一项重要内容，也是确定定额的依据。

施工条件一般包括工人的技术等级是否与工作等级相符、工具与设备的种类和质量、工程机械化程度、材料实际需要量、劳动的组织形式、工资报酬形式、工作地点的组织和其准备工作是否及时、安全技术措施的执行情况、气候条件、劳动竞赛开展情况等。所有这些条件，都有可能影响产品生产中的工时消耗。

施工的正常条件应该符合有关的技术规范,符合正确的施工组织和劳动组织条件,符合已经推广的先进施工方法、施工技术和操作。施工的正常条件是施工企业和施工队(班组)应该具备也能够具备的施工条件。

(4)选择观察对象。所谓观察对象,就是对其进行计时观察的施工过程和完成该施工过程的工人。选择计时观察对象,必须注意所选择的施工过程要完全符合正常施工条件,所选择的工人应具有与技术等级相符的工作技能和熟练程度,所承担的工作与其技术等级相等,同时应该能够完成或超额完成现行的施工劳动定额。

(5)调查所测定施工过程的影响因素。施工过程的影响因素包括技术、组织及自然因素。例如产品和材料的特征(规格、质量、性能等)、工具和机械性能、型号、劳动组织和分工、施工技术说明并附施工简图和工作地点平面布置图。

(6)其他准备工作。进行计时观察还必须准备好必要的用具和表格。如测时用的秒表或电子计时器,测量产品数量的工、器具,记录和整理测时资料用的各种表格等。如果有条件并且也有必要,还可配备摄像机和电子记录设备。

2. 计时观察方法

对施工过程进行观察、测时,计算实物和劳务产量,记录施工过程所处的施工条件和确定影响工时消耗的因素,是计时观察法的主要内容和要求。计时观察方法种类很多,其中最主要的有三种,如图 4-2 所示。

(1)测时法。测时法主要用于测定那些定时重复的循环工作的工时消耗,主要测定"有效工作时间"中的"基本工作时间",是精确度比较高的一种计时观察法。有选择测时法和连续测时法两种具体方法。

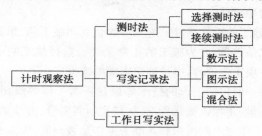

图 4-2 计时观察法的种类

1)选择测时法。它是间隔选择施工过程中非连续的组成部分(工序或操作)测定工时,精确度达 0.5s。

采用选择测时法,当被观察的某一循环工作的组成部分开始时,观察者就立即开动秒表,当该组成部分终止时,则立即停止秒表,然后把秒表上显示的延续时间记录到选择法测时记录(循环整理)表上,并把指针拨回到零点。下一组成部分开始,再开动秒表,如此依次观察,并记录下延续时间。

2)接续测时法。接续测时法较选择测时法准确、完善,但观察技术也较之复杂。它的特点是,在工作进行中和非循环组成部分出现之间一直不停止秒表,秒针启动过程中,观察者根据各组成部分之间的定时点,记录其终止时间。由于这个特点,在观察时,要使用双针秒表,以便使其辅助针停止在某一组成部分的结束时间上。

(2)写实记录法。写实记录法是一种研究各种性质工作时间消耗的方法。采用这种方法,可以获得分析工作时间消耗的全部资料,并且精确程度能达到 0.5~1s。

写实记录法的观察对象,可以是一个工人,也可以是一个工人小组。写实记录法按记录时间的方法不同分为数示法、图示法和混合法三种。

对于写实记录的各项观察资料,要在事后加以整理。在整理时,先将施工过程各组成部分按施工工艺顺序从写实记录表上抄录下来,并摘录相应的工时消耗;然后按工时消耗的性质,分为基本工作与辅助工作时间、休息和不可避免中断时间、违背劳动纪律时间等,按各类时间消耗进行统计,并计算整个观察时间即总工时消耗;再计算各组成部分时间消耗占总工时消耗的百分比。单位产品工时消耗,由总工时消耗除以产品数量得到。

1)数示法。数示法写实记录,是三种写实记录法中精确度较高的一种,可以同时对两个工人进行观察,观察的工时消耗,记录在专门的数示法写实记录表中。数示法用来对整个工作班或半个工作班进行长时间观察,因此能反映工人或机器工作日全部情况。

2)图示法。图示法是在规定格式的图表上用时间进度线条表示工时消耗量的一种记录方式,精确度可达 30s,可同时对三个以内的工人进行观察。

3)混合法。混合法吸取数字和图示两种方法的优点,以时间进度线条表示工序的延续时间,在进度线的上部加写数字表示各时间区段的工人数。混合法适用于三个以上工人的小组工时消耗的测定与分析。记录观察资料的表格仍采用图示法写实记录表。

(3)工作日写实法。工作日写实法,是一种研究整个工作班内的各种工时消耗的方法。

运用工作日写实法主要有两个目的,一是取得定额的基础资料;二是检查定额的执行情况,找出缺点,改进工作。当它被用来达到第一目的时,工作日写实的结果要获得观察对象在工作班内工时消耗的全部情况,以及产品数量和工时消耗的影响因素,其中工时消耗应该按工时消耗的性质分类记录。当它被用来达到第二个目的时,通过工作日写实应该做到:查明工时损失量和引起工时损失的原因,制订消除工时损失、改善劳动组织和工作地点组织的措施,查明熟练工人是否能发挥自己的专长,确定合理的小组编制和合理的小组分工;确定机器在时间利用和生产效率方面的情况,找出使用不当的原因,制订出改善机器使用情况的技术组织措施;计算工人或机器完成定额的实际百分比和可能百分比。

第三节　施 工 定 额

一、施工定额概述

1. 施工定额的概念

施工定额是直接用于施工管理中的定额。它是以同一性质的施工过程或工序为测定对象,确定工人在正常施工条件下,为完成单位合格产品所需劳动、机械、材料消耗的数量标准,企业定额一般称为施工定额。施工定额是由劳动定额、材料消耗定额和机械台班定额组成,是最基本的定额。

2. 施工定额的作用

施工定额主要用于企业内部施工管理,概括起来有以下几方面的作用:

(1)施工定额是企业计划管理工作的基础,是编制施工组织设计,施工作业计划,劳动力、材料和机械使用计划的依据。

(2)施工定额是编制单位工程施工预算,进行施工预算和施工图预算对比,加强企业成本管理和经济核算的依据。

(3)施工定额是施工队向工人班组签发施工任务书和限额领料单的

依据。

（4）施工定额是计算劳动报酬与奖励,贯彻按劳分配,推行经济责任制的依据,如实行内部经济包干签发包干合同。

（5）施工定额是开展社会主义劳动竞赛,制订评比条件的依据。

（6）施工定额是编制预算定额和企业补交定额的基础。

编制和执行好施工定额并充分发挥其作用,对促进施工企业内部施工管理水平的提高,加强经济核算,提高劳动生产率,降低工程成本,提高经济效益,具有十分重要的意义。

3. 施工定额的编制水平

定额水平是指规定消耗在单位产品上的劳动、机械和材料数量的多少。施工定额的水平应直接反映劳动生产率水平,也反映劳动和物质消耗水平。

所谓平均先进水平是指在正常条件下,多数施工班组或生产者经过努力可以达到,少数班组或生产者可以接近,个别班组或生产者可以超过的水平。通常,它低于先进水平,略高于平均水平。这种水平使先进的班组和工人感到有一定压力,大多数处于中间水平的班组或工人感到定额水平可望也可及。平均先进水平不迁就少数落后者,而是使他们产生努力工作的责任感,尽快达到定额水平。所以,平均先进水平是一种鼓励先进、勉励中间、鞭策后进的定额水平。贯彻"平均先进水平"的原则,才能促进企业科学管理和不断提高劳动生产率,进而达到提高企业经济效益的目的。

二、劳动定额

劳动定额也称为人工定额,它是建筑装饰工人劳动生产率的一个先进合理的指标,反映的是建筑装饰工人劳动生产率与社会平均先进水平,是施工定额的重要组成部分。

（一）劳动定额的形式

劳动定额表现形式可分为时间定额和产量定额。

1. 时间定额

时间定额是指在一定的生产技术和生产组织条件下完成单位产品所需消耗的工时。它以一定技术等级的工人小组或个人完成质量合格的产品为前提。定额时间包括工人的有效准备与结束工作时间、基本工作时间、辅助工作时间、不可避免的中断时间及必需的休息时间等。

时间定额以一个工人 8h 工作日的工作时间为 1 个"工日"单位。时间定额的计算如下：

$$单位产品时间定额(工日) = \frac{1}{每工日产量}$$

如果以小组来计算，则为

$$单位产品时间定额(工日) = \frac{小组成员工日数总和}{班组完成产品数量总和}$$

2. 产量定额

产量定额是指在一定生产技术和生产组织条件下，某工种、某种技术等级的工人班组或个人，在单位时间内(工日)应完成合格产品的数量。其计算方法如下：

$$每日产量 = \frac{1}{单位产品时间定额(工日)}$$

或

$$台班产量 = \frac{小组成员工日数总和}{单位产品时间定额(工日)}$$

时间定额与产量定额互为倒数，即：

$$时间定额 \times 产量定额 = 1$$

$$时间定额 = \frac{1}{产量定额}$$

$$产量定额 = \frac{1}{时间定额}$$

劳动定额又有综合定额和单项定额之分，综合定额是指完成同一产品中的各单项(工序)定额的综合。综合定额的时间定额由各单项时间定额相加而成。综合定额的产量定额为综合时间定额的倒数，即：

$$综合产量定额 = \frac{1}{综合时间定额(日)}$$

例如，钢筋混凝土构造柱每 $1m^2$ 模板综合时间定额为 0.359 工日，它是由模板安装部分(0.237 工日)与模板拆除部分(0.122 工日)组成：

$$0.237 + 0.122 = 0.359(工日)$$

$$综合产量定额 = \frac{1}{0.359} = 2.786(m^2)$$

(二)装饰工程劳动定额的编制

1. 劳动定额编制的主要依据

编制劳动定额必须以党和国家的有关技术经济政策和可靠的技术资料为依据。

（1）国家有关经济政策和劳动制度，主要有工资标准、8 小时工作制度、工资奖励制度和劳动保护制度等。

（2）有关技术资料。国家现行的各类规范、规程和标准，如施工质量验收规范、建筑安装工程安全操作规程、国家建筑材料标准、施工机械的性能、历年的施工定额及其统计资料、具有代表性的施工图纸、建筑安装构件及配件图集、标准做法等。

2. 装饰工程劳动定额的作用

（1）它是计划管理的重要依据。

（2）它是衡量工人劳动生产率和考核工效的尺度。

（3）它是贯彻按劳分配原则和推行经济责任制的重要依据。

（4）它是合理组织劳动和确定生产定员的依据。

（5）它是企业实行经济核算的依据。

（6）它是编制施工定额和预算定额的依据。

3. 装饰工程劳动定额编制方法

劳动定额水平测定的方法较多，一般比较常用的方法有技术测定法、统计分析法、经验估计法和比较类推法四种，如图 4-3 所示。

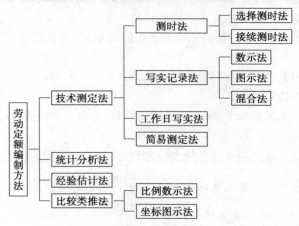

图 4-3 劳动定额的编制方法

（1）技术测定法。技术测定法是通过对施工过程各工序时间的各个组成要素实施观察，根据记录结果分别测定出工序的工时消耗，然后对测定的资料进行分析整理来制定定额的方法，该方法是制定定额最基本的方法。

用技术测定法制定的定额具有较充分的科学依据,所测定的定额水平精确度较高。但这种方法技术较为复杂,测定工作量大,需要建立较强的组织机构和相应的测定力量。由于技术测定的工作量大,因此在定额编制工作中,常将技术测定法与统计分析法等结合使用。

根据施工过程的特点和技术测定的目的、对象和方法的不同,技术测定法又分为测时法、写实记录法、工作日写实法和简易测定法等种类。

(2)统计分析法。统计分析法是将过去一定时期内施工中所积累的同类型工程或生产同类产品的工时消耗和产量的统计资料,结合当前的技术、组织条件进行分析,研究制定劳动定额的方法。

统计分析法简便易行,与经验估计法相比有较多的原始统计资料。适合于施工生产条件正常,产品稳定,批量大,统计资料完整、准确的施工过程。

采用统计分析法时,数据中会包含着某些不合理的因素。这些因素会造成定额水平降低,因此,应对统计资料加以分析研究,去伪存真,计算出平均先进值。

平均先进值的计算步骤如下:

1)从统计数组中剔除特别偏高、偏低及明显不合理的数据;

2)按保留数据求出算术平均值;

3)在统计数组中,取小于算术平均值的数据,再计算平均值,即为平均先进值。

【例4-1】 有工时消耗统计数组:25,35,45,55,65,75,45,55,45,55,95。试求平均先进值。

【解】 上述数组中95是明显偏高的数,应删去。删去95后,求算术平均值:

$$算术平均值 = \frac{25+35+45+55+65+75+45+55+45+55}{10} = 50$$

选数组中小于算术平均值50的数求平均先进值:

$$平均先进值 = \frac{25+35+45+45+45}{6} = 32.5$$

计算所得平均先进值,也就是定额水平的依据。

(3)经验估计法。经验估计法是由定额人员、工程技术人员和有经验的技术工人参照有关技术资料,根据实践经验,结合施工图样、施工工艺、生产组织条件和操作方法等,对生产某一产品或完成某项工作所需的用工量进行分析、讨论,制定定额的编制方法。

　　经验估计法具有制定定额的工作过程短、工作量较小、省时、简便易行的特点,但是其准确度在很大程度上取决于参加估计人员的经验,有一定的局限性。因此,它只适用于产品品种多、批量小的次要定额项目。

　　由于估计人员的经验和水平存在差异,同一项目往往会提出不同的定额数据。此时应对提出的各种不同数据进行认真的分析处理,反复平衡,并根据统筹法原理进行优化,以确定出平均先进的指标。计算公式如下:

$$t = \frac{a + 4m + b}{6}$$

式中　　t——表示定额优化时间(平均先进水平);

　　　　a——表示先进作业时间(乐观估计);

　　　　m——表示一般作业时间(最大可能);

　　　　b——表示后进作业时间(保守估计)。

　　【例 4-2】　某一施工过程单位产品的工时消耗,通过讨论估计出了三种不同的工时消耗,分别是 0.6 工日、0.7 工日、0.8 工日,按上式计算出定额时间。

　　【解】　　　　　$t = \frac{0.6 + 4 \times 0.7 + 0.8}{6} = 0.7(工日)$

　　(4)比较类推法。比较类推法又称"典型定额法",是指以同类型产品或工序定额作为依据,经过分析比较,类推出相邻项目定额水平的方法。这种方法简便,工作量小,适用于同类型产品规格多、批量小的装饰施工过程。一般只要典型定额选择得当,分析合理,类推出的定额水平也比较合理。

　　采用这种方法编制定额时,对典型定额的选择必须恰当。通常采用主要项目和常用项目作为典型定额比较类推。用来对比的工序、产品的施工工艺和劳动组织等特征必须是"类推"或"近似",这样才具有可比性,才可以提高定额的准确性。

第四节　　材料消耗定额

一、材料消耗定额的概念

　　材料消耗定额是在正常装饰施工条件和合理使用装饰材料的条件下,完成质量合格的单位产品所必须消耗的一定品种规格的材料、成品、半成品或配件等的数量标准。

　　在我国工程建设的直接成本中,材料费平均占 70% 左右。材料消耗量的多少,消耗是否合理,关系到资源的有效利用,对工程的造价确定和成本控制有着决定性影响。

材料消耗定额是确定材料需要量、编制材料计划的基础,也是施工队组向工人班组签发限额领料单、考核和分析材料利用情况的依据。

制定合理的材料消耗定额,是组织材料的正常供应,保证生产顺利进行,以及合理利用资源,减少积压、浪费的必要前提。

二、材料消耗定额的组成

材料消耗定额由材料消耗净用量定额和材料损耗量定额两部分组成。

1. 合格产品的材料净用量

净用量是指在不计废料和损耗的情况下,直接组成工程实体的材料用量。

2. 生产过程中合理的材料损耗量

损耗量是指在施工过程中不可避免的损耗和废料。其损耗范围是由现场仓库或露天堆放场地运到施工地点的运输损耗及施工操作损耗,但不包括可以避免的浪费和损失的材料。如,场内运输及场内堆放中在允许范围内不可避免的损耗、加工制作中的合理损耗及施工操作中的合理损耗等。

(1)材料损耗量的计算方法。

1)材料损耗量＝材料总消耗量×材料损耗率

$$材料损耗率＝\frac{材料损耗量}{材料总消耗量}×100\%$$

2)材料损耗量≈材料净用量×材料损耗率

$$材料损耗率≈\frac{材料损耗量}{材料净用量}×100\%$$

(2)材料总消耗量的计算方法:

1)材料净用量＝材料总消耗量－材料损耗量
　　　　　　＝材料总消耗量×(1－损耗率)

$$材料总消耗量＝\frac{材料净用量}{1－材料损耗率}$$

2)材料净用量≈材料总消耗量－损耗量

材料总消耗量≈材料净用量×(1＋材料损耗率)

材料损耗率是由国家有关部门根据观察和统计资料确定的。对大多数材料可直接查预算工作手册,对一些新型材料可通过现场实测,报有关部门批准。

三、装饰材料消耗定额的制定

装饰材料消耗定额的制定方法主要有观察法、试验法、统计法和计算法。

1. 观察法

观察法是指在施工现场合理使用装饰材料的条件下完成合格单位装饰产品所消耗材料的实测方法。这种方法最适宜用来制定材料的损耗定额。因为只有通过现场观察和测定才能区别出哪些属于不可避免的损耗，哪些是可以避免的损耗，不应计入定额内。

观察前要充分做好各项准备工作，如选择典型的工程项目、确定工人操作技术水平、检验材料的品种规格和质量是否符合设计要求，检查量具、衡具和运输工具是否符合标准，以及采取减少材料损耗的措施等。最后还要对完成的产品进行质量验收，必须达到合格要求。选择观察对象应具有代表性，以保证观察法的准确性和合理性。

2. 试验法

试验法是试验室内通过专门的仪器和设备进行试验和测定数据确定装饰材料（如混凝土、砂浆、油漆涂料等）消耗定额的一种方法。这种方法测定的数据精确度高。但这种方法是在实验条件下进行，从而难以充分估计到施工过程中的某些因素对装饰材料消耗量的影响，因此往往还需作适当调整。

3. 统计法

统计法是指在施工过程中，对分部分项工程所拨发材料的数量、竣工后的材料剩余量和完成产品的数量，进行统计、整理、分析研究及计算，以确定材料消耗定额的方法。这种方法简便易行，但应注意统计资料的真实性和系统性，还应注意和其他方法结合使用，以提高所制定定额的精确程度。

4. 计算法

计算法是根据施工设计图和其他技术资料，用理论计算公式计算材料耗用量而确定材料消耗定额的方法。计算时应考虑装饰材料的合理损耗。计算法主要用于制定块状、板类建筑材料（如砖、钢材、玻璃、油毡等）的消耗定额。因为这些材料，只要根据图纸、材料规格和施工质量验收规范，就可以通过公式计算出材料消耗数量。

采用计算法计算材料消耗定额时，首先计算出材料的净用量，而后算出材料的损耗量，两者相加即得材料总消耗量。

【**例 4-3**】 采用 1：1 水泥砂浆贴 100mm×100mm×10mm 瓷砖墙

面,结合层厚度为10mm,灰缝宽度为5mm,试计算100m² 墙面瓷砖和砂浆的总消耗量。(瓷砖、砂浆损耗率分别为1.5%、1%)

【解】 每100m² 瓷砖墙面中瓷砖净用量=100/[(0.1+0.005)×(0.1+0.005)]≈9071(块)

瓷砖总消耗量=9071×(1+1.5%)≈9208(块)

每100m² 墙面中结合层砂浆净用量=100×0.01=1(m³)

每100m² 墙面中灰缝砂浆净用量=(100−9071×0.1×0.1)×0.005

$$=0.0465(m^3)$$

每100m² 瓷砖墙面砂浆总消耗量=(1+0.0465)×(1+1%)

$$=1.057(m^3)$$

四、周转性材料消耗量计算

周转性材料在施工过程中不属于一次性消耗材料,而是可多次周转使用,经过修理、补充才逐渐消耗尽的材料。如:模板、钢板桩、脚手架等。

这类材料在施工中不是一次消耗完,而是随着使用次数增多,逐渐消耗,多次使用,反复周转,并在使用过程中不断补充。周转性材料指标分别用一次使用量和摊销量两个指标表示。

周转性材料消耗的定额量是指每使用一次摊销的数量,其计算必须考虑一次使用量、周转使用量、回收价值和摊销量之间的关系。

一次使用量是指材料在不重复使用的条件下的一次使用量。一般供建设单位和施工企业申请备料和编制施工作业计划之用。

摊销量是按照多次使用,应分摊到每一计量单位分项工程或结构构件上的材料消耗数量。

我国现行建筑工程定额贯彻工程实体消耗和施工措施消耗相分离的原则,将工程实用消耗相对不变的量与施工措施消耗相对可变的量分开,引导施工单位逐步实施依工程的个别成本参与市场竞争。因此,周转性材料即施工措施项目的计算已成为定额与预算中的一个重要内容。

下面介绍现浇结构模板摊销量的计算。

1. 摊销量的计算

$$摊销量=周转使用量-回收量$$

式中　周转使用量=$\frac{(一次使用量)+[一次使用量×(周转次数-1)]×损耗率}{周转次数}$

$$=(一次使用量)×\left[\frac{1+(周转次数-1)×损耗率}{周转次数}\right]$$

2. 周转使用量的计算

周转使用量是指周转性材料在周转使用和补损的条件下,每周转一次的平均需用量,根据一定的周转次数和每次周转使用的损耗量等因素来确定。

周转次数是指周转性材料从第一次使用起可重复使用的次数。它与不同的周转性材料、使用的工程部位、施工方法及操作技术有关。

周转次数的确定要经现场调查、观测及统计分析,取平均合理的水平。正确规定周转次数,对准确计算用料,加强周转材料管理和经济核算具有重要作用。

损耗量是周转性材料使用一次后由于损坏而需补损的数量,在周转性材料中又称"耗损量",按一次使用量的百分数计算,该百分数即为损耗率。

周转性材料在由周转次数决定的全部周转过程中投入使用总量为

投入使用总量＝一次使用量＋一次使用量×(周转次数－1)×损耗率

周转使用量根据下列公式计算:

$$周转使用量 = \frac{投入使用总量}{周转次数}$$

$$= \frac{一次使用量＋一次使用量×(周转次数－1)×损耗率}{周转次数}$$

$$= 一次使用量 × \left[\frac{1＋(周转次数－1)×损耗率}{周转次数}\right]$$

设　　　　　$$周转使用系数\ k_1 = \frac{1＋(周转次数－1)×损耗率}{周转次数}$$

则　　　　　　　　周转使用量＝一次使用量×k_1

各种周转性材料,当使用在不同的项目中,只要知道其周转次数和损耗率,即可计算出相应的周转使用系数 k_1。

3. 周转回收量的计算

周转回收量是指周转性材料在周转使用后除去损耗部分的剩余数量,即尚可以回收的数量,其计算式为

$$周转回收量 = \frac{周转使用最终回收量}{周转次数}$$

$$= \frac{一次使用量－(一次使用量×损耗率)}{周转次数}$$

$$= 一次使用量 × \left(\frac{1－损耗率}{周转次数}\right)$$

4. 摊销量的计算

周转性材料摊销量是指完成一定计量单位产品,一次消耗周转性材料的数量。

摊销量＝周转使用量－周转回收量×回收折价率

$$＝一次使用量×k_1－一次使用量×\frac{1-损耗率}{周转次数}×回收折价率$$

$$＝一次使用量×\left[k_1-\frac{(1-损耗率)×回收折价率}{周转次数}\right]$$

设　　摊销量系数 $k_2＝k_1-\dfrac{(1-损耗率)×回收折价率}{周转次数}$

则　　　　　　　　　　　摊销量＝一次使用量×k_2

对各种周转性材料,根据不同工程部位、损耗(补损)率、周转次数及回收折价率(一般取50%),即可计算出相应的 k_1 与 k_2 系数,由此计算周转使用量及摊销量。

【例4-4】 某框架梁工程量为 $12m^3$,经计算模板与混凝土的接触面积为 $100m^2$,每 $10m^2$ 接触面所需模板:支柱大枋为 $0.25m^3$,其他板材为 $0.865m^3$,操作损耗率5%,其他板枋材周转次数为6次,每次周转补损率为15%,计算模板一次使用量和摊销量。

【解】 支柱大枋一次使用量＝10×0.25×(1+0.05)＝2.63(m^3)

其他板枋材一次使用量10×0.865×(1+0.05)＝9.08(m^3)

模板一次使用量合计＝2.63＋9.08＝11.71(m^3)

支柱大枋摊销量,现行定额规定按20次周转,不计取补损和回收。即:

$$支柱大枋摊销量＝\frac{一次使用量}{20}＝\frac{2.63}{20}＝0.13(m^3)$$

其中,板枋材摊销量＝9.08×0.2318＝2.105(m^3)

模板摊销量合计＝0.13＋2.105＝2.235(m^3)

预制混凝土构件的模板,虽属周转使用材料,但其摊销量的计算方法与现浇混凝土木模板计算方法不同,按照多次使用平均摊销的方法计算,即不需计算每次周转的损耗,只需根据一次使用量及周转次数,即可算出摊销量。其计算公式如下:

$$预制构件模板摊销量＝\frac{一次使用量}{周转次数}$$

第五节　机械台班使用定额

一、机械台班使用定额的概念

施工机械消耗定额以一台施工机械工作一个 8h 工作班为计量单位，所以又称为施工机械台班定额，或机械台班消耗定额。

施工机械消耗定额，是指在正常施工条件下，某种机械为生产单位合格产品（工程实体或劳务）所需消耗的机械工作时间，或在单位时间内该机械应该完成的产品数量。机械定额也有时间定额和产量定额两种表现形式，它们之间的关系互成倒数，可以换算。

1. 机械时间定额

机械时间定额是指在正常施工的条件下，在合理的劳动组织和合理使用机械的前提下，某种施工机械完成单位合格产品所必需消耗的工作时间，包括有效工作时间，不可避免的中断时间和不可避免的空转时间等。

$$机械时间定额（台班）= \frac{1}{机械台班产量}$$

$$机械人工时间定额 = \frac{小组成员工日数之和}{机械台班产量}$$

2. 机械台班产量定额

机械产量定额是指在正常施工的条件下，在合理的劳动组织和合理的使用机械的前提下，某种施工机械在每个台班时间内，必须完成合格产品的数量标准。

$$机械台班产量定额 = \frac{1}{机械时间定额}$$

$$机械台班产量定额 = \frac{小组成员工日数总和}{机械人工时间定额}$$

机械时间定额与机械台班产量定额互为倒数。

例如，塔式起重机吊装一块预制构件，建筑物层数在 6 层以内，构件质量在 0.5t 以内，如果规定机械时间定额为 0.004 台班，则该塔式起重机的台班产量定额应为

$$\frac{1}{0.004（台班/块）} = 250（块/台班）$$

3. 机械和人工共同工作时的定额

人工配合机械工作的定额应按照每个机械台班内配合机械工作的工

人班组总工日数及完成的合格产品数量来确定。

(1)单位产品的时间定额

完成单位合格产品所必需消耗的工作时间,按下列公式计算:

$$单位产品的时间定额(工日) = \frac{班组总工日数}{一个机械台班的产量}$$

(2)机械台班产量定额

每一个机械台班时间中能生产合格产品的数量,按下列公式计算:

$$机械台班产量定额 = \frac{一个机械台班的产量}{班组总工日数}$$

【例 4-5】　计算斗容量 1m³ 正铲挖土机,挖三类土,槽深在 2m 以内,小组成员 2 人,已知机械台班产量为 6.38(定额单位 100m³),计算人工时间定额。

【解】　挖 100m³ 土方的人工时间定额 $= \dfrac{2}{6.38} = 0.313(工日)$

过去,由于我国建筑业技术装备水平较低,所以机械消耗在工程的全部生产消耗中占的比重不大。但是随着生产技术的进一步发展,机械化程度不断提高,机械在更大范围内代替工人的手工操作。机械消耗在全部生产消耗中份额的增大,使施工机械消耗定额成为更加重要的定额。

施工机械台班定额水平标志着机械生产率水平,也反映机械管理水平和机械化施工水平。高质量的施工机械台班定额,是合理组织机械化施工,有效地利用施工机械,进一步提高机械生产率的必备条件。

二、机械台班定额的编制

(一)拟定施工机械工作的正常条件

拟定施工机械的正常条件,主要是拟定工作地点的合理组织和合理的工人编制。

(1)工作地点的合理组织,是对施工地点机械和材料的放置位置、工人从事操作的场所,作出科学合理的平面布置和空间安排。

(2)拟定合理的工人编制,是根据施工机械的性能和设计能力、工人的专业分工和劳动工效,合理确定操纵机械的工人和直接参加机械化施工过程的工人人数,确定维护机械的工人人数及配合机械施工的工人人数。工人的编制往往要通过计时观察、理论计算和经验资料来合理确定,应保持机械的正常生产率和工人正常的劳动效率。

(二)确定机械纯工作 1h 正常生产率

机械纯工作时间是指机械必需消耗的时间,包括在满载和有根据地降低负荷下的工作时间、不可避免的无负荷工作时间和必要的中断时间。机械纯工作 1h 正常生产率,是在正常施工组织条件下,由具有必需的知识和技能的技术工人操纵机械工作 1h 的生产率。

根据机械工作特点的不同,机械纯工作 1h 正常生产率的确定方法也有所不同。

1. 循环动作机械纯工作 1h 正常生产率

循环动作机械如起重机、挖掘机等,每一循环动作的正常延续时间包括不可避免的空转和中断时间,但在同一时间区段中不能重叠计时。

对于按照同样的次序、定期重复固定的工作与非工作组成部分的循环动作机械,机械纯工作 1h 正常生产率的计算公式如下:

机械一次循环的正常延续时间(s)$= \sum$(循环各组成部分正常延续时间)$-$重叠时间

$$机械纯工作 1h 正常循环次数 = \frac{3600(s)}{一次循环的正常延续时间}$$

机械纯工作 1h 正常生产率$=$机械纯工作 1h 正常循环次数$\times$一次循环生产的产品数量

从公式中可以看到,计算循环机械纯工作 1h 正常生产率的步骤为:

(1)根据现场观察资料和机械说明书确定各循环组成部分的延续时间;

(2)将各循环组成部分的延续时间相加,减少各组成部分之间的重叠时间,计算循环过程的正常延续时间;

(3)计算机械纯工作 1h 的正常循环次数;

(4)计算循环机械纯工作 1h 的正常生产率。

【例 4-6】 塔式起重机吊装大模板到 5 层就位,每次吊装一次,循环的各组成部分的延续时间经测定如下:

挂钩时的停车时间	13s
上升回转时间	64s
下落就位时间	46s
脱钩时间	14s
空钩回转下降时间	44s
合计	181s

纯工作 1h 的循环次数 n 为

$$n=3600\div181=19.89(次)$$

塔吊纯工作 1h 的正常生产率＝$19.89\times1=19.89$(块)

2. 连续动作机械纯工作 1h 正常生产率

对于施工作业中只做某一动作的连续动作机械,确定机械纯工作 1h 正常生产率时,要考虑机械的类型和结构特征,以及工作过程的特点,计算公式如下:

$$连续动作机械纯工作 1h 正常生产率＝\frac{工作时间内完成的产品数量}{工作时间(h)}$$

工作时间内完成的产品数量和工作时间的消耗,要通过多次现场观测或试验和机械说明书来取得。

对于同一机械进行作业性质不同的工作过程,例如挖掘机所挖土壤的类别不同,碎石机所破碎的石块硬度和粒径不同,均需分别确定其纯工作 1h 的正常生产率。

(三)确定施工机械的正常利用系数

施工机械的正常利用系数指机械在工作班内对工作时间的利用率。机械的利用系数与机械在工作班内的工作状况有着密切的关系。

(1)拟定机械工作班正常状况,关键是保证合理利用工时。其原则是:

1)注意尽量利用不可避免中断时间以及工作开始前与结束后的时间进行机械的维护和保养;

2)尽量利用不可避免中断时间作为工作休息时间;

3)根据机械工作的特点,对担负不同工作的工人规定不同的工作开始与结束时间;

4)合理组织施工,排除由于施工管理不善造成机械停歇。

(2)计算工作班正常状况下准备与结束工作、机械启动、机械维护等工作所必需消耗的时间,以及机械有效工作的开始与结束时间,从而计算出机械在工作班内的纯工作时间。

机械正常利用系数的计算公式为:

$$机械正常利用系数＝\frac{机械在一个工作班内纯工作时间}{一个工作班延续时间(8h)}$$

(四)计算施工机械定额

确定了机械工作正常条件、机械纯工作 1h 正常生产率和机械正常利用系数之后,可采用下列公式计算施工机械定额:

施工机械台班产量定额＝机械纯工作 1h 正常生产率×

工作班纯工作时间

或　　　施工机械台班产量定额＝机械纯工作 1h 正常生产率×

工作班延续时间×机械正常利用系数

对于一次循环时间大于 1h 的施工过程，则按下列公式计算：

$$施工机械台班产量定额＝\frac{工作班延续时间}{机械一次循环时间}×机械每次循环产量×$$

机械正常利用系数

$$施工机械时间定额＝\frac{1}{机械台班产量定额}$$

【例 4-7】　JG250 型混凝土搅拌机，正常生产率为 $6.35m^3/h$，工作班为 8h，工作班内机械工作时间 6.8h 则：

机械时间利用系数＝6.8÷8＝0.85

混凝土搅拌机台班产量定额＝8×6.35×0.85＝43(m^3)

混凝土搅拌机时间定额＝1÷43＝0.023(台班)

第六节　工　期　定　额

一、工期定额的含义

工期定额是指在一定的经济和社会条件下，在一定时期内由建设行政主管部门制定并发布的工程项目建设消耗时间标准。工期定额具有一定的法规性，对确定具体工程项目的工期具有指导意义，体现了合理建设工期，反映了一定时期国家、地区或部门不同建设项目的建设和管理水平。工程工期同工程造价、工程质量一起被视为工程项目管理的三大目标。

工期定额是为各类工程项目规定的施工期限的定额天数，包括建设工期定额和施工工期定额两个层次。

1. 建设工期定额

建设工期定额是指在正常的建设条件（自然的、经济的）和平均建设管理水平下，一个建设项目从正式破土动工到按设计文件全部建成、验收合格并交付使用全过程所需要的时间标准，一般按月数计算。

国家编制建设工期定额以正常工期为基础，同时充分考虑施工技术装备水平、劳动效率和组织项目建设管理水平的提高，缩短工期的可能性,制定出既经济又合理的建设工期定额。

2. 施工工期定额

施工工期定额是指单项工程从正式开工起,至完成建筑安装工程的全部设计内容(或定额子目规定的内容)并达到国家验收标准之日止全部日历天数的标准。

我国施工工期定额由住房和城乡建设部组织编制,以民用和工业通用的建筑安装工程为对象,按工程结构、层数,并考虑到施工方法等因素,规定从基础破土动工开始至完成全部工程设计或定额子目规定的内容并达到国家验收标准的日历天数。具体开工日期的规定是:

(1)对于没有桩基础的工程,基础破土挖槽开始为开工日期;

(2)对于采取桩基础的工程,施打基础桩开始为开工日期。

在正式开始施工以前的各项准备工作,如平整场地、地上地下障碍物的处理、定位放线以及地基处理等,都不算正式开工,也未包括在定额工期内。

群体住宅、住宅小区的定额工期是指首先破土的第一个住宅工程开始,到完成定额包含的全部工程项目内容,且达到国家验收标准的日历天(月)数。

在工程施工招标投标阶段,一方面由于各种影响工期的因素已有所预见,另一方面由于竞争机制的作用,要求投标施工单位在工期定额基础上,根据自身的管理水平和施工技术水平,结合项目具体情况和投标竞争的情况进行决策。施工单位自报的工期将作为施工合同的约定工期。

二、施工工期定额

施工工期定额主要包括民用建筑和一般通用工业建筑,只包括土建和电梯、锅炉房等设备安装,不包括试生产阶段。除定额另有说明外,均指单项工程工期。

(一)施工工期定额的编制

1. 按地区类别划分

由于我国幅员辽阔,各地自然条件差别较大,同类工程的建筑设备和实物工程量都可能会有所不同,故将全国划分为Ⅰ、Ⅱ、Ⅲ类地区,分别确定定额工期。

Ⅰ类地区包括上海、江苏、浙江、安徽、江西、湖北、湖南、广东、广西、四川、贵州、云南。Ⅰ类地区是省会所在地最近十年平均气温在 15℃以上、最冷月份平均气温 0℃以上、全年日平均气温等于(或小于)5℃的天数在 90 天以内的地区。

Ⅱ类地区包括北京、天津、河北、山西、山东、河南、陕西、甘肃、宁夏。Ⅱ类地区是省会所在地最近十年年平均气温在 8~15℃、最冷月份平均气温在－10~0℃、全年日平均气温等于(或小于)5℃的天数在 90~150 天的地区。

Ⅲ类地区包括内蒙古、辽宁、吉林、黑龙江、西藏、青海、新疆。Ⅲ类地区是省会所在地最近十年年平均气温在 8℃以下、最冷月份平均气温在－10℃以下、全年日平均气温等于(或小于)5℃的天数在 150 天以上的地区。

同一省、自治区由于自然条件悬殊,各省、自治区主管部门可按上述原则,确定本省、自治区内的地区类别,并报经住房和城乡建设部批准,可分别执行两种地区类别的工期定额。

2. 定额项目划分

(1)单项工程按建筑物用途、结构类型、承包方式划分。

(2)专业工程按专业施工项目和工程用途划分。专业工程工期定额仅作为总分包单位之间确定承包合同工期和考核施工进度的依据。

3. 定额子目划分

(1)单项工程以建筑面积、层数划分。

(2)专业工程以机械施工的内容、工程量和安装设备的规格、能力划分。

4. 确定定额水平的原则

(1)平均先进、经济合理。

(2)符合技术规范、工艺流程和建筑安装施工的要求。

(3)与合理的劳动组织、劳动定额相一致。

(4)在正常情况下,合理地组织施工并综合考虑影响工期的因素。

(二)施工工期定额有关自然因素的规定

1. 地基与基础处理

基础施工较为复杂,工期定额从土质、深度、降水和基础处理等方面分别规定。

现行工期定额将±0.00 以下工程及有无地下室情况作出专门考虑。

在施工中遇有不可预见的障碍物、古墓、文物等需要处理,经过建设单位签证,可按实际处理工期顺延。

2. 气候

工期定额按各地的气温差异划分为Ⅰ、Ⅱ、Ⅲ类地区,应按工程所在地的类别使用。

施工技术规范或设计要求冬期不能施工而造成工程主导工序连续停工,经建设单位、施工单位双方确认,可顺延工期。

3. 自然灾害

因不可抗拒的自然灾害造成工程停工,经建设单位、施工单位双方确认,可以顺延工期。不可抗拒的自然灾害,主要是指人类不可抗拒的自然现象,如台风、洪水、地震等。一般工地火灾,极大部分是管理不严、操作不慎引起的,不能视为不可抗拒的自然灾害,即使雷击造成的火灾,也不是一定为不可抗拒的自然灾害,如果采取有效措施防止雷击,是可以避免的。

(三)施工工期定额有关社会因素的规定

(1)由于重大设计变更或建设单位按规定应提供的条件不具备,造成工程的主导工序连续停工,经建设单位、施工单位双方确认后,可以顺延工期。因施工单位原因造成停工,不得增加工期。

(2)鉴于各地经济发展水平与施工条件对施工工期的不同影响,国家给予各地区主管部门一定的定额水平调整权,规定广西、贵州、云南、青海、黑龙江、宁夏、内蒙古、西藏、新疆等五区四省调整幅度为15%,其他地区调整幅度为10%。10%或15%的定额水平调整权,是指某一地区对某些项目子目的定额工期水平调整的最高幅度,而不是调整子目的总平均幅度。

三、工期定额在工程预算中的应用

工期定额同预算定额一样,是工程定额体系的重要组成部分,它不仅仅是确定工程施工工期(合同工期)的依据,亦是计算工程造价中赶工措施费、提前工期奖的依据,是确定施工现场大型施工机械(如塔吊、卷扬机等)及脚手架等定额消耗量的依据。

例如:垂直运输机械预算定额项目的工作内容包括单位工程在合理工期(即定额工期)范围内完成全部工程项目所需要的垂直运输机械和配合机械,这一机械台班量与其效率无关,而是依据工期定额计算的。

以现行建筑工程预算定额中20m(6层)以内塔式起重机施工为例,所

配备的塔式起重机以上层主体施工工期计算台班消耗量,辅助配备的卷
扬机则以基础以上全部工期计算台班消耗量。计算方法如下:

工程全部工期依据原建设部 1985 年颁发的工期定额适用项目计算,
基础工程工期依据上述工期定额相关项目计算。

$$基础以上工期 = 工程全部工期 - 基础工程工期$$

$$装修工程工期 = 基础以上工程 \times 40\%$$

$$上层主体施工工期 = 工程全部工期 - 基础工程工期 - 装修工程工期$$

$$= (工程全部工期 - 基础工程工期) \times 60\%$$

【例 4-8】　计算多层混合结构住宅工程的基础工期。

【解】　根据 1985 年国家工期定额

$5000m^2$ 以内 5 层以下工期(1—16 子目)为 235 天

$7000m^2$ 以内 7 层以下工期(1—24 子目)为 305 天

则每层工期为 $\dfrac{305-235}{7-5} = 35$ 天

因此,基础工期为(按 5 层计算)　$235 - 35 \times 5 = 60$ 天

按 7 层计算,结果相同。

第七节　装饰装修工程预算定额

一、装饰装修预算定额概述

1. 装饰装修定额的概念

建筑工程预算定额是确定一定计量单位的分项工程或结构构件的人
工、材料和机械台班消耗的数量标准。

预算定额是工程建设中的一项重要的技术经济文件;是基本建设预
算制度中的一项重要技术经济法规。它的法令性质保证了定额适用范围
内的建筑工程有统一的造价与核算尺度。

建筑装饰工程预算定额是随着我国建筑技术的发展逐渐产生的。它
是建筑工程预算定额的延伸。因此,它可以作为建筑工程预算定额的组
成部分。

2. 装饰装修工程预算定额的作用

(1)它是编制施工图预算,确定装饰工程造价的主要依据。

(2)它是编制单位估价表的依据。

(3)在装饰工程招标投标制度中,它是编制招标控制价(标底)及投标报价的依据。

(4)它是对装饰设计方案进行技术分析、评价的依据。

(5)它是编制施工组织设计,确定劳动力、建筑材料、成品、半成品及施工机械台班需用量的依据。

(6)它是装饰企业进行经济核算和经济活动分析的依据。

(7)它是编制概算定额和概算指标的基础资料。

3. 预算定额与施工定额的关系

预算定额是以施工定额为基础编制的,但两种定额水平确定的原则是不同的。

(1)预算定额是按社会消耗的平均劳动时间确定其定额水平,它要对先进、中等和落后三种类型的企业和地区进行分析,比较它们之间存在的水平差距的原因,并要注意能够切实反映大多数企业和地区经过努力能够达到和超过的水平。因此,预算定额基本上是反映了社会平均水平。

(2)施工定额反映的则是平均先进水平。这就说明两种定额存在着一定差别。因为预算定额比施工定额考虑的可变因素多,需要保留一个合理的水平幅度差,即预算定额的水平比施工定额水平相对低一些。

预算定额与施工定额的主要区别表现在定额的作用、内容和编制水平等方面,见表4-2。

表 4-2　　　　　　　　　　工程预算定额与施工定额的主要区别

名称 区别	施 工 定 额	预 算 定 额
编制水平	反映建筑施工生产的平均先进水平	反映社会生产的平均水平
主要内容	规定分项工程或工序的人工、材料和机械台班的耗用量	除规定分项工程的工人、材料、机械台班耗用量外,还列有费用及单价
主要作用	施工企业编制施工预算的依据	编制施工图预算、标底及工程造价结算的依据
使用范围	施工企业内部	施工企业、建设单位、设计单位和建设银行等各单位之间

二、装饰装修预算定额的组成

装饰工程预算定额是编制装饰施工图预算的主要依据。建筑装饰工程预算定额的组成和内容一般包括：总说明、分部分项工程定额说明及计算规则、定额项目表、定额附录等。

1. 装饰工程预算定额总说明

(1)装饰工程预算定额的适用范围、指导思想及目的和作用。

(2)装饰工程预算定额的编制原则、编制依据及上级主管部门下达的编制或修订文件精神。

(3)使用装饰工程定额必须遵守的规则及其适用范围。

(4)装饰工程预算定额在编制过程中已经考虑的和没有考虑的因素及未包括的内容。

(5)装饰工程预算定额所采用的材料规格、材质标准、允许或不允许换算的原则。

(6)各部分装饰工程预算定额的共性问题、有关统一规定及使用方法。

2. 分部工程(章)定额的说明及计算规则

(1)说明分部工程(章)所包括的定额项目内容和子目数量。

(2)分部工程(章)各定额项目工程量的计算规则。

(3)分部工程(章)定额内综合的内容及允许和不允许换算的界限及特殊规定。

(4)使用分部工程(章)允许增减系数范围规定。

3. 分项工程(节)内容

(1)在定额项目表表头上方说明各分项工程(节)的工作内容及施工工艺标准。

(2)说明分项工程(节)项目包括的主要工序及操作方法。

4. 定额项目表

(1)分项工程定额编号(子目录)及定额单位。

(2)分项工程定额名称。

(3)定额基价。其中包括人工费、材料费、机械费。

(4)人工表现形式：一般只表示综合工日数。

(5)材料(含构、配件)表现形式：材料一览表内一般只列出主要材料和周转性材料名称、型号、规格及消耗数量。次要材料多以其他材料费的形式以"元"表示。

(6)施工机械表现形式:一般只列出主要机械名称及数量,次要机械以其他机械费的形式以"元"表示。

(7)预算定额单价(基价):包括人工工资单位、材料价格、机械台班单价,此三部分均为预算价格。在计算工程造价时还要按各地规定调整价差。

(8)有的定额表下面还列有与本节定额有关的说明和附注。设计说明与定额规定不符时如何调整,以及说明其他应明确的但在定额总说明和分部说明中不包括的问题。

5. 附录及附件(或附表)

附录、附件(或附表)包括建筑机械台班费用定额表、砂浆混凝土配合比表、建筑材料名称规格和价格表,用以作为定额换算和补充计算预算价值(综合单价)时使用。

三、预算定额的编制

1. 预算定额的编制原则

(1)必须全面贯彻执行国家有关基本建设的方针和政策。装饰预算定额一经颁发执行即具有法令性。装饰预算定额的编制工作,实质上是一种立法工作。其影响面较广,在编制时必须全面贯彻国家的方针、政策。

(2)必须按平均水平确定装饰预算定额。装饰预算定额是确定装饰产品预算价格的工具,其编制应遵守价值规律的客观要求,就是说,应在正常的施工条件下,以社会平均的技术熟练程度和平均的劳动强度,并在平均的技术装备条件下,确定完成单位合格产品所需的劳动消耗量,作为定额的消耗量水平,即社会必要劳动时间的平均水平。这种定额水平,是大多数施工企业能达到和超过的水平。

(3)装饰预算定额必须简明、准确、方便和适用。预算定额中所列工程项目必须满足施工生产的需要,便于计算工程量。每个定额子目的划分要恰当才能方便使用,预算定额编制中,对施工定额所划分的工程项目要加以综合或合并,尽可能减少编制项目。

编制装饰定额时应尽量少留"活口"以减少定额的换算。为适应装饰工程的特点,装饰预算定额也应有一定的灵活性,允许按设计及施工的具体要求进行调整。

编制预算定额时,分项工程计量单位的选定,要考虑简化工程量的计算和便于人工、材料、机械台班消耗量的计算。

2. 预算定额的编制依据

(1)现行国家建筑装饰工程施工质量验收规范、技术安全操作规程和有关装饰标准图。

（2）全国统一建筑装饰工程劳动定额、施工定额及预算定额。

（3）现行有关设计资料（各种装饰通用标准图集，构件、产品的定型图集，其他有代表性的设计图纸）。

（4）现行的人工工资标准、材料预算价格、机械台班预算价格，其他有关设备及构配件等价格资料。

（5）新技术、新材料、新工艺和先进经验资料等。

（6）施工现场测定资料、实验资料和统计资料。

3. 预算定额的编制步骤

（1）准备阶段。调集人员、成立编制小组；收集编制资料；拟定编制方案；确定定额项目、水平和表现形式。

（2）编制初稿阶段。

1）调查和收集的各种资料，进行认真测算和深入细致的分析研究。

2）按确定编制的项目，由选定的设计图纸计算工程量。根据取定的各项消耗和编制依据，计算各定额项目的人工、材料和施工机械台班消耗量，编制定额项目表。最后，汇总形成预算定额初稿。

3）预算定额初稿编成后，应将新编定额与原定额进行比较，测算新定额的水平。

4）对新定额水平的测算结果应进行认真分析，弄清水平过高或过低的原因，并进行适当调整，直到符合社会平均水平。

（3）审定阶段。广泛征求意见，修改初稿后定稿并写出编制说明和送审报告，报送上级主管部门审批。

4. 定额计量单位的选定

计量单位一般应根据结构构件或分项工程的特征及变化规律来确定。通常，当物体的三个度量（长、宽、高）都会发生变化时，选用 m^3（立方米）为计量单位，如土方、砖石、混凝土等工程；当物体的三个度量（长、宽、高）中有两个度量经常发生变化时，选用 m^2（平方米）为计量单位，如地面、抹灰、门窗等工程；当物体的截面形状基本固定，长度变化不定时，选用 m（米）、km（公里）为计量单位（如踢脚线、管线工程等）。当分项工程没有一定规格，而构造又比较复杂时，可按个、块、套、座、吨等为计量单位。

（1）定额计量单位的选择原则见表 4-3。

表 4-3　　　　　　　　　　　　定额计量单位的选择原则

序号	根据物体特征及变化规律	定额计量单位	实　　例
1	断面形状固定,长度不定	延长米	木装饰、踢脚线等
2	厚度固定、长度不定	m^2	楼地面、墙面、屋面、门窗等
3	长、宽、高都不固定	m^3	土石方、砖石、混凝土、钢筋混凝土等
4	面积或体积相同,质量和价格差异大	t 或 kg	金属构件等
5	形体变化不规律者	台、件、套、个、根	零星装修、给排水管道工程等

注:扩大计量单位在定额中可表示为 $10m^3$、$100m^2$、$10m$ 等。

(2)定额消耗计量单位及精确度的选择方法见表 4-4。

表 4-4　　　　　　　　定额消耗计量单位及精确度的选择方法

项　　目		单　位	小数位数取定
人工		工日	取二位小数
主要材料及成套设备	木材	m^3	取三位小数
	钢材	t	取三位小数
	铝合金型材	kg	取二位小数
	水泥	kg	取二位小数
	通风设备、电气设备	台	取整数
	其他材料	元	取二位小数
机械		台班	取二位小数
砂浆、混凝土、玛琋脂等		m^3	取二位小数
定额基价(单价)		元	取二位小数

(3)定额计算单位公制表示法见表 4-5。

表 4-5　　　　　　　　　　　定额消耗计量单位及精确度的选择方法

计量单位名称	定额计量单位	计量单位名称	定额计量单位
长度	mm、cm、m	体积	m^3
面积	mm^2、cm^2、m^2	质量	t、kg

四、预算定额项目消耗指标的确定

(一)人工消耗指标的组成与确定

预算定额中人工消耗指标是由基本用工和其他用工两部分组成的。

(1)基本用工。基本用工是指为完成某个分项工程所需主要用工量。例如砌筑各种墙体工程中的砌砖、调制砂浆以及运砖和运砂浆的用工量。此外,还包括属于预算定额项目工作内容范围的一些基本用工量。例如在墙体工程中的门窗洞口、砌砖碳、垃圾道、附墙烟囱等工程内容。

(2)其他用工。其他用工是辅助基本用工消耗的工日,按其工作内容分为三类:

1)人工幅度差用工,是指在劳动定额中未包括的,而在一般正常施工情况下又不可避免的一些工时消耗。例如,施工过程中各工种的工序搭接、交叉配合所需的停歇时间、工程检查及隐蔽工程验收而影响工人的操作时间、场内工作操作地点的转移所消耗的时间及少量的零星用工时间等。

2)超运距用工,是指超过劳动定额所规定的材料、半成品运距的用工数量。

3)辅助用工,是指材料需要在现场加工的用工数量,如筛砂子、淋石灰膏等需增加的用工数量。

(二)材料消耗指标的组成与确定

1. 材料消耗指标的组成

预算定额中的材料用量是由材料的净用量和材料的消耗量组成的。

预算定额的材料,按其使用性质、用途和用量大小可划分为以下三类:

(1)主要材料,是指直接构成工程实体而且用量较大的材料。

(2)周转性材料,又称工具性材料,施工中可多次使用,但不构成工程实体的材料。如模板、脚手架等。

（3）次要材料，是指用量不多，价值不大的材料。可采用估算法计算，一般将此类材料合并为"其他材料费"，其计量单位用"元"来表示。

2. 材料消耗指标的确定

材料消耗指标是在编制预算定额方案中已经确定的有关因素（如工程项目的划分、工程内容确定的范围、计量单位和工程量计算规则）的基础上，分别采用观测法、试验法、统计法和计算法，首先研究出材料的净用量，而后确定材料的损耗率计算出材料的消耗量，并结合测定的资料，采用加权平均的方法计算确定出材料的消耗指标。

材料、成品、半成品损耗率见表4-6。

表4-6　　　　　　　　　　材料、成品、半成品损耗率参考表

材料名称	工程项目	损耗率(%)
标准砖	基础	0.4
标准砖	实砖墙	1
标准砖	方砖柱	3
多孔砖	墙	1
白瓷砖		1.5
陶瓷锦砖	（马赛克）	1
铺地砖	（缸砖）	0.8
水磨石板		1
小青瓦、黏土瓦及水泥瓦	（包括脊瓦）	2.5
天然砂		2
砂	混凝土工程	1.5
砾(碎)石		2
生石灰		1
水泥		1
砌筑砂浆	砖砌体	1
混合砂浆	抹灰棚	3
混合砂浆	抹墙及墙裙	2
石灰砂浆	抹天棚	1.5
石灰砂浆	抹墙及墙裙	1
水泥砂浆	天棚、梁、柱、腰线	2.5

材料名称	工程项目	损耗率(%)
水泥砂浆	抹墙及墙裙	2
水泥砂浆	地面、屋面	1
混凝土(现浇)	地面	1
混凝土(现浇)	其余部分	1.5
混凝土(预制)	桩基础、梁、柱	1
混凝土(预制)	其余部分	1.5
钢筋	现浇及预制混凝土	2
铁件	成品	1
钢材		6
木材	门窗	6
木材	门芯板制作	13.1
玻璃	配制	15
玻璃	安装	3
沥青	操作	1

【例 4-9】　求砌 $1m^3$ 一砖厚内墙所需砖和砂浆的消耗量。

已知：标准砖每块砖的体积 $=0.24×0.115×0.053=0.0014628(m^3)$

砌砖工程用砖量和砂浆量的计算公式为：

$$A=\frac{1}{墙厚×(砖长+灰缝)×(砖厚+灰缝)}×2×K$$

$$B=1-0.24×0.115×0.053×A$$
$$=1-0.0014628×A$$

式中　A——砖的净用量；

　　　K——墙厚的砖数(0.5、1、1.5、2⋯⋯)；

　　　B——砂浆净用量。

【解】　一砖厚墙砖的净用量为：

$$A=\frac{1}{0.24×(0.24+0.01)×(0.053+0.01)}×2×1=529.10(块)$$

一砖厚墙砂浆的净用量为：

$$B=1-529.10×0.00140628=0.256(m^3)$$

查表 4-6 得砖和砂浆损耗率为 1%。

则砖和砂浆的消耗量为:

砖的消耗量＝529.10×(1＋1%)＝534.39(块)

砂浆的消耗量＝0.256×(1＋1%)＝0.259(m³)

上述只是从理论上计算砖和砂浆的用量,按照预算定额的工程量计算规则,在测算砖砌体时,应扣除梁头、板头和 0.025m³ 以下过梁所占的体积,并应增加各种凸出腰线等体积。因此,测算出来的砖和砂浆的用量不等于理论计算量。如北京市预算定额用量:一般砌 1m³ 砖墙用砖量为 510 块,砂浆用量为 0.265m³。

3. 周转性材料消耗量的确定

周转性材料消耗量的确定方法参见本章第四节"材料消耗定额"的相关内容。

(三)机械台班消耗指标的确定

1. 编制的依据

预算定额中的机械台班消耗指标是以台班为单位,每个台班按 8h 计算,其中:

(1)以手工操作为主的工作班组所配备的施工机械(如砂浆、混凝土搅拌机、垂直运输用的塔式起重机)为小组配合使用,因此应以小组产量计算机械台班量。

(2)机械施工过程(如机械化土石方工程、打桩工程、机械化运输及吊装工程所用的大型机械及其他专用机械)应在劳动定额中的台班定额的基础上另加机械幅度差。

2. 机械幅度差

机械幅度差是指在劳动定额中机械台班耗用量中未包括的,而机械在合理的施工组织条件下所必需的停歇时间。这些因素会影响机械的生产效率,因此应另外增加一定的机械幅度差的因素。其内容包括:

(1)施工机械转移工作面及配套机械互相影响损失的时间。

(2)在正常施工情况下,机械施工中不可避免的工序间歇时间。

(3)临时水、电线路在施工中移动位置所发生的机械停歇时间。

(4)检查工程质量影响机械的操作时间。

(5)施工中工作不饱满和工程结尾时工作量不多而影响机械的操作时间等。

机械幅度差系数一般根据测定和统计资料取定。大型机械幅度差系数规定为：土方机械 1.25；打桩机械 1.33；吊装机械 1.3。其他工程机械，如木作、蛙式打夯机、水磨石机等专用机械均为 1.1。

3. 预算定额中机械台班消耗指标的计算方法

（1）工人小组配用的机械应按工人小组日产量计算机械台班量，不另增加机械幅度差。其计算公式如下：

$$分项定额机械台班使用量 = \frac{预算定额项目计量单位值}{小组总产量}$$

式中：

$$小组总产量 = 小组总人数 \times \sum（分项计算取定的比重 \times$$
$$劳动定额每工日综合产量）$$

（2）按机械台班产量计算。

$$分项定额机械台班使用量 = \frac{预算定额项目计量单位值}{机械台班产量} \times 机械幅度差系数$$

【例 4-10】　砌一砖厚内墙，定额单位 10m³，其中：单面清水墙占 25%，双面混水墙占 75%，瓦工小组成员 21 人，定额项目配备砂浆搅拌机一台，2～6t 塔式起重机一台，分别确定砂浆搅拌机和塔式起重机的台班用量。

已知：单面清水墙每工日综合产量定额 1.04m³，双面混水墙每工日综合产量定额 1.24m³。

【解】　小组总产量 = 21 × (0.25 × 1.04 + 0.75 × 1.24) = 24.99

$$砂浆搅拌机 = \frac{10}{24.99} = 0.400（台班）$$

$$塔式起重机 = \frac{10}{24.99} = 0.400（台班）$$

以上两种机械均不增加机械幅度差。

五、装饰装修工程消耗量定额的应用

装饰装修工程消耗量定额的应用，包括直接套用、换算和补充三种形式。

1. 定额的直接套用

当施工图纸设计工程项目的内容与所选套的相应定额项目内容一致时，则可直接套用定额。在确定分项工程人工、材料、机械台班的消耗量时，绝大部分属于这种情况。直接套用定额项目的方法步骤如下：

(1)根据施工图纸设计的工程项目内容,从定额目录中查出该项目所在定额中的部位。选定相应施工图纸设计的工程项目与定额规定的内容一致时,可直接套用定额。

(2)在套用定额前,必须注意核实分项工程的名称、规格、计量单位,与定额规定的名称、规格、计量单位是否一致。

(3)将定额编号和定额工料消耗量分别填入工料计算表内。

(4)确定工程项目所需人工、材料、机械台班的消耗量。其计算公式如下:

分项工程工料消耗量=分项工程量×定额工料消耗指标

【例 4-11】 某工程有普通花岗岩地面 250m²,其构造为:素水泥浆一道,200mm 厚 1:2.5 水泥砂浆找平层,采用 8mm 厚 1:1 水泥砂浆粘贴,试确定人工、材料、机械需要量。

分析:根据《全国统一建筑工程基础定额》(GJD—101—95),从定额目录中,查得花岗岩工程的定额项目在《全国统一建筑工程基础定额》(GJD—101—951)中的第八章第四节,花岗岩分项工程内容与定额规定的内容完全相符,即可直接套用定额项目。

【解】 (1)从定额项目表中查得该项目定额编号为"8-57",每 100m² 花岗岩地面消耗量指标如下:综合人工为 24.17 工日,花岗岩板 101.50m²,1:2.5 水泥砂浆 2.02m³,素水泥浆 0.10m³,白水泥 10.00kg,麻袋 22.00m²,棉砂头 1.00kg,锯木屑 0.60m³,石料切割锯片 1.68 片,水 2.60m³,灰浆搅拌机(2002)0.34 台班,石料切割机 1.60 台班。

(2)确定该工程花岗岩楼地面分项人工、材料、机械台班的消耗量。

综合人工:　　　　　24.17×250=6042.5(工日)

花岗岩板:　　　　　101.50×250=25375(m³)

1:2.5 水泥砂浆:　2.02×250=505(m³)

素水泥浆:　　　　　0.10×250=25(m³)

白水泥:　　　　　　10.00×250=2500(kg)

麻袋:　　　　　　　22.00×250=5500(m³)

棉砂头:　　　　　　1.00×250=250(kg)

锯木屑:　　　　　　0.60×250=150(m³)

石料切割锯片:　　　1.68×250=420(片)

水:　　　　　　　　2.60×250=650(m³)

灰浆搅拌机：　　　0.34×250＝85(台班)

石料切割机：　　　1.60×250＝400(台班)

2. 定额的换算

当施工图设计的工程项目内容，与选套的相应定额项目规定的内容不一致，如果定额规定有换算时，则应在定额规定的范围内进行换算。对换算后的定额项目，应在其定额编号后注明"换"字，以示区别，如"2-5换"。

消耗量定额项目换算的基本原理：消耗量定额项目的换算主要是调整分项工程人工、材料、机械的消耗指标。但由于"三量"是计算工程单价的基础，因此，从确定工程造价的角度来看，定额换算的实质，就是对某些工程项目预算定额"三量"的消耗进行调整。

定额换算的基本思路是：根据设计图纸所示装饰分项工程的实际内容，选定某一相关定额子目，按定额规定换入应增加的人工、材料和机械，减去应扣除的人工、材料和机械。这一思路可以用下式表述：

换算后工料消耗量＝分项定额工料消耗量＋换入的工料消耗量－
换出的工料消耗量

定额换算的几种情形：在装饰工程预算定额的总说明、分章说明及附注内容中，对定额换算的范围和方法都有具体的规定，这些规定是进行定额换算的基本依据。

下面以《全国统一建筑装饰装修工程消耗量定额》为例，说明装饰工程预算中常见定额的换算方法。

(1)材料配合比不同的换算。配合比材料，包括混凝土、砂浆、保温隔热材料等，由于混凝土、装饰砂浆配合比的不同，而引起相应消耗量的变化时，定额规定必须进行换算。其换算的计算公式为：

换算后材料消耗量＝分项定额材料消耗量＋配合比材料定额用量×
(换入配合比材料原材单位用量－换出配合比材
料原材单位用量)

【例4-12】 某装饰分项工程为混凝土柱面挂贴大理石，天然大理石采用1：2水泥砂浆结合，但定额项目为1：2.5水泥砂浆结合，工程量为80m²，试求分项工程人工、材料、机械需用量。

分析：根据设计说明的工程内容，只是所采用砌筑砂浆的强度等级不同，则只需调整水泥用量，查《全国统一建筑装饰装修工程消耗量定额》

(GYD—901—2002)得换算定额编号为"2-034 换"。

查"抹灰砂浆配合比表"得,每 $1m^3$ 的 $1:2.5$ 水泥砂浆中水泥的含量为 $490.00kg/m^3$,每 $1m^3$ 的 $1:2$ 水泥砂浆中水泥的含量为 $557.00kg/m^3$。

【解】查定额 2—034 可得,原定额水泥砂浆中水泥消耗量＝0.0393×80×490＝1540.56(kg)

换算定额水泥消耗量＝1540.56＋0.0393×80×(557－490)

$$＝1751.21(kg/m^3)$$

(2)抹灰厚度不同的换算。对于抹灰砂浆的厚度,如设计与定额取定不同时,定额规定可以换算抹灰砂浆的用量,其他不变。

【例 4-13】　某工程普通砖外墙水刷石,1：1.5 水泥白石子浆水刷石面层厚度为 15mm,工程量为 $180.0m^2$,试求该分项工程工、料、机需用量。

分析:1)根据《全国统一建筑装饰装修消耗量定额》(GYD—901—2002)定额说明,普通砖墙体水刷白石子浆面层厚度取定为 10mm。

2)根据《全国统一建筑装饰装修消耗量定额》(GYD—901—2002)的有关规定,"抹灰砂浆厚度,如设计与定额取定不同时,除定额有注明厚度的项目可以换算外,其他一律不作调整"。工程墙面装饰设计采用 1：1.5 水泥白石子浆面层厚度 15mm,与分项定额中面层取定厚度不相同,则应进行调整。

【解】(1)查定额 2—005,可得分项定额工、料、机消耗量。

综合人工:　　　　　　　　0.3669 工日

水泥砂浆(1：3):　　　　0.0139m^3

水泥白石子浆(1：1.5):　0.0116m^3

107 胶素水泥浆:　　　　　0.0010m^3

水:　　　　　　　　　　　0.0283m^3

灰浆搅拌机(200L):　　　 0.0042 台班

(2)根据定额有关说明,"每增减 1mm 厚砂浆,每平方米增减砂浆 0.0012m^3,由此可得"换算后的工程分项工、料、机消耗量。

综合人工:　　　　　　　　0.3669×180.0＝66.042(工日)

1：3 水泥砂浆:　　　　　 0.0139×180.0＝2.502(m^3)

1：1.5 水泥白石子浆:　　[0.0116＋0.0012×(15－10)]×180.0＝
　　　　　　　　　　　　　3.168(m^3)

108 胶素水泥浆:　　　　 0.0010×180.0＝0.18(m^3)

水：　　　　　　　　　　　$0.0283 \times 180.0 = 5.094(\text{m}^3)$

灰浆搅拌机(200L)：　　　$0.0042 \times 180.0 = 0.756(\text{台班})$

(3)门窗断面积的换算。门窗断面积的换算方法是按断面积比例调整材料用量。

根据《全国统一建筑装饰装修消耗量定额》(GYD—901—2002)，当设计断面与定额取定断面不同时，应按比例进行换算。框料以边框断面为准，扇料以立挺断面为准。其计算公式为：

分项定额换算消耗量＝分项定额消耗量×(设计断面积/定额断面积)

(4)利用系数换算。利用系数换算是根据定额规定的系数，对定额项目中的人工、材料、机械等进行调整的一种方法。此类换算比较多见，方法也较简单，但在使用时应注意以下几个问题。

1)要按照定额规定的系数进行换算。

2)要注意正确区分定额换算系数和工程量换算系数。前者是换算定额分项中的人工、材料、机械的指标量，后者是换算工程量，二者不得混用。

3)正确确定项目换算的被调内容和计算基数。

其计算公式为：

分项定额换算消耗量＝分项定额消耗量×调整系数

【例 4-14】　某工程圆弧形外墙水刷豆石工程量为 106.9m²。试计算该分项工程人工、材料、机械需用量。

分析：《全国统一建筑装饰装修消耗量定额》(GYD—901—2002)中规定：圆弧形、锯齿形等不规则墙面抹灰、镶贴块料按相应项目人工乘以系数 1.15，材料乘以系数 1.05。

【解】　1)查定额 2-001，可得分项定额工、料、机消耗量。

综合人工：　　　　　　　　0.3692 工日

水泥砂浆(1:3)：　　　　　0.0288m²

水泥白石子浆(1:1.25)：　　0.0140m²

108 胶素水泥浆：　　　　　0.0010m²

水：　　　　　　　　　　　0.0288m²

灰浆搅拌机(出料容量 200L)：　0.0047 台班

2)换算后的工程分项人工、材料、机械消耗量。

综合人工：　　　　　　　　$0.3962 \times 1.05 \times 106.9 = 45.39(\text{工日})$

1:3 水泥砂浆：　　　　　　　　　$0.0288 \times 1.05 \times 106.9 = 3.23 (m^2)$

1:1.25 水泥白石子浆：　　　　　$0.014 \times 1.05 \times 106.9 = 1.57 (m^3)$

108 胶素水泥浆：　　　　　　　 $0.0010 \times 1.05 \times 106.9 = 0.112 (m^3)$

水：　　　　　　　　　　　　　 $0.0288 \times 1.05 \times 106.9 = 3.23 (m^3)$

灰浆搅拌机(出料容量200L)：　 $0.0047 \times 1.05 \times 106.9 = 0.528 (台班)$

第八节　概算定额与概算指标

一、概算定额

1. 概算定额的概念

概算定额是在装饰工程预算定额基础上,根据有代表性的装饰工程、通用图集和标准图集等资料进行综合扩大而成的一种定额,用以确定一定计量单位的扩大装饰分部分项工程的人工、材料、机械的消耗数量指标和价格。

2. 概算定额的作用

(1)它是编制装饰工程初步设计、技术设计、施工图阶段概算的依据。

(2)它是编制装饰材料消耗量的基础。

(3)它是进行设计方案经济比较的依据。

(4)它是编制装饰概算指标的依据。

3. 概算定额与预算定额的区别

装饰工程预算定额的每一个项目编号是以分部分项工程来划分的,而概算定额是将预算定额中一些施工顺序相衔接、相关性较大的分部分项工程综合成一个分部工程项目,是经过"综合"、"扩大"、"合并"而成的,因而概算定额使用更大的定额单位来表示。

概算定额不论在工程量计算方面,还是在编制概算书方面,都比预算简化了计算程序,省时省事。当然,精确性相对降低了一些。

在正常情况下,概算定额与预算定额的水平基本一致。但它们之间应保留一个必要、合理的幅度差,以便用概算定额编制的概算,能控制用预算定额编制的施工图预算。

4. 概算定额编制的依据

(1)现行国家建筑装饰工程施工质量验收规范、技术安全操作规程和有关装饰标准图。

（2）全国统一建筑装饰工程预算定额及各省、市、自治区现行装饰预算定额或单位估价表。

（3）现行有关设计资料（各种现行设计标准规范，各种装饰通用标准图集，构件、产品的定型图集，其他有代表性的设计图纸）。

（4）现行的人工工资标准、材料预算价格、机械台班预算价格、其他有关设备及构配件等价格资料。

（5）新材料、新技术、新工艺和先进经验资料等。

5. 概算定额的内容

概算定额一般由目录、总说明、分部工程说明、定额项目表和有关附录或附件等组成。

总说明中主要阐明编制依据、适用范围、定额的作用及有关统一规定等。

分部工程说明中主要阐明有关工程量计算规则及各分部工程的有关规定。

概算定额表中分节定额的表头部分列有本节定额的工作内容及计算单位，表格中列有定额项目的人工、材料和机械台班消耗量指标，以及按地区预算价格计算的定额基价。至于概算定额表的形式，各地区有所不同。

6. 概算定额的编制步骤及方法

概算定额的编制步骤一般分为三个阶段，即准备阶段、编制概算定额初稿阶段和审查定稿阶段。

在编制概算定额准备阶段，应确定编制定额的机构和人员组成，进行调查研究了解现行概算定额执行情况和存在的问题，明确编制目的并制定概算定额的编制方案和划分概算定额的项目。

在编制概算定额初稿阶段，应根据所制定的编制方案和定额项目，在收集资料、整理分析各种测算资料的基础上，根据选定有代表性的工程图纸计算出工程量，套用预算定额中的人工、材料和机械消耗量，再用加权平均得出概算项目的人工、材料、机械的消耗指标，并计算出概算项目的基价。

在审查定稿阶段，要对概算定额和预算水平进行测算，以保证两者在水平上的一致性。如与预算定额水平不一致或幅度差不合理，则需对概算定额做必要的修改，经定稿批准后颁发执行。

二、概算指标

1. 概算指标的概念

概算指标是在概算定额的基础上综合、扩大，介于概算定额和投资估算指标之间的一种定额。它是以每 $100m^2$ 建筑面积或 $1000m^3$ 建筑体积为计算单位，构筑物以座为计算单位，规定所需人工、材料、机械消耗和资金数量的定额指标。

2. 概算指标的作用

概算指标和概算定额、预算定额一样，都是与各个设计阶段相适应的多次估价的产物。它主要用于初步设计阶段，其作用是：

(1)概算指标是编制初步设计概算，确定工程概算造价的依据。

(2)概算指标是设计单位进行设计方案的技术经济分析，衡量设计水平，考核投资效果的标准。

(3)概算指标是建设单位编制基本建设计划，申请投资拨款和主要材料计划的依据。

(4)概算指标是编制投资估算指标的依据。

3. 概算指标的编制依据

概算指标的编制依据主要有：

(1)现行的标准设计，各类工程的典型设计和有代表性的标准设计图纸。

(2)国家颁发的建筑标准、设计规范、施工质量验收规范和有关技术规定。

(3)现行预算定额、概算定额、补充定额和有关的费用定额。

(4)地区工资标准、材料预算价格和机械台班预算价格。

(5)国家颁发的工程造价指标和地区的造价指标。

(6)典型工程的概算、预算、结算和决算资料。

(7)国家和地区现行的基本建设政策、法令和规章等。

4. 编制步骤

编制概算指标，一般分三个阶段：

(1)准备工作阶段。本阶段主要是收集图纸资料，拟定编制项目，起草编制方案、编制细则和制定计算方法，并对一些技术性、方向性的问题进行学习和讨论。

(2)编制工作阶段。这个阶段是优选图纸，根据选出的图纸和现行预算定额计算工程量,编制预算书求出单位面积或体积的预算造价,确定人工、主要材料和机械的消耗指标,填写概算指标表格。

(3)复核送审阶段。将人工、主要材料和机械消耗指标算出后,需要进行审核,以防发生错误。并对同类性质和结构的指标水平进行比较,必要时加以调整,然后定稿送主管部门审批后颁发执行。

5. 概算指标的内容

概算指标是比概算定额综合性更强的一种指标,其内容主要包括以下几个部分。

(1)总说明。它主要从总体上说明概算指标的作用、编制依据、适用范围和使用方法等。

(2)示意图。说明工程的结构形式,工业项目还表示出吊车及起重能力等。

(3)结构特征。主要对工程的结构形式、层高、层数和建筑面积等做进一步说明。

(4)经济指标。说明该项目每 $100m^2$、每座或每 $10m$ 的造价指标及其中土建、水暖和电气等单位工程的相应造价。

(5)构造内容及工程量指标。说明该工程项目的构造内容和相应计量单位的工程量指标及其人工、材料消耗指标。

6. 概算指标的表现形式

概算指标的表现形式有两种,分别是综合概算指标和单项概算指标。

(1)综合概算指标。综合概算指标是指按建筑类型而制定的概算指标。综合概算指标的概括性较大,其准确性和针对性不够精确,会有一定幅度的偏差。

(2)单项概算指标。单项概算指标是为某一建筑物或构筑物而编制的概算指标。单项概算指标的针对性较强,编制出的概算比较准确。

第五章 工程单价的确定

第一节 人工单价的确定

一、人工工日单价的确定

人工工日单价也称人工预算价格或全额工资单价,是指一个建筑安装工人一个工作日在预算中应记入的全部人工费用。它基本上反映了建筑安装工人的工资水平和一个工人在一个工作日中可以得到的报酬。

合理确定人工工日单价是正确计算人工费和工程造价的前提和基础。按照现行规定,生产工人的人工工日单价组成内容见表 5-1。

表 5-1 人工单价组成内容

基本工资	岗位工资
	技能工资
	工龄工资
工资性补贴	物价补贴
	煤、燃气补贴
	交通补贴
	住房补贴
	流动施工津贴
	地区津贴
辅助工资	非作业工日发放的工资和工资性补贴
职工福利费	书报费
	洗理费
	取暖费
劳动保护费	劳保用品购置及修理费
	徒工服装补贴
	防暑降温费
	保健费用

二、人工单价确定的依据和方法

1. 基本工资

根据有关规定,生产工人基本工资应执行岗位工资和技能工资制度,基本工资是按岗位工资、技能工资和工龄工资(按职工工作年限确定的工资)计算的。

岗位工资是根据劳动岗位的劳动责任轻重、劳动强度大小和劳动条件好差,兼顾劳动技能要求的高低确定的。工人岗位工资标准设 8 个岗次。技能工资是根据不同岗位、职位、职务对劳动技能的要求,同时兼顾职工所具备的劳动技能水平而确定的工资。技术工人技能工资分初级工、中级工、高级工、技师和高级技师五类工资标准,分 26 档。

$$基本工资(G_1) = \frac{生产工人平均月工资}{年平均每月法定工作日} \times 月平均工作天数$$

其中,年平均每月法定工作日=(全年日历日-法定假日)/12,法定假日指双休日和法定节日。

2. 工资性补贴

工资性补贴是指按规定标准发放的物价补贴,煤、燃气补贴,交通费补贴,住房补贴,流动施工津贴及地区津贴等。

$$工资性补贴(G_2) = \frac{\sum 年发放标准}{全年日历日-法定假日} + \frac{\sum 月发放标准}{年平均每月法定工作日} + 每工作日发放标准$$

3. 生产工人辅助工资

生产工人辅助工资是指生产工人年有效施工天数以外非作业天数的工资,包括职工学习、培训期间的工资,调动工作、探亲、休假期间的工资,因气候影响的停工工资,女工哺乳时间的工资,病假在 6 个月以内的工资及产、婚、丧假期的工资。

$$生产工人辅助工资(G_3) = \frac{全年无效工作日 \times (G_1 + G_2)}{全年日历日-法定假日}$$

4. 职工福利费

职工福利费是指按规定标准计提的职工福利费用。

职工福利费$(G_4) = (G_1 + G_2 + G_3) \times$ 福利费计提比例(%)

三、人工单价的计算

1. 综合平均工资等级系数和工资标准的计算方法

计算工人小组的平均工资或平均工资等级系数,应采用综合平均工

资等级系数的计算方法,其计算公式如下:

$$\text{小组成员综合平均} \atop \text{工资等级系数} = \frac{\sum(\text{某工资等级系数} \times \text{同等级工人数})}{\text{小组成员总人数}}$$

【例 5-1】 某砖工小组由 15 人组成,各等级的工人及工资等级系数如下,求综合平均工资等级系数和工资标准(已知 $F_1 = 32.78$ 元/日)。

二级工:2 人	工资等级系数 1.187
三级工:2 人	工资等级系数 1.409
四级工:5 人	工资等级系数 1.672
五级工:3 人	工资等级系数 1.985
六级工:2 人	工资等级系数 2.358
七级工:1 人	工资等级系数 2.800

【解】 1)求综合平均工资等级系数。

$$\text{砖工小组综合平均} \atop \text{工资等级系数} = (1.187 \times 2 + 1.409 \times 2 + 1.672 \times 5 + 1.985 \times 3$$
$$+ 2.358 \times 2 + 2.800 \times 1) \div (2 + 2 + 5 + 3 + 2 + 1)$$
$$= \frac{27.023}{15} = 1.802$$

2)求综合平均工资标准。

砖工小组综合平均工资标准 $= 32.78 \times 1.802 = 59.07$(元/日)

2. 人工单价计算方法

预算定额人工单价的计算公式为:

$$\text{人工单价} = \frac{\text{基本工资} + \text{工资性补贴} + \text{保险费}}{\text{月平均工作天数}}$$

式中　　基本工资——指规定的月工资标准;

工资性补贴——包括流动施工补贴、交通费补贴、附加工资等;

保险费——包括医疗保险、失业保险费等;

月平均工作天数—— $\frac{365 - 52 \times 2 - 10}{12} = 20.92$(天)。

【例 5-2】 已知砌砖工人小组综合平均月工资标准为 315 元/月,月工资性补贴为 210 元/月,月保险费为 56 元/月,求人工单价。

【解】 人工单价 $= \frac{315 + 210 + 56}{20.92} = \frac{581}{20.92} = 27.77$(元/日)

第二节　材料单价的确定

一、材料单价的概念

材料单价是指材料(包括构件、成品及半成品)由来源地或交货点到达工地仓库或施工现场指定堆放点后的出库价格。它由材料原价(或供应价格)、材料运杂费、运输损耗费、采购及保管费组成。

上述四项构成材料基价。

二、材料单价的组成及分类

(一)材料单价的构成

按照材料采购和供应方的不同,构成材料单价的费用也不同,一般分为以下几种:

(1)材料供货到工地现场。当材料供应商将材料送到施工现场时,材料单价由材料原价、采购保管费构成。

(2)到供货地点采购材料。当需要派人到供货地点采购材料时,材料单价由材料原价、运杂费、采购保管费构成。

(3)需二次加工的材料。采购回来后还需要进一步加工的材料,材料单价除了上述费用外,还包括二次加工费。

(二)材料单价的分类

材料预算价格按适用范围划分,有地区材料预算价格和某项工程使用的材料价格。地区材料预算价格是按地区(城市或建设区域)编制的,供该地区所有工程使用;某项工程(一般指大中型重点工程)使用的材料预算价格,是以一个工程为编制对象,专供该工程项目使用。

地区材料预算价格与某项工程使用的材料预算价格的编制原理和方法是一致的,只是在材料来源地、运输距离权数等具体数据上有所不同。

由于我国幅员辽阔,故而建筑材料产地与使用地点的距离各地差异很大,且采购、保管、运输方式也不尽相同,因此材料价格原则上按地区范围编制。

(三)材料价格的确定方法

1. 材料基价

材料基价由材料原价(或供应价格)、材料运杂费、运输损耗费以及采购保管费合计而成。

(1)材料原价(或供应价格)。材料原价是指材料的出厂价格、进口材料抵岸价或销售部门的批发价和市场采购价格(或信息价)。

在确定原价时,凡同一种材料因来源地、交货地、供货单位、生产厂家不同,而有几种价格(原价)时,根据不同来源地供货数量比例,采取加权平均的方法确定其综合原价。计算公式如下:

$$加权平均原价 = \frac{K_1 C_1 + K_2 C_2 + \cdots + K_n C_n}{K_1 + K_2 + \cdots + K_n}$$

式中　$K_1, K_2, \cdots, K_n$——各不同供应地点的供应量或各不同使用地点的需要量;

$C_1, C_2, \cdots, C_n$——各不同供应地点的原价。

【例 5-3】　某工地所需墙面面砖由甲、乙、丙三地供应,其供应数量及出厂价如表 5-2 所示,求墙面面砖的加权平均原价。

表 5-2　　　　　　　　　　墙面面砖供应数量及出厂价

货源地	数量/m²	出厂价/(元/m²)
甲地	600	30
乙地	1400	30.5
丙地	700	31.5

【解】　$P = \dfrac{30 \times 600 + 30.5 \times 1400 + 31.5 \times 700}{600 + 1400 + 700} = 30.6(元/m²)$

(2)材料运杂费。材料运杂费是指材料自来源地运至工地仓库或指定堆放地点所发生的全部费用,含外埠中转运输过程中所发生的一切费用和过境过桥费用,包括调车和驳船费、装卸费、运输费及附加工作费等。

同一品种的材料有若干个来源地,应采用加权平均的方法计算材料运杂费。计算公式如下:

$$加权平均运杂费 = \frac{K_1 T_1 + K_2 T_2 + \cdots + K_n T_n}{K_1 + K_2 + \cdots + K_n}$$

式中　$K_1, K_2, \cdots, K_n$——各不同供应地点的供应量或各不同使用地点的需求量;

$T_1, T_2, \cdots, T_n$——不同运距的运费。

(3)运输损耗费。在材料的运输中应考虑一定的场外运输损耗费用,这是指材料在运输装卸过程中不可避免的损耗。运输损耗的计算公式是:

运输损耗＝（材料原价＋运杂费）×相应材料损耗率

（4）采购及保管费。采购及保管费是指材料供应部门（包括工地仓库及其以上各级材料主管部门）在组织采购、供应和保管材料过程中所需的各项费用，包含采购费、仓储费、工地管理费和仓储损耗。

采购及保管费一般按照材料到库价格以费率取定。材料采购及保管费计算公式如下：

采购及保管费＝材料运到工地仓库价格×采购及保管费率（％）

或　采购及保管费＝（材料原价＋运杂费＋运输损耗费）×

采购及保管费率（％）

综上所述，材料基价的一般计算公式为：

材料基价＝（供应价格＋运杂费）×［1＋运输损耗率（％）］×

［1＋采购及保管费率（％）］

【例 5-4】　某工地所用生石灰从两个地方采购，其采购量及有关费用如表 5-3 所示，求该工地所用生石灰的基价。

表 5-3　　　　　　　　　　某工地生石灰采购量及有关费用

采购处	采购量/t	原价/(元/t)	运杂费/(元/t)	运输损耗率/(%)	采购及保管费费率/(%)
甲	400	250	25	0.5	4
乙	300	260	20	0.4	

【解】　加权平均原价 $=\dfrac{400\times250+300\times260}{400+300}=254.29$（元/t）

加权平均运杂费 $=\dfrac{400\times25+300\times20}{400+300}=22.86$（元/t）

来源一的运输损耗费 $=(250+25)\times0.5\%=1.38$（元/t）

来源二的运输损耗费 $=(260+20)\times0.4\%=1.12$（元/t）

加权平均运输损耗费 $=\dfrac{400\times1.38+300\times1.12}{400+300}=1.27$（元/t）

水泥基价 $=(254.29+22.86+1.27)\times(1+4\%)\approx289.56$（元/t）

2. 检验试验费

检验试验费是指对建筑材料、构件和建筑安装物进行一般鉴定、检查所发生的费用，包括自设试验室进行试验所耗用的材料和化学药品等费用。不包括新结构、新材料的试验费和建设单位对具有出厂合格证明的

材料进行检验,对构件做破坏性试验及其他特殊要求检验试验的费用。其计算公式如下:

$$检验试验费 = \sum (单位材料量检验试验费 \times 材料消耗量)$$

(四)影响材料价格变动的因素

(1)市场供需变化。材料原价是材料价格中最基本的组成。市场供大于求价格就会下降,反之价格就会上升,从而也就会影响材料价格的涨落。

(2)材料生产成本的变动直接带动材料价格的波动。

(3)流通环节的多少和材料供应体制也会影响材料价格。

(4)运输距离和运输方法的改变会影响材料运输费用的增减,从而也会影响材料价格。

(5)国际市场行情会对进口材料价格产生影响。

第三节　施工机械台班单价确定

一、机械台班单价的概念

机械台班单价亦称施工机械台班单价,是指在单位工作台班中为使机械正常运转所分摊和支出的各项费用。

机械台班预算价格按原建设部建标(1994)449号文颁发的《全国统一施工机械台班费用定额》的规定,由八项费用组成。这些费用按其性质划分为第一类费用和第二类费用。

(1)第一类费用。第一类费用亦称不变费用,是指属于分摊性质的费用,包括折旧费、大修理费、经常修理费和安拆费及场外运费。

(2)第二类费用。第二类费用亦称可变费用,是指属于支出性质的费用,包括燃料动力费、人工费及车船使用税、保险费。

二、第一类费用计算

(一)折旧费的组成及确定

折旧费是指施工机械在规定使用期限内,陆续收回其原值及购置资金的时间价值。其计算公式如下:

$$台班折旧费 = \frac{机械预算价格 \times (1-残值率) \times 时间价值系数}{耐用总台班}$$

1. 机械预算价格

(1)国产机械的预算价格。国产机械预算价格按照机械原值、供销部门手续费和一次运杂费以及车辆购置税之和计算。

1)机械原值。国产机械原值应按下列途径询价、采集：

①编制期施工企业已购进施工机械的成交价格。

②编制期国内施工机械展销会发布的参考价格。

③编制期施工机械生产厂、经销商的销售价格。

2)供销部门手续费和一次运杂费可按机械原值的5%计算。

3)车辆购置税的计算。车辆购置税应按下列公式计算：

$$车辆购置税＝计税价格×车辆购置税率(\%)$$

其中，计税价格＝机械原值＋供销部分手续费和一次运杂费－增值税

车辆购置税应执行编制期间国家有关规定。

(2)进口机械的预算价格。进口机械的预算价格按照机械原值、关税、增值税、消费税、外贸手续费和国内运杂费、财务费、车辆购置税之和计算。

1)进口机械的机械原值按其到岸价格取定。

2)关税、增值税、消费税及财务费应执行编制期国家有关规定，并参照实际发生的费用计算。

3)外贸部门手续费和国内一次运杂费应按到岸价格的6.5%计算。

4)车辆购置税的计税价格是到岸价格、关税和消费税之和。

2. 残值率

残值率是指机械报废时其回收残余价值占机械(或机械预算价格)原值的比率。国家规定的残值率在3%～5%范围内。各类施工机械的残值率综合确定如下：

运输机械：　　　　2%

特、大型机械：　　3%

中、小型机械：　　4%

掘进机械：　　　　5%

3. 时间价值系数

时间价值系数是指购置施工机械的资金在施工生产过程中随着时间的推移而产生的单位增值。其计算公式如下：

$$时间价值系数＝1＋\frac{(折旧年限＋1)}{2}×年折现率(\%)$$

其中，年折现率应按编制期银行年贷款利率确定。

4. 耐用总台班

耐用总台班是指机械在正常施工作业条件下,从开始投入使用至报废前所使用的总台班数。机械耐用总台班的计算公式为:

$$耐用总台班=大修间隔台班×大修周期$$

【例 5-5】 6t 载重汽车的销售价为 85000 元,购置税率为 12%,运杂费为 4800 元,残值率为 2%,耐用总台班为 1800 个,贷款利息为 4700 元,试计算台班折旧费。

【解】 (1)求 6t 载重汽车预算价格。

6t 载重汽车预算价格=85000×(1+12%)+4800=100000(元)

(2)求台班折旧费。

$$6t 载重汽车台班折旧费=\frac{100000×(1-2\%)+4700}{1800}$$

$$=57.06(元/台班)$$

年工作台班根据有关部门对各类主要机械最近三年的统计资料分析确定。

大修间隔台班是指机械自投入使用起至第一次大修止或自上一次大修后投入使用起至下一次大修止,应达到的使用台班数。

大修周期是指机械在正确的施工作业条件下,将其寿命期(即耐用总台班)按规定的大修理次数划分为若干个周期。其计算公式为:

$$大修周期=寿命期大修理次数+1$$

(二)大修理费的组成及确定

大修理费是指机械设备按规定的大修间隔台班进行必要的大修理,以恢复机械正常功能所需的费用。台班大修理费是机械使用期限内全部大修理费之和在台班费用中的分摊额,它取决于一次大修理费用、大修理次数和耐用总台班的数量。其计算公式为:

$$台班大修理费=\frac{一次大修理费×寿命期内大修理次数}{耐用总台班}$$

1. 一次大修理费

一次大修理费指机械设备按规定的大修理范围和修理工作内容,进行一次全面修理所需消耗的工时、配件、辅助材料、油燃料以及送修运输等全部费用。

2. 寿命期大修理次数

寿命期大修理次数是指机械设备为恢复原机功能按规定在使用期限

内需要进行的大修理次数。

【例 5-6】 6t 载重汽车一次大修理费为 8900 元,大修理期为 3 个,耐用总台班为 2100 个,试计算台班大修理费。

【解】 6t 载重汽车台班大修理费 $= \dfrac{8900 \times (3-1)}{2100} = 8.48$(元/台班)

(三)经常修理费的组成及确定

经常修理费是指施工机械除大修理以外的各级保养和临时故障排除所需的费用。它包括为保障机械正常运转所需替换设备与随机配备工具附具的摊销和维护费用,机械运转及日常保养所需润滑与擦拭的材料费用及机械停滞期间的维护和保养费用等。各项费用分摊到台班中,即为台班经修费。其计算公式为:

台班经修费 $=$ [$\sum$(各级保养一次费用 $\times$ 寿命期各级保养总次数) $+$

临时故障排除费] $\div$ 耐用总台班 $+$ 替换设备和工具

附具台班摊销费 $+$ 例保辅料费

当台班经常修理费计算公式中各项数值难以确定时,也可按下列公式计算:

台班经修费 $=$ 台班大修费 $\times K$

其中,K 为台班经常修理费系数。

(1)各级保养一次费用。分别指机械在各个使用周期内为保证机械处于完好状况,必须按规定的各级保养间隔周期、保养范围和内容进行的一、二、三级保养或定期保养所消耗的工时、配件、辅料、油燃料等费用。它应以《全国统一施工机械保养修理技术经济定额》为基础,结合编制期市场价格综合确定。

(2)寿命期各级保养总次数。分别指一、二、三级保养或定期保养在寿命期内各个使用周期中保养次数之和。它应按照《全国统一施工机械保养修理技术经济定额》确定。

(3)临时故障排除费。指机械除规定的大修理及各级保养以外,排除临时故障所需费用以及机械在工作日以外的保养维护所需润滑擦拭材料费,可按各级保养(不包括例保辅料费)费用之和的 3% 计算。

(4)替换设备及工具附具台班摊销费。指轮胎、电缆、蓄电池、运输皮带、钢丝绳、胶皮管、履带板等消耗性设备和按规定随机配备的全套工具附具的台班摊销费用。它应以《全国统一施工机械保养修理技术经济定额》为基础,结合编制期市场价格综合确定。

(5)例保辅料费。即机械日常保养所需润滑擦拭材料的费用。例保辅料费的计算应以《全国统一施工机械保养修理技术经济定额》为基础,结合编制期市场价格综合确定。

(四)安拆费及场外运费的组成和确定

安拆费是指施工机械在现场进行安装与拆除所需的人工、材料、机械和试运转费用以及机械辅助设施的折旧、搭设、拆除等费用。场外运费是指施工机械整体或分体自停放地点运至施工现场或由一施工地点运至另一施工地点的运输、装卸、辅助材料及架线等费用。

安拆费及场外运费根据施工机械不同分为计入台班单价、单独计算和不计算三种类型。

(1)工地间移动较为频繁的小型机械及部分中型机械,其安拆费及场外运费应计入台班单价。台班安拆费及场外运费应按下式计算:

$$台班安拆费及场外运费 = \frac{一次安拆费及场外运费 \times 年平均安拆次数}{年工作台班}$$

1)一次安拆费应包括施工现场机械安装和拆卸一次所需的人工费、材料费、机械费及试运转费。

2)一次场外运费包括运输、装卸、辅助材料和架线等费用。

3)年平均安拆次数应以《全国统一施工机械保养修理技术经济定额》为基础,由各地区(部门)结合具体情况确定。

4)运输距离均应按 25km 计算。

(2)移动有一定难度的特、大型(包括少数中型)机械,其安拆费及场外运费应单独计算。

单独计算的安拆费及场外运费除应计算安拆费、场外运费外,还应计算辅助设施(包括基础、底座、固定锚桩、行走轨道枕木等)的折旧、搭设和拆除等费用。

(3)不需安装、拆卸且自身又能开行的机械和固定在车间不需安装、拆卸及运输的机械,其安拆费及场外运费不计算。

(4)自升式塔式起重机安装、拆卸费用的超高起点及其增加费,各地区(部门)可根据具体情况确定。

(五)人工费的组成和确定

人工费是指机上司机(司炉)和其他操作人员的工作日人工费及上述人员在施工机械规定的年工作台班以外的人工费。按下式计算:

$$台班人工费＝人工消耗量×\left(\frac{1＋年制度工作日－年工作台班}{年工作台班}\right)×$$

人工日工资单价

(1)人工消耗量是指机上司机(司炉)和其他操作人员工日消耗量。

(2)年制度工作日应执行编制期国家有关规定。

(3)人工日工资单价应执行编制工程造价管理部门的有关规定。

(六)燃料动力费的组成和确定

燃料动力费是指施工机械在运转作业中所耗用的固体燃料(煤、木柴)、液体燃料(汽油、柴油)及水、电等费用。按下式计算:

$$台班燃料动力费＝台班燃料动力消耗量×相应单价$$

(1)燃料动力消耗量应根据施工机械技术指标及实测资料综合确定,可采用下式计算:

$$台班燃料动力消耗量＝(实测数×4＋定额平均值＋调查平均值)/6$$

(2)燃料动力单价应执行编制期工程造价管理部门的有关规定。

(七)其他费用的组成和确定

其他费用是指按照国家和有关部门规定应交纳的车船使用税、保险费及年检费用等。按下式计算:

$$台班其他费用＝\frac{年车船使用税＋年保险费＋年检费用}{年工作台班}$$

(1)年车船使用税、年检费用应执行编制期有关部门的规定。

(2)年保险费执行编制期有关部门强制性保险的规定,非强制性保险不应计算在内。

第四节　单位估价表的编制

一、单位估价表的概念和作用

单位估价表是以货币形式表示预算定额中分项工程或结构构件的预算价值的计算表,所以又称建筑工程预算定额单位估价表。

不难看出,分项工程的单价表,是预算定额规定的分项工程的人工、材料和施工机械台班消耗指标,分别乘以相应地区的工资标准、材料预算价格和施工机械台班费,算出的人工费、材料费及施工机械费,并加以汇总而成。因此,单位估价表是以预算定额为依据,既列出预算定额中的"三量",又列出了"三价",并汇总出定额单位产品的预算价值。

地区统一的工程单价是以统一地区单位估价表形式出现的,这就是所谓量价合一的现象。在单位估价表中"基价"所列的内容,是每一定额计量单位分项工程的人工费、材料费和机械费,以及这三者之和。全国统一的预算定额按北京地区的人工工资单价、材料预算价格、机械台班预算价格计算基价(主管部门另有规定的除外)。地区统一定额以省会所在地的人工工资单价、材料预算价格、机械台班预算价格计算基价。

在编制工程预算时,用不同子目的单位估价分别乘以上工程量后,可以得出单位工程的全部直接费用。单位估价表的具体作用是:

(1)它是编制和审查建筑安装工程施工图预算,确定工程造价的主要依据;

(2)它是拨付工程价款和结算的依据;

(3)它是设计单位对设计方案进行技术经济分析比较的依据;

(4)它是施工单位实行经济核算,考核工程成本的依据;

(5)它是制定概算定额、概算指标的基础。

二、单位估价表的编制依据

单位估价表是以一个城市或一个地区为范围编制的,编制后在本地区实行。其编制的主要依据如下:

(1)《全国统一建筑工程基础定额(土建)》(GJD—101—95);

(2)××省建筑工程单位估算表;

(3)地区现行预算工资单价;

(4)地区现行材料预算价格;

(5)地区现行机械台班单价;

(6)现行的有关国家产品标准、设计规范、施工质量验收规范和安全操作规程;

(7)建筑构件、配件通用施工图。

三、单位估价表的编制方法

单位估价表的内容由两大部分组成:一是预算定额规定的工、料、机数量,即合计用工量、各种材料消耗量、施工机械台班消耗量;二是地区预算价格,即与上述三种"量"相适应的人工工资单价、材料预算价格和机械台班预算价格。

编制单位估价表就是把三种"量"与三种"价"分别结合起来,得出各分项工程人工费、材料费和施工机械使用费,三者汇总起来就是工程预算单价。

　　地区统一单位估价表编制出来以后,就形成了地区统一的工程单价。这种统一工程单价是根据现行定额和当地、当时的价格水平编制的,具有相对的稳定性,但是为了适应市场价格的变动,在编制预算时,必须根据价格修正系数对固定的工程单价进行修正。修正后的工程单价乘以根据图纸计算出来的工程量,就可以获得符合实际情况的工程基本直接费。

四、单位估价表中量、价的确定

1. 准备工作

　　包括拟定工作计划,收集预算定额以及工资标准、材料预算价格、机械台班预算价格等有关资料,了解编制地区范围内的工程类别、结构特点、材料及构件生产、供应和运输等方面的情况,提出编制地区单位估价表的方案。

2. 编制工作

　　单位估价表的编制应根据已确定的编制方案进行,主要编制方法是:

　　(1)若单位估价表与预算定额合并编制时,则预算定额的项目即为单位估表的项目。单位估价表的编制应贯彻简明适用的原则。

　　(2)确定单位估价表的人工、材料、机械台班用量。单独编制单位估价表时,应将所选定的定额项目的人工、材料、机械台班消耗量,抄录在空白单价表内,其中人工工日数量只抄录合计工日数。

　　(3)合理确定人工日工资标准和材料、机械台班预算单价。

　　1)人工日工资单价的确定。人工日工资单价应根据地区建筑安装工人日工资标准、工资性质的津贴等,计算出日工资单价。

　　2)材料预算价格及其单价的确定。材料单价是编制建筑安装工程预算定额,确定分部分项单位估价表中材料费的依据,也是编制工程预算、确定工程造价和拨款、结算的依据。

　　材料综合单价是根据预算定额内所综合的材料品种规格,以及工程特点、结构类型等,测算出工程上常用的不同品种规格和用量,并结合当前供应情况,按照一定比例以材料预算价格为基础综合测定的价格。

　　3)机械台班费及其台班费单价的确定。

　　①机械台班费的内容及编制方法详见前述章节所述。

　　②机械台班费单价。由于定额中某些项目综合了不同规格型号的机械,而不同型号、规格的机械有不同的台班费价格,所以编制单位估价表

时,需对本地区工程常用规格型号的机械以及现有机械配备情况进行综合测算,确定出机械台班单价。

4)计算单位估价表的人工费、材料费、机械费和预算价值。在确定了人工、材料和机械台班用量及单价的基础上,分别计算出人工费、材料费和机械费并汇总成单位估价表。

5)填表。

3. 修订定额

单位估价表编制完后,认真编写文字说明,包括总说明、分部说明、各节工作内容说明及附注等。文字应言简意赅,表格简明适用。然后向有关方面征求意见,修改补充。定稿后报送主管部门审批后,颁发执行。

五、单位估价表(预算定额)的应用

使用预算定额,首先应详细了解总说明和分部工程的说明,尤其是定额的适用范围、各种条件变化情况下的调整系数、换算方法、工程量计算方法等。还必须详细阅读定额的各附录或定额表的附注。

(一)定额项目选用规则

1. 项目名称的确定

在工程量计算过程中,对每一工程项目的名称都应确定下来。其确定的原则是:设计规定的做法与要求必须与定额的做法和工作内容相符合才能直接套用,否则必须根据有关规定进行换算或补充。

2. 计量单位的变化

单位估价表在编制时,为了保证预算价值的精确性,对某些价值较低的工程项目,采用了扩大计量单位的办法。如抹灰工程的计量单位,一般采用 $100m^2$;混凝土工程的计量单位,一般采用 $10m^3$ 等。在使用定额时必须注意计量单位的变化,以避免由于错用计量单位而造成预算价值过大、过小的差错。

3. 定额项目划分的规定

单位估价表的项目划分是根据各个工程项目的工、料、机消耗水平的不同和工种、材料品种以及使用的机械类型不同而划分的,一般有以下几种划分方法:

(1)按工程的现场条件划分。如挖土方按土壤的等级划分。

(2)按施工方法的不同划分。如灌注混凝土桩分钻孔、打孔、打孔夯扩、人工挖孔等。

（3）按照具体尺寸或重量的大小划分。如钢屋架制作定额分为每榀1.5t以内、5t以内、8t以内和8t以外；挖土方分为深2m以内、4m以内和6m以内等项目。

定额中凡注明××以内（或以下）者，均包括××本身在内；而××以外（或以上）者，均不包括××本身。

（二）定额的有关规定

在执行定额过程中，除了对定额的作用、内容和适用范围应有必要的了解以外，还应着重了解定额的有关规定，才能正确执行，正确使用。定额在总说明及各章节中均列有一些关于定额的使用方法、换算方法的规定和一些需要明确的问题。

1. 定额中不准调整的规定

为了强调定额的权威性，在总说明和各章（分部）说明中均提出若干条不准调整的规定。如："本定额是根据现行质量验收规范及安全操作规程编制的，不得因具体工程做法与定额不同另外计算费用"。

这类规定首先确定了定额的依据及合理性，同时明确几种不准调整定额的规定，为定额的顺利执行规定了必要的条件。

2. 定额中允许按实计算的规定

由于工程建设工程较长，又多在露天作业，在施工过程中经常会发生一些事先难以预料的情况。这些情况的出现直接影响到施工过程的人工、材料、机械费用，在定额中无法考虑，因此，在定额中明确在一定范围内，可以按实计算，以保证工程造价的合理性。

这类规定使定额在执行中与实际发生的情况不符而出入较大时，有了灵活调整的余地。

3. 定额中允许换算和调整的规定

为了使用方便，适当减少其子目，预算定额对一些工、料、机消耗基本相同，只在某一方面有所差别的项目，采用在定额中只列常用做法项目，另外规定换算和调整方法。

如："定额取定的普通门窗、组合窗、天窗的框扇料的断面如与设计规定不同时，应按比例换算，框料以边框断面为准；扇料以主梃断面为准"。

这项规定明确了定额中的木门窗的木料断面是按常用规格计算的，并规定了非常用规格门窗木料的换算方法。这样既减少了不必要的子目罗列，又解决了不同木料断面的门窗预算价值的不同。

4. 定额中规定的计算系数

定额中某些允许换算的项目,有时不能根据设计规定或施工情况按比例计算,尤其是由于施工方法的不同,允许换算时常采用系数的办法加以解决。如:"机械挖土石方,单位工程量小于 2000m³ 时,定额乘系数 1.1"。

一般情况下,机械挖土的单位工程量都在 2000m³ 以上。如果单位工程量过小,采用机械挖土就不经济,但因为某种原因,仍必须采用机械挖土,这在施工中是可能出现的。机械挖土定额是按一般情况(即单位工程量在 2000m³ 以上)考虑,为了使定额规定接近合理,在定额说明中规定单位工程小于 2000m³ 时的计算系数。提出并规定这样一个系数,使特殊情况下的定额水平更加接近一般的实际情况,解决了由于工程量过小而产生的施工效率差。

5. 定额中规定对工、料、机消耗水平的调整方法

定额中某些允许换算和调整的项目,有的不宜采用系数,采取了在定额说明中直接规定调整的方法。

6. 定额中规定应按施工组织设计的规定进行计算

施工组织设计不仅是指导生产活动的计划,也是编制工程预算的依据之一,其中有的工程施工方法对定额的工、料、机消耗有很大影响,因此在定额中往往规定某些项目的计算应按施工组织设计中的规定计算。如:"人工挖土如需放坡或支挡土板时,应根据施工组织设计的规定计算"。

这类规定明确承认施工组织设计的合法性,使施工组织设计和工程造价发生了直接联系,肯定了施工组织设计在确定工程造价中的作用。

第六章 装饰装修工程概预算的费用

第一节 装饰装修工程费用项目组成及特点

一、装饰装修工程费用项目组成

为了加强基本建设的管理,合理确定工程造价,提高基本建设投资效益,国家统一了建筑(装饰)安装工程费用划分的口径。这一做法,使得基本建设各方,在编制工程概预算、工程招标投标、工程结算、工程成本核算等方面的工作有了统一的标准。

按照建标[2013]44号文件《建筑安装工程费用项目组成》规定:

(1)装饰装修工程费用由按照工程造价形成划分由分部分项工程费、措施项目费、其他项目费、规费、税金组成,分部分项工程费、措施项目费、其他项目费包含人工费、材料费、施工机具使用费、企业管理费和利润(表6-1)。

表 6-1   **装饰装修工程费用构成**

装饰装修工程费用(按工程造价形式)	分部分项工程费	楼地面装饰工程
		墙、柱面装饰与隔断、幕墙工程
		天棚工程
		油漆、涂料、裱糊工程
		其他装饰工程
		拆除工程
	措施项目费	安全文明施工费
		夜间施工费
		非夜间施工照明费
		二次搬运费
		冬雨季施工费

续表

		已完工程及设备保护费
装饰装修工程费用(按工程造价形式)	措施项目费	脚手架工程
		混凝土模板及支架
		垂直运输
		超高施工增加
		大型机械设备进出场及安拆
		施工排水、降水
	其他项目费	暂列金额
		计日工
		总承包服务费
	规费	社会保险费
		住房公积金
		工程排污费
	税金	营业税
		城市维护建设税
		教育费附加
		地方教育附加

(2)装饰装修工程费按照费用构成要素划分由人工费、材料(包含工程设备,下同)费、施工机具使用费、企业管理费、利润、规费和税金组成。其中人工费、材料费、施工机具使用费、企业管理费和利润包含在分部分项工程费、措施项目费、其他项目费中(表6-2)。

表6-2　　　　　　　　　　　　装饰装修工程费用构成

		计时工资或计件工资
建筑安装工程费(按费用构成要素)	人工费	奖金
		津贴、补贴
		加班加点工资
		特殊情况下支付的工资

续表

		材料原价
	材料费	运杂费
		运输损耗费
		采购及保管费
	施工机具使用费	施工机械使用费
		仪器仪表使用费
		管理人员工资
		办公费
		差旅交通费
		固定资产使用费
		工具用具使用费
		劳动保险和职工福利费
建筑安装工程费	企业管理费	劳动保护费
（按费用构成要素）		检验试验费
		工会经费
		职工教育经费
		财产保险费
		财务费
		税金
		其他
	利润	
		社会保险费
	规费	住房公积金
		工程排污费
		营业税
	税金	城市维护建设税
		教育费附加
		地方教育附加

二、装饰装修工程费用的特点

装饰工程的费用与一般土建装饰工程费用的构成是很相似的,但由于装饰工程及施工与一般土建装饰工程及施工相比有许多特殊性,因此装饰工程的费用也有其特点。

1. 预算定额基价不同

在有些地区的装饰工程预算定额基价中,定额直接费除含人工费、材料费、机械使用费以外,还包含一项综合费用,而土建装饰工程中不含这项费用。

2. 费用构成不同

建筑装饰工程费用的构成与一般土建装饰工程亦有所不同。土建装饰工程中计算的冬雨季施工增加费,无论在施工中是否发生,均包干计取此费用,而装饰工程则按实际发生价格据实计算,不发生不计取。

3. 费用计算基础不同

在土建工程中,不同单位工程的各分部(项)工程,其人工费、材料费、施工机具使用费费用相差较大,但综合成为单位工程时,各单位工程的人工费、材料费、施工机具使用费费用则是较为稳定的,各种差别相互抵消,因此土建工程以人工费、材料费、施工机具使用费作为其他费用的计算基础。土建装饰工程作为土建工程中的一个分部工程,其取费基础与土建工程相同,费用包含在土建费用之中。但在装饰工程中,各种材料的价值很高,价差很大,材料费的数量受材料价格影响大,很不稳定,但人工费的数量则是比较稳定的,因此,装饰工程以定额人工费作为其他费用的计算基础。如装饰工程费用中的措施费、利润等都是以定额人工费为基础进行计算的。

通过上述比较可以看出,土建装饰工程的取费方法与土建工程的取费方法相似,而建筑装饰工程的取费方法与安装工程的取费方法相似。

第二节　装饰装修工程费用参考计算方法

一、各费用构成要素参考计算方法

(一)人工费构成及计算

1. 人工费构成

人工费是指按工资总额构成规定,支付给从事建筑安装工程施工的生产工人和附属生产单位工人的各项费用。内容包括:

(1)计时工资或计件工资:是指按计时工资标准和工作时间或对已做工作按计件单价支付给个人的劳动报酬。

(2)奖金:是指对超额劳动和增收节支支付给个人的劳动报酬。如节约奖、劳动竞赛奖等。

(3)津贴补贴:是指为了补偿职工特殊或额外的劳动消耗和因其他特殊原因支付给个人的津贴,以及为了保证职工工资水平不受物价影响支付给个人的物价补贴。如流动施工津贴、特殊地区施工津贴、高温(寒)作业临时津贴、高空津贴等。

(4)加班加点工资:是指按规定支付的在法定节假日工作的加班工资和在法定日工作时间外延时工作的加点工资。

(5)特殊情况下支付的工资:是指根据国家法律、法规和政策规定,因病、工伤、产假、计划生育假、婚丧假、事假、探亲假、定期休假、停工学习、执行国家或社会义务等原因按计时工资标准或计时工资标准的一定比例支付的工资。

2. 人工费计算

公式1:

$$人工费=\sum(工日消耗量\times 日工资单价)$$

$$日工资单价=\frac{生产工人平均月工资(计时计件)+平均月(奖金+津贴补贴+特殊情况下支付的工资)}{年平均每月法定工作日}$$

注:公式1主要适用于施工企业投标报价时自主确定人工费,也是工程造价管理机构编制计价定额确定定额人工单价或发布人工成本信息的参考依据。

公式2:

$$人工费=\sum(工程工日消耗量\times 日工资单价)$$

日工资单价是指施工企业平均技术熟练程度的生产工人在每工作日(国家法定工作时间内)按规定从事施工作业应得的日工资总额。

工程造价管理机构确定日工资单价应通过市场调查,根据工程项目的技术要求,参考实物工程量人工单价综合分析确定,最低日工资单价不得低于工程所在地人力资源和社会保障部门所发布的最低工资标准的:普工1.3倍、一般技工2倍、高级技工3倍。

工程计价定额不可只列一个综合工日单价,应根据工程项目技术要求和工种差别适当划分多种日人工单价,确保各分部工程人工费的合理构成。

注:公式 2 适用于工程造价管理机构编制计价定额时确定定额人工费,是施工企业投标报价的参考依据。

(二)材料费构成及计算

1. 材料费构成

材料费是指施工过程中耗费的原材料、辅助材料、构配件、零件、半成品或成品、工程设备的费用。内容包括:

(1)材料原价:是指材料、工程设备的出厂价格或商家供应价格。

(2)运杂费:是指材料、工程设备自来源地运至工地仓库或指定堆放地点所发生的全部费用。

(3)运输损耗费:是指材料在运输装卸过程中不可避免的损耗。

(4)采购及保管费:是指为组织采购、供应和保管材料、工程设备的过程中所需要的各项费用。包括采购费、仓储费、工地保管费、仓储损耗。

工程设备是指构成或计划构成永久工程一部分的机电设备、金属结构设备、仪器装置及其他类似的设备和装置。

2. 材料费计算

(1)材料费

$$材料费 = \sum (材料消耗量 \times 材料单价)$$

$$材料单价 = [(材料原价 + 运杂费) \times [1 + 运输损耗率(\%)]] \times [1 + 采购保管费率(\%)]$$

(2)工程设备费

$$工程设备费 = \sum (工程设备量 \times 工程设备单价)$$

$$工程设备单价 = (设备原价 + 运杂费) \times [1 + 采购保管费率(\%)]$$

(三)施工机具使用费构成及计算

1. 施工机具使用费构成

施工机具使用费是指施工作业所发生的施工机械、仪器仪表使用费或其租赁费。

(1)施工机械使用费:以施工机械台班耗用量乘以施工机械台班单价表示,施工机械台班单价应由下列七项费用组成:

1)折旧费:是指施工机械在规定的使用年限内,陆续收回其原值的费用。

2)大修理费:是指施工机械按规定的大修理间隔台班进行必要的大修理,以恢复其正常功能所需的费用。

3)经常修理费：是指施工机械除大修理以外的各级保养和临时故障排除所需的费用。包括为保障机械正常运转所需替换设备与随机配备工具附具的摊销和维护费用，机械运转中日常保养所需润滑与擦拭的材料费用及机械停滞期间的维护和保养费用等。

4)安拆费及场外运费：安拆费是指施工机械（大型机械除外）在现场进行安装与拆卸所需的人工、材料、机械和试运转费用以及机械辅助设施的折旧、搭设、拆除等费用；场外运费是指施工机械整体或分体自停放地点运至施工现场或由一施工地点运至另一施工地点的运输、装卸、辅助材料及架线等费用。

5)人工费：是指机上司机（司炉）和其他操作人员的人工费。

6)燃料动力费：是指施工机械在运转作业中所消耗的各种燃料及水、电等。

7)税费：是指施工机械按照国家规定应缴纳的车船使用税、保险费及年检费等。

(2)仪器仪表使用费：是指工程施工所需使用的仪器仪表的摊销及维修费用。

2. 施工机具使用费计算

(1)施工机械使用费

施工机械使用费＝$\sum$（施工机械台班消耗量×机械台班单价）

机械台班单价＝台班折旧费＋台班大修费＋台班经常修理费＋台班安拆费及场外运费＋台班人工费＋台班燃料动力费＋台班车船税费

注：工程造价管理机构在确定计价定额中的施工机械使用费时，应根据《建筑施工机械台班费用计算规则》结合市场调查编制施工机械台班单价。施工企业可以参考工程造价管理机构发布的台班单价，自主确定施工机械使用费的报价，如租赁施工机械，公式为：

施工机械使用费＝$\sum$（施工机械台班消耗量×机械台班租赁单价）

(2)仪器仪表使用费

仪器仪表使用费＝工程使用的仪器仪表摊销费＋维修费

(四)企业管理费构成及其费率计算

1. 企业管理费构成

企业管理费是指建筑安装企业组织施工生产和经营管理所需的费用。内容包括：

(1)管理人员工资：是指按规定支付给管理人员的计时工资、奖金、津贴补贴、加班加点工资及特殊情况下支付的工资等。

(2)办公费:是指企业管理办公用的文具、纸张、账表、印刷、邮电、书报、办公软件、现场监控、会议、水电、烧水和集体取暖降温(包括现场临时宿舍取暖降温)等费用。

(3)差旅交通费:是指职工因公出差、调动工作的差旅费、住勤补助费,市内交通费和误餐补助费,职工探亲路费,劳动力招募费,职工退休、退职一次性路费,工伤人员就医路费,工地转移费以及管理部门使用的交通工具的油料、燃料等费用。

(4)固定资产使用费:是指管理和试验部门及附属生产单位使用的属于固定资产的房屋、设备、仪器等的折旧、大修、维修或租赁费。

(5)工具用具使用费:是指企业施工生产和管理使用的不属于固定资产的工具、器具、家具、交通工具和检验、试验、测绘、消防用具等的购置、维修和摊销费。

(6)劳动保险和职工福利费:是指由企业支付的职工退职金、按规定支付给离休干部的经费,集体福利费、夏季防暑降温、冬季取暖补贴、上下班交通补贴等。

(7)劳动保护费:是企业按规定发放的劳动保护用品的支出。如工作服、手套、防暑降温饮料以及在有碍身体健康的环境中施工的保健费用等。

(8)检验试验费:是指施工企业按照有关标准规定,对建筑以及材料、构件和建筑安装物进行一般鉴定、检查所发生的费用,包括自设试验室进行试验所耗用的材料等费用。不包括新结构、新材料的试验费,对构件做破坏性试验及其他特殊要求检验试验的费用和建设单位委托检测机构进行检测的费用,对此类检测发生的费用,由建设单位在工程建设其他费用中列支。但对施工企业提供的具有合格证明的材料进行检测不合格的,该检测费用由施工企业支付。

(9)工会经费:是指企业按《工会法》规定的全部职工工资总额比例计提的工会经费。

(10)职工教育经费:是指按职工工资总额的规定比例计提,企业为职工进行专业技术和职业技能培训,专业技术人员继续教育、职工职业技能鉴定、职业资格认定以及根据需要对职工进行各类文化教育所发生的费用。

(11)财产保险费:是指施工管理用财产、车辆等的保险费用。

(12)财务费:是指企业为施工生产筹集资金或提供预付款担保、履约担保、职工工资支付担保等所发生的各种费用。

(13)税金:是指企业按规定缴纳的房产税、车船使用税、土地使用税、印花税等。

(14)其他:包括技术转让费、技术开发费、投标费、业务招待费、绿化费、广告费、公证费、法律顾问费、审计费、咨询费、保险费等。

2. 企业管理费费率计算

(1)以分部分项工程费为计算基础

$$企业管理费费率(\%)=\frac{生产工人年平均管理费}{年有效施工天数×人工单价}×$$
$$人工费占分部分项工程费比例(\%)$$

(2)以人工费和机械费合计为计算基础

$$企业管理费费率(\%)=\frac{生产工人年平均管理费}{年有效施工天数×(人工单价+每一工日机械使用费)}×100\%$$

(3)以人工费为计算基础

$$企业管理费费率(\%)=\frac{生产工人年平均管理费}{年有效施工天数×人工单价}×100\%$$

注:上述公式适用于施工企业投标报价时自主确定管理费,是工程造价管理机构编制计价定额确定企业管理费的参考依据。

工程造价管理机构在确定计价定额中企业管理费时,应以定额人工费或(定额人工费+定额机械费)作为计算基数,其费率根据历年工程造价积累的资料,辅以调查数据确定,列入分部分项工程和措施项目中。

(五)利润构成及计算

1. 利润构成

利润是指施工企业完成所承包工程获得的盈利。

2. 利润计算

(1)施工企业根据企业自身需求并结合建筑市场实际自主确定,列入报价中。

(2)工程造价管理机构在确定计价定额中利润时,应以定额人工费或(定额人工费+定额机械费)作为计算基数,其费率根据历年工程造价积累的资料,并结合建筑市场实际确定,以单位(单项)工程测算,利润在税前建筑安装工程费的比重可按不低于5%且不高于7%的费率计算。利润应列入分部分项工程和措施项目中。

(六)规费构成及计算

1. 规费构成

规费是指按国家法律、法规规定,由省级政府和省级有关权力部门规定必须缴纳或计取的费用。包括:

(1)社会保险费

1)养老保险费:是指企业按照规定标准为职工缴纳的基本养老保险费。

2)失业保险费:是指企业按照规定标准为职工缴纳的失业保险费。

3)医疗保险费:是指企业按照规定标准为职工缴纳的基本医疗保险费。

4)生育保险费:是指企业按照规定标准为职工缴纳的生育保险费。

5)工伤保险费:是指企业按照规定标准为职工缴纳的工伤保险费。

(2)住房公积金:是指企业按规定标准为职工缴纳的住房公积金。

(3)工程排污费:是指按规定缴纳的施工现场工程排污费。

其他应列而未列入的规费,按实际发生计取。

2. 规费计算

(1)社会保险费和住房公积金

社会保险费和住房公积金应以定额人工费为计算基础,根据工程所在地省、自治区、直辖市或行业建设主管部门规定费率计算。

社会保险费和住房公积金＝∑(工程定额人工费×社会保险费和住房公积金费率)

式中:社会保险费和住房公积金费率可以每万元发承包价的生产工人人工费和管理人员工资含量与工程所在地规定的缴纳标准综合分析取定。

(2)工程排污费

工程排污费等其他应列而未列入的规费应按工程所在地环境保护等部门规定的标准缴纳,按实计取列入。

(七)税金构成及计算

1. 税金构成

税金是指国家税法规定的应计入建筑安装工程造价内的营业税、城市维护建设税、教育费附加以及地方教育附加。

2. 税金计算

税金计算公式：

$$税金＝税前造价×综合税率（\%）$$

综合税率：

（1）纳税地点在市区的企业

$$综合税率（\%）＝\frac{1}{1-3\%-(3\%×7\%)-(3\%×3\%)-(3\%×2\%)}-1$$

（2）纳税地点在县城、镇的企业

$$综合税率（\%）＝\frac{1}{1-3\%-(3\%×5\%)-(3\%×3\%)-(3\%×2\%)}-1$$

（3）纳税地点不在市区、县城、镇的企业

$$综合税率（\%）＝\frac{1}{1-3\%-(3\%×1\%)-(3\%×3\%)-(3\%×2\%)}-1$$

（4）实行营业税改增值税的，按纳税地点现行税率计算。

二、建筑安装工程计价参考公式

（一）分部分项工程费

1. 分部分项工程费构成

分部分项工程费是指各专业工程的分部分项工程应予列支的各项费用。

（1）专业工程：是指按现行国家计量规范划分的房屋建筑与装饰工程、仿古建筑工程、通用安装工程、市政工程、园林绿化工程、矿山工程、构筑物工程、城市轨道交通工程、爆破工程等各类工程。

（2）分部分项工程：是指按现行国家计量规范对各专业工程划分的项目。如房屋建筑与装饰工程划分的土石方工程、地基处理与桩基工程、砌筑工程、钢筋及钢筋混凝土工程等。

各类专业工程的分部分项工程划分见现行国家或行业计量规范。

2. 分部分项工程费计算

$$分部分项工程费 = \sum（分部分项工程量×综合单价）$$

式中：综合单价包括人工费、材料费、施工机具使用费、企事业管理费和利润以及一定范围的风险费用（下同）。

(二)措施项目费

1. 措施项目费构成

措施项目费是指为完成建设工程施工,发生于该工程施工前和施工过程中的技术、生活、安全、环境保护等方面的费用。内容包括:

(1)安全文明施工费:

1)环境保护费:是指施工现场为达到环保部门要求所需要的各项费用。

2)文明施工费:是指施工现场文明施工所需要的各项费用。

3)安全施工费:是指施工现场安全施工所需要的各项费用。

4)临时设施费:是指施工企业为进行建设工程施工所必须搭设的生活和生产用的临时建筑物、构筑物和其他临时设施费用。包括临时设施的搭设、维修、拆除、清理费或摊销费等。

(2)夜间施工增加费:是指因夜间施工所发生的夜班补助费、夜间施工降效、夜间施工照明设备摊销及照明用电等费用。

(3)二次搬运费:是指因施工场地条件限制而发生的材料、构配件、半成品等一次运输不能到达堆放地点,必须进行二次或多次搬运所发生的费用。

(4)冬雨季施工增加费:是指在冬季或雨季施工需增加的临时设施、防滑、排除雨雪,人工及施工机械效率降低等费用。

(5)已完工程及设备保护费:是指竣工验收前,对已完工程及设备采取的必要保护措施所发生的费用。

(6)工程定位复测费:是指工程施工过程中进行全部施工测量放线和复测工作的费用。

(7)特殊地区施工增加费:是指工程在沙漠或其边缘地区、高海拔、高寒、原始森林等特殊地区施工增加的费用。

(8)大型机械设备进出场及安拆费:是指机械整体或分体自停放场地运至施工现场或由一个施工地点运至另一个施工地点,所发生的机械进出场运输及转移费用及机械在施工现场进行安装、拆卸所需的人工费、材料费、机械费、试运转费和安装所需的辅助设施的费用。

(9)脚手架工程费:是指施工需要的各种脚手架搭、拆、运输费用以及脚手架购置费的摊销(或租赁)费用。

措施项目及其包含的内容详见各类专业工程的现行国家或行业计量

规范。

2. 措施项目费计算

(1)国家计量规范规定应予计量的措施项目,其计算公式为:

$$措施项目费 = \sum(措施项目工程量 \times 综合单价)$$

(2)国家计量规范规定不宜计量的措施项目计算方法如下:

1)安全文明施工费

$$安全文明施工费 = 计算基数 \times 安全文明施工费费率(\%)$$

计算基数应为定额基价(定额分部分项工程费+定额中可以计量的措施项目费)、定额人工费或(定额人工费+定额机械费),其费率由工程造价管理机构根据各专业工程的特点综合确定。

2)夜间施工增加费

$$夜间施工增加费 = 计算基数 \times 夜间施工增加费费率(\%)$$

3)二次搬运费

$$二次搬运费 = 计算基数 \times 二次搬运费费率(\%)$$

4)冬雨季施工增加费

$$冬雨季施工增加费 = 计算基数 \times 冬雨季施工增加费费率(\%)$$

5)已完工程及设备保护费

$$已完工程及设备保护费 = 计算基数 \times 已完工程及设备保护费费率(\%)$$

上述 2)～5)项措施项目的计费基数应为定额人工费或(定额人工费+定额机械费),其费率由工程造价管理机构根据各专业工程特点和调查资料综合分析后确定。

(三)其他项目费

1. 其他项目费构成

(1)暂列金额:是指建设单位在工程量清单中暂定并包括在工程合同价款中的一笔款项。用于施工合同签订时尚未确定或者不可预见的所需材料、工程设备、服务的采购,施工中可能发生的工程变更、合同约定调整因素出现时的工程价款调整以及发生的索赔、现场签证确认等的费用。

(2)计日工:是指在施工过程中,施工企业完成建设单位提出的施工图纸以外的零星项目或工作所需的费用。

(3)总承包服务费:是指总承包人为配合、协调建设单位进行的专业工程发包,对建设单位自行采购的材料、工程设备等进行保管以及施工现场管理、竣工资料汇总整理等服务所需的费用。

2. 其他项目费计算

(1)暂列金额由建设单位根据工程特点,按有关计价规定估算,施工过程中由建设单位掌握使用、扣除合同价款调整后如有余额,归建设单位。

(2)计日工由建设单位和施工企业按施工过程中的签证计价。

(3)总承包服务费由建设单位在招标控制价中根据总包服务范围和有关计价规定编制,施工企业投标时自主报价,施工过程中按签约合同价执行。

(四)规费

规费构成及计算参见上述"一、"中"(六)"内容。

(五)税金

税金构成及计算参见上述"一、"中"(七)"内容。

第三节　装饰装修工程计价程序

一、建设单位工程招标控制价计价程序

建设单位工程招标控制价计价程序见表 6-3。

表 6-3　　　　　　　　建设单位工程招标控制价计价程序

工程名称：　　　　　　　　　　　　标段：

序号	内　容	计算方法	金额/元
1	分部分项工程费	按计价规定计算	
1.1			
1.2			
1.3			
1.4			
1.5			

续表

序号	内　容	计算方法	金额/元
2	措施项目费	按计价规定计算	
2.1	其中:安全文明施工费	按规定标准计算	
3	其他项目费		
3.1	其中:暂列金额	按计价规定估算	
3.2	其中:专业工程暂估价	按计价规定估算	
3.3	其中:计日工	按计价规定估算	
3.4	其中:总承包服务费	按计价规定估算	
4	规费	按规定标准计算	
5	税金(扣除不列入计税范围的工程设备金额)	(1+2+3+4)×规定税率	

招标控制价合计＝1+2+3+4+5

二、施工企业工程投标报价计价程序

施工企业工程投标报价计价程序见表 6-4。

表 6-4　　　　　　　　施工企业工程投标报价计价程序

工程名称:　　　　　　　　　　　　标段:

序号	内　容	计算方法	金额/元
1	分部分项工程费	自主报价	
1.1			
1.2			
1.3			
1.4			
1.5			

序号	内　容	计算方法	金额/元
2	措施项目费	自主报价	
2.1	其中:安全文明施工费	按规定标准计算	
3	其他项目费		
3.1	其中:暂列金额	按招标文件提供金额计列	
3.2	其中:专业工程暂估价	按招标文件提供金额计列	
3.3	其中:计日工	自主报价	
3.4	其中:总承包服务费	自主报价	
4	规费	按规定标准计算	
5	税金(扣除不列入计税范围的工程设备金额)	(1+2+3+4)×规定税率	

投标报价合计＝1+2+3+4+5

三、竣工结算计价程序

竣工结算计价程序见表 6-5。

表 6-5　　　　　　　　　　竣工结算计价程序

工程名称:　　　　　　　　　　标段:

序号	汇总内容	计算方法	金额/元
1	分部分项工程费	按合同约定计算	
1.1			
1.2			
1.3			
1.4			
1.5			

序号	汇总内容	计算方法	金额/元
2	措施项目	按合同约定计算	
2.1	其中:安全文明施工费	按规定标准计算	
3	其他项目		
3.1	其中:专业工程结算价	按合同约定计算	
3.2	其中:计日工	按计日工签证计算	
3.3	其中:总承包服务费	按合同约定计算	
3.4	索赔与现场签证	按发承包双方确认数额计算	
4	规费	按规定标准计算	
5	税金(扣除不列入计税范围的工程设备金额)	(1+2+3+4)×规定税率	
竣工结算总价合计=1+2+3+4+5			

第七章 装饰装修工程工程量计算

第一节 概 述

工程量是指以物理计量单位或自然计量单位所表示的各个具体分项工程和构配件的实物量。

物理计量单位是指物体的物理属性,一般以法定计量单位来表示工程完成的数量,如 m^2、m。

一、正确进行装饰工程量计算的意义

工程量计算是编制建筑工程概预算的基础和重要的组成部分。工程量的计算,特别是装饰装修工程量的计算,不仅重要,而且是一项比较复杂而又细致的工作。工程量的计算项目是否齐全,计算结果是否准确,直接关系到预算的编制质量和编制速度。因此,正确计算工程量是编制装饰装修工程预算的一个重要环节,其意义主要表现在以下几方面:

(1)装饰装修工程量计算的准确与否直接影响着装饰装修工程的预算造价。

(2)装饰装修工程量是装饰装修施工企业编制施工作业计划,合理安排施工过程,组织劳动力和材料、机械的重要依据。

(3)装饰装修工程量是基本建设财务管理和会计核算的重要指标。

二、装饰装修工程量计算的依据

1. 经审定的设计施工图及设计说明

装饰装修施工图反映了装饰装修工程的各部位构造、做法及其相关尺寸,是计算工程量获取数据的基本依据。装饰装修施工图包括施工图、效果图、局部大样、展开图及其有关说明。在取得施工图和设计说明等资料后,必须全面、细致地熟悉和核对有关图样和资料,检查图样是否齐全、正确。如果发现设计图有错漏或相互间有矛盾的,应及时向设计人员提出修正意见,及时更正。经审核、修正后的装饰装修施工图才能作为计算工程量的依据。

2. 装饰装修工程量计算规则

装饰装修工程预算定额中的工程量计算规则和相关说明详细地规定了各分部分项工程量的计算规则和计算单位。它们是计算工程量的唯一依据,计算工程量时必须严格按照定额中的计量单位和计算规则进行。否则,计算的工程量就不符合规定,或者说计算结果的数据和单位等与定额所含内容不相符。预算列项的顺序一般也就是预算定额子项目的编排顺序,即工程量计算的顺序,依此顺序列项并计算工程量,就可以有效地防止漏算工程量和漏套定额,确保预算造价真实可靠。

3. 装饰装修施工组织设计与施工技术措施

计算工程量时,还必须结合施工组织设计的要求进行。装饰装修施工组织设计是确定施工方案、施工方法和主要施工技术措施等内容的基本技术经济文件。

三、计算装饰装修工程量时应注意的问题

(1)严格按照预算定额规定的计算规则和已经会审的施工图纸计算工程量,不得任意加大或缩小各部位尺寸。例如,不可将轴线间距作为内墙面装饰长度来进行工程量计算。

(2)为便于校核,以避免重算或漏算,计算工程量时,一定要注明层次、部位、轴线编号等,如注明二层墙面一般抹灰。

(3)工程量计算公式中的数字应按相同排列次序来写,如底×高,以便于校核。且数字应精确到小数点后三位。汇总时,可精确到小数点后两位。

(4)为提高效率,减少重复劳动,应尽量利用图纸中的各种明细表。如门窗明细表等。

(5)为避免重复或漏算,应按照一定的顺序进行计算。如按定额项目的排列顺序,并按水平方向从左至右计算。

(6)应采用表格方式进行工程量计算,以便于审核。

(7)工程量汇总时,计量单位应与定额相一致。

第二节　建筑面积计算

一、建筑面积计算的意义

建筑面积是表示建筑平面特征的几何参数,是指建筑物各层水平平面的总面积,包括使用面积、辅助面积和结构面积。建筑面积计算的意义表现在以下几个方面:

(1)它是计算装饰装修工程以及相关分部分项工程工程量的依据。

(2)它是编制、控制和调整施工进度计划,以及竣工验收的重要指标。

(3)它是确定装饰工程技术经济指标的重要依据。例如:

单方装饰工程造价=装饰工程预算总造价/元/建筑面积(m^2)

单方装饰工程材料消耗指标=某种装饰材料消耗量(m^2,t⋯)/建筑
面积(m^2)

二、建筑面积的相关概念

1. 使用面积

使用面积是指建筑物各层布置中可直接为生产或生活使用的净面积总和。例如,住宅建筑中的卧室、起居室、客厅等。住宅建筑中的使用面积也称为居住面积。

2. 辅助面积

辅助面积,是指建筑物各层平面布置中为辅助生产和生活所占净面积的总和。例如住宅建筑中的楼梯、走道、厕所、厨房等。

3. 结构面积

结构面积,是指建筑物各层平面布置中的墙体、柱等结构所占面积的总和。

4. 首层建筑面积

首层建筑面积也称为底层建筑面积,是指建筑物底层勒脚以上外墙外围水平投影面积。首层建筑面积作为"二线一面"中的一个重要指标,在工程量计算时,将被反复使用。

三、建筑面积的作用

(1)建筑面积是国家在经济建设中进行宏观分析和控制的重要指标。在经济建设的中长期计划中,各类生产性和非生产性的建筑面积、城市和农村的建筑面积、沿海地区和内陆地区的建筑面积、国民人均居住面积、贫困人口的居住面积等,都是国家及其各级政府要经常进行宏观分析和控制的重要指标,也是一个国家工农业生产发展状况、人民生活条件改善、文化福利设施发展的重要标志。

(2)建筑面积是编制概预算,确定工程造价的依据。在编制建设工程概预算时,建筑面积是计算结构工程量或用于确定某些费用指标的基础,如计算出建筑面积之后,利用这个基数,就可以计算地面抹灰、室内填土、地面垫层、平整场地、脚手架工程等项目的工程量。

（3）建筑面积是审查评价建筑工程单位造价标准的重要指标。不同档次的建筑，对造价标准的要求均不一样，其统一衡量的标准均以建筑面积为基本依据。

（4）建筑面积是检验控制工程进度的重要指标。如"已完工面积"、"已竣工面积"和"在建面积"等统计数据都是用建筑面积指标来表示的。

（5）建筑面积是计算面积利用系数，简化部分工程量的基本依据。如楼地面工程量计算等都需要借用建筑面积作为参数。

（6）建筑面积是划分工程类别大小的划分标准之一。如某省、自治区按工程类别确定取费标准：民用建筑中的公共建筑，建筑面积在 10000m² 以上为一类工程，大于 6000m² 为二类工程，大于 3000m² 为三类工程，3000m² 以内为四类工程。

第三节　建筑面积计算规则

建筑面积是一项重要的指标，起着衡量基本建筑规模、投资效益、建设成本的重要作用。因此，国家颁布了《建筑工程建筑面积计算规范》（GB/T 50353），统一规定建筑面积的计算方法。

一、应计算建筑面积的部分

1. 单层建筑物

单层建筑物的建筑面积，应按其外墙勒脚以上结构外围水平面积计算，并应符合下列规定。

注：勒脚（图 7-1）是建筑物外墙与室外地面或散水接触部位墙体的加厚部分，其高度一般为室内地坪与室外地面的高差，也有的将勒脚高度提到底层窗台。由于勒脚是墙根部很矮的一部分墙体加厚，不能代表整个外墙结构，因此要扣除勒脚墙体加厚的部分。

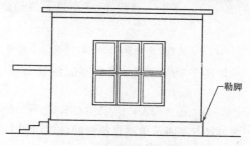

勒脚

图 7-1　建筑物勒脚示意图

(1)单层建筑物的高度在 2.20m 及以上者应计算全面积;高度不足 2.20m 者应计算 1/2 面积。

注:单层建筑物(图 7-2)的高度指室内地面标高至屋面板面结构标高之间的垂直距离。如遇到有以屋面板找坡的平屋顶单层建筑,其高度指室内地面标高至屋面板最低处板面结构标高之间的垂直距离。

【例 7-1】　求如图 7-2 所示单层建筑物的建筑面积。

【解】　$S=(18+0.24)\times(6+0.24)=113.82(\mathrm{m}^2)$

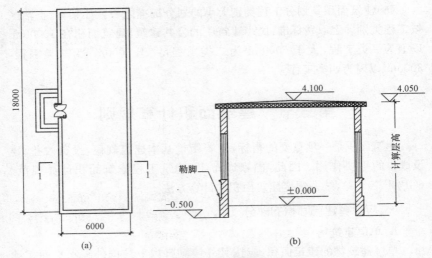

图 7-2　单层建筑物示意图

(a)平面;(b)1—1 剖面

(2)利用坡屋顶内空间时净高超过 2.10m 的部位应计算全面积;净高 1.20~2.10m 的部位应计算 1/2 面积;净高不足 1.20m 的部位不应计算面积。

注:净高指楼面或地面至上部楼板底面或吊顶底面之间的垂直距离。

【例 7-2】　求如图 7-3 所示某单层仓库的建筑面积(墙厚按 240mm 计算)。

【解】　$S=(36+0.24)\times(18+0.24)=661.02(\mathrm{m}^2)$

【例 7-3】　求如图 7-4 所示单层建筑物的建筑面积。

【解】　$S=(3.8+0.24)\times(8+0.24)=33.29(\mathrm{m}^2)$

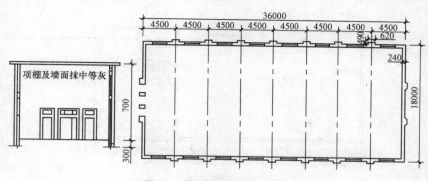

图 7-3 某单层仓库建筑示意图

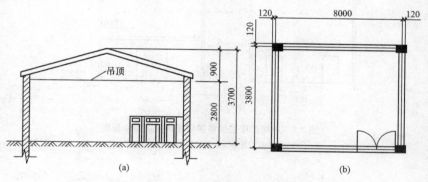

图 7-4 单层建筑物示意图
(a)剖面;(b)平面

(3)单层建筑内设有局部楼层者,局部楼层的二层及以上楼层,有围护结构的应按其围护结构外围水平面积计算,无围护结构的应按其结构底板水平面积计算。层高在 2.20m 及以上者应计算全面积;层高不足 2.20m 者应计算 1/2 面积。

【例 7-4】 求设有局部楼层的单层平屋顶建筑面积(图7-5)。

【解】 $S=(24+0.24)\times(11+0.24)+(7+0.24)\times(11+0.24)$
$=353.84(m^2)$

【例 7-5】 求设有局部楼层的单层坡屋顶建筑物的建筑面积(图 7-6)。

【解】 $S=(10+0.24)\times(8+0.24)+(4+0.24)\times(3+0.24)\times0.5$
$=91.25(m^2)$

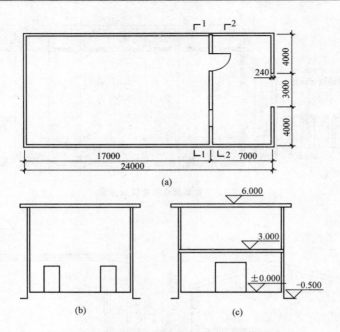

图 7-5　有局部楼层的单层平屋顶建筑物示意图

(a)平面;(b)1-1剖面;(c)2-2剖面

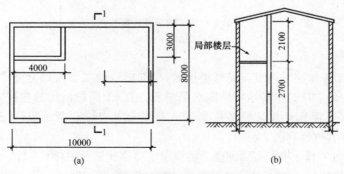

图 7-6　设有局部楼层的单层坡屋顶建筑物示意图

(a)平面;(b)1-1剖面

2. 多层建筑物

(1)多层建筑物首层应按其外墙勒脚以上结构外围水平面积计算;

二层及以上楼层应按其外墙结构外围水平面积计算。层高在 2.20m 及以上者应计算全面积；层高不足 2.20m 者应计算 1/2 面积。

　　(2)多层建筑坡屋顶内和场馆看台下，当设计加以利用时净高超过 2.10m 的部位应计算全面积；净高 1.20～2.10m 的部位应计算 1/2 面积；当设计不利用或室内净高不足 1.20m 时不应计算面积。

　　【例 7-6】　求如图 7-7 所示某办公楼的建筑面积(墙厚按 240mm 计算)。

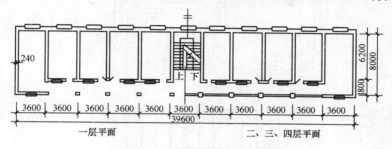

图 7-7　某办公楼的建筑示意图

　　【解】　多层建筑物的建筑面积应按不同的层高分别计算。首层按其外墙勒脚以上结构外围水平面积计算；二层及以上楼层按其外墙结构水平面积计算。层高在 2.20m 及以上者应计算全面积；层高不足 2.20m 者应计算 1/2 面积。另外，建筑物外有围护结构的挑檐、走廊、檐廊应按其围护结构外围水平面积计算。

$$S=(39.6+0.24)\times(8.0+0.24)\times4=1313.13(m^2)$$

　　【例 7-7】　求可利用的建筑物场馆看台下的建筑面积(图 7-8)。

　　【解】　$S=10\times(6.8+1.8\times0.5)=77(m^2)$

　　(3)地下室、半地下室(车间、商店、车站、车库、仓库等)，包括相应的有永久性顶盖的出入口，应按其外墙上口(不包括采光井、外墙防潮及其保护墙)外边线所围水平面积计算。层高在 2.20m 及以上者应计算全面积；层高不足 2.20m 者应计算 1/2 面积。

　　【例 7-8】　求地下室的建筑面积(图 7-9)。

　　【解】　$S=6.55\times8.65\times\dfrac{1}{2}=28.33(m^2)$

　　(4)坡地的建筑物吊脚架空层、深基础架空层，设计加以利用并有围护结构的，层高在 2.20m 及以上的部位应计算全面积；层高不足 2.20m

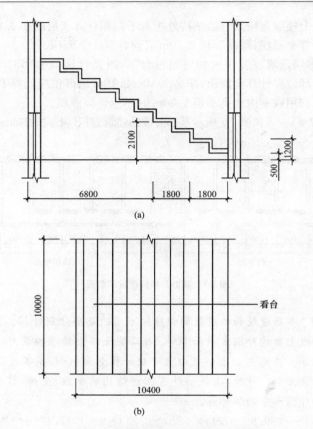

图 7-8　建筑物场馆看台下的建筑示意图
(a)剖面;(b)平面

的部位应计算 1/2 面积。设计加以利用、无围护结构的建筑吊脚架空层,应按其利用部位水平面积 1/2 计算;设计不利用的深基础架空层、坡地吊脚架空层、多层建筑坡屋顶内、场馆看台下的空间不应计算面积。

【例 7-9】　求可利用的深基础架空层的建筑面积(图 7-10)。

【解】　$S=(3.8+0.24)\times(5+0.24)=21.17(m^2)$

【例 7-10】　求可利用的吊脚架空层的建筑面积(图 7-11)。

【解】　$S=(6.55\times2.88+4.56\times1.48)\times0.5=12.81(m^2)$

【例 7-11】　求如图 7-12 所示建造在山坡上某建筑物的建筑面积。

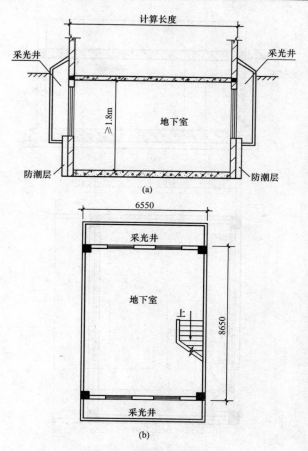

图 7-9 地下室建筑示意图

【解】 $S = (7.44 \times 4.74) \times 2 + (2.0 + 0.12 \times 2) \times 4.74 + \dfrac{1}{2} \times 1.6 \times 4.74$

$= 84.94(\text{m}^2)$

(5)建筑物的门厅、大厅按一层计算建筑面积。门厅、大厅内设有回廊时,应按其结构底板水平面积计算。层高在 2.20m 及以上者应计算全面积;层高不足 2.20m 者应计算1/2面积。

【例 7-12】 求如图 7-13 所示某六层带回廊实验楼的大厅和回廊的建筑面积。

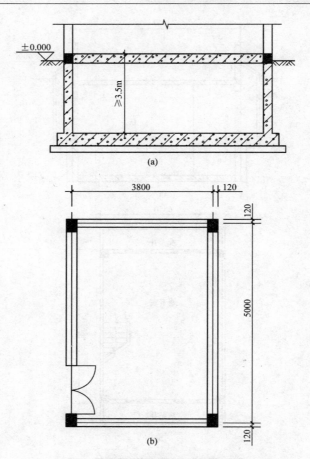

图 7-10　深层基础架空层建筑示意图

【解】　大厅部分建筑面积＝13×28＝364(m²)

回廊部分建筑面积＝(28－1.8＋13－1.8)×1.8×2×5＝673.2(m²)

【例 7-13】　求某建筑回廊的建筑面积(图 7-14)。

【解】　若层高不小于 2.20m,则回廊建筑面积为:

$S=(16-0.24)\times1.6\times2+(12-0.24-1.6\times2)\times1.6\times2=77.82(m^2)$

若层高小于 2.20m,则回廊建筑面积为:

$S=[(16-0.24)\times1.6\times2+(12-0.24-1.6\times2)\times1.6\times2]\times0.5$

$=38.91(m^2)$

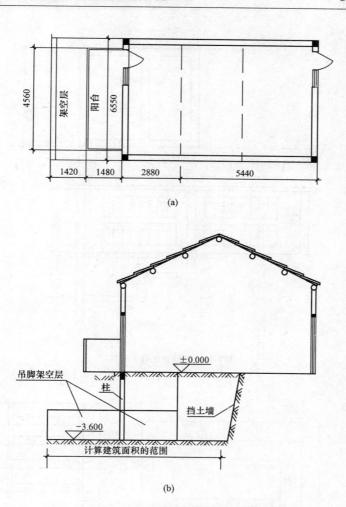

(a)

(b)

图 7-11　坡地建筑吊脚架空层建筑示意图

(6)立体书库、立体仓库、立体车库,无结构层的应按一层计算,有结构层的应按其结构层面积分别计算。层高在 2.20m 及以上者应计算全面积;层高不足 2.20m 应计算 1/2 面积。

【例 7-14】　求货台的建筑面积(图 7-15)。

【解】　$S = 4.6 \times 1.5 \times 0.5 \times 5 = 17.25 (\mathrm{m}^2)$

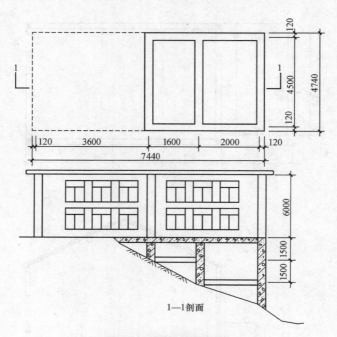

图 7-12　坡地建筑物示意图

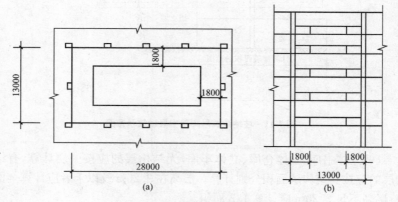

图 7-13　某实验楼平面图和剖面示意图

(a)平面图;(b)Ⅰ-Ⅰ剖面图

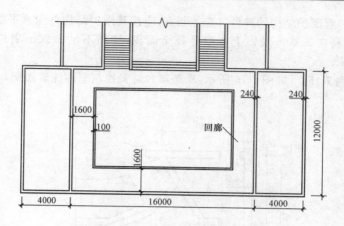

图 7-14　某建筑带回廊的二层平面示意图

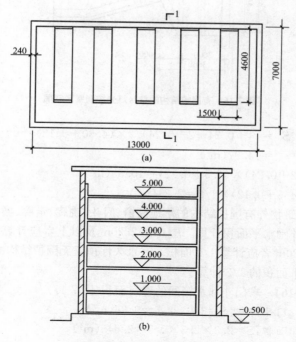

图 7-15　货台示意图

(7)有围护结构的舞台灯光控制室,应按其围护结构外围水平面积计算。层高在2.20m及以上者应计算全面积;层高不足2.20m者应计算1/2面积。

【**例7-15**】　如图7-16所示,求某舞台灯光控制室的建筑面积。

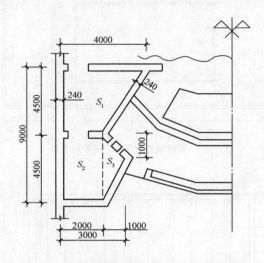

图7-16　有围护结构的舞台灯光控制室示意图

【**解**】　$S_1 = (4+0.24+2+0.24)/2 \times (4.50+0.12)$

　　　　　$= 14.97 (m^2)$

$S_2 = (2+0.24) \times (4.5+0.12) = 10.35 (m^2)$

$S_3 = (4.5+0.12) \times 1/2 = 2.31 (m^3)$

(8)建筑物外有围护结构的落地橱窗、门斗、挑廊、走廊、檐廊,应按其围护结构外围水平面积计算。层高在2.20m及以上者应计算全面积;层高不足2.20m者应计算1/2面积。有永久性顶盖无围护结构的应按其结构底板水平面积的1/2计算。

【**例7-16**】　求门斗和水箱间的建筑面积(图7-17)。

【**解**】　门斗面积:$S = 3.6 \times 2.6 = 9.36 (m^2)$

水箱间面积:$S = 2.3 \times 2.3 \times 0.5 = 2.645 (m^2)$

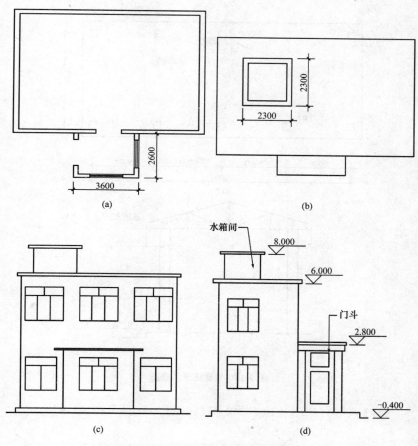

图 7-17　门斗、水箱间建筑示意图

（9）有永久性顶盖无围护结构的场馆看台应按其顶盖水平投影面积的 1/2 计算。

（10）有永久性顶盖无围护结构的车棚、货棚、站台、加油站、收费站等，应按其顶盖水平投影面积的 1/2 计算。

注：车棚、货棚、站台、加油站、收费站等，不以柱来确定建筑面积的计算，而依据顶盖的水平投影面积计算。在车棚、货棚、站台、加油站、收费站内设有维护结构的管理室、休息室等，另按相关条款计算面积。

【例 7-17】　求货棚的建筑面积（图 7-18）。

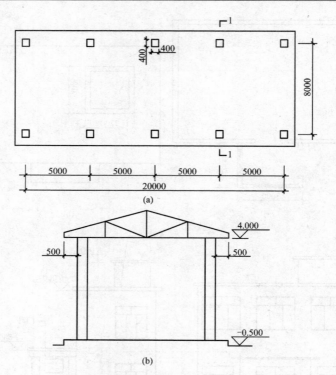

图 7-18　货棚建筑示意图

【解】　$S = (8 + 0.4 + 0.5 \times 2) \times (20 + 0.4 + 0.5 \times 2) \times 0.5$
　　　　$= 100.58(\text{m}^2)$

【例 7-18】　如图 7-19 所示,求独立柱站台的建筑面积。

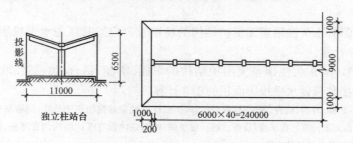

图 7-19　独立柱站台示意图

【解】　$S=(240+0.2\times2+1\times2)\times11\div2=1333.2(\mathrm{m}^2)$

【例 7-19】　求站台的建筑面积(图 7-20)。

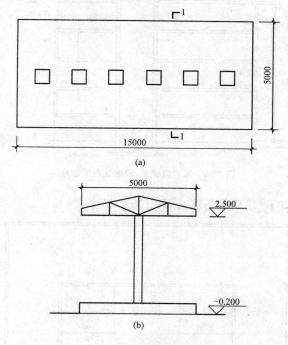

图 7-20　站台建筑示意图

【解】　$S=5\times15\times0.5=37.5(\mathrm{m}^2)$

(11)设有围护结构不垂直于水平面而超出底板外沿的建筑物,应按其底板面的外围水平面积计算。层高在 2.20m 及以上者应计算全面积;层高不足 2.20m 者应计算 1/2 面积。

(12)建筑物内的室内楼梯间、电梯井、观光电梯井、提物井、管道井、通风排气竖井、垃圾道、附墙烟囱应按建筑物的自然层计算(图 7-21)。

(13)建筑物顶部有围护结构的楼梯间、水箱间、电梯机房等,层高在 2.20m 及以上者应计算全面积;层高不足 2.20m 者应计算 1/2 面积。

(14)雨篷结构的外边线至外墙结构处边线的宽度超过 2.10m 者,应按雨篷结构板的水平投影面积的 1/2 计算。宽度在 2.10m 及以内的雨篷则不计算建筑面积。

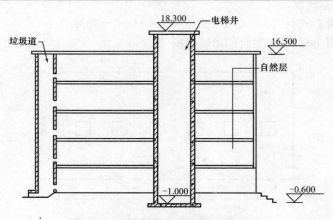

图 7-21　室内电梯井、垃圾道剖面示意图

【例 7-20】　求雨篷的建筑面积(图 7-22)。

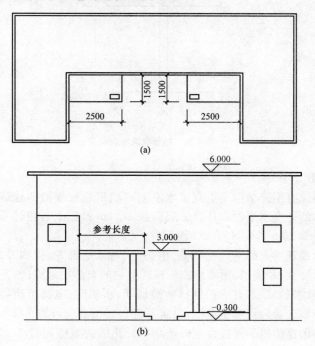

图 7-22　雨篷建筑示意图

(a)平面；(b)南立面

【解】　$S=2.5\times1.5\times0.5\times2=3.75(\mathrm{m^2})$

【例 7-21】　如图 7-23 所示,求有柱雨篷部分的建筑面积。

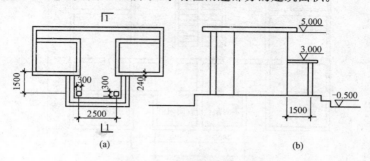

图 7-23　有柱雨篷示意图

【解】　图 7-23 中,雨篷结构外边线至外墙结构外边线的宽度没有超过 2.10m,则此雨篷不计算建筑面积。

(15)有永久性顶盖的室外楼梯,应按建筑物自然层的水平投影面积的 1/2 计算。

【例 7-22】　某三层建筑物,室外楼梯有永久性顶盖,求室外楼梯的建筑面积(图 7-24)。

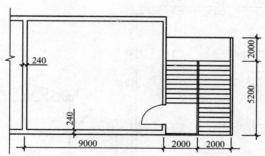

图 7-24　室外楼梯建筑示意图

【解】　$S=(4-0.12)\times7.2\times0.5\times2=27.936(\mathrm{m^2})$

(16)建筑物的阳台均应按其水平投影面积的 1/2 计算。

注:建筑物的阳台,不论是凹阳台、挑阳台、封闭阳台、不封闭阳台,均按其水平投影面积的一半计算。

【例 7-23】　求某层建筑物阳台的建筑面积(图 7-25)。

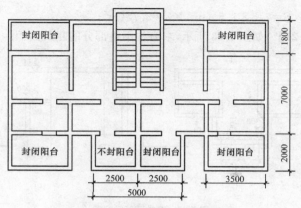

图 7-25　建筑物阳台平面示意图

【解】 $S=(3.5+0.24)\times(2-0.12)\times0.5\times2+3.5\times(1.8-0.12)$
$\times0.5\times2+(5+0.24)\times(2-0.12)\times0.5=17.84(m^2)$

(17)高低联跨建筑物,应以高跨结构外边线为界分别计算建筑面积;其高低跨内部连通时,其变形缝应计算在低跨面积内。

【例 7-24】 求高低联跨建筑物的建筑面积(图 7-26)。

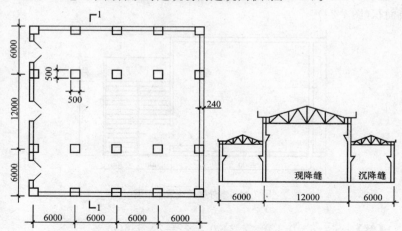

图 7-26　某单层厂房高低联跨建筑物示意图

【解】 $S=(12+0.25\times2)\times(24+0.24\times2)+(6-0.25+0.24)\times$
$(24+0.24\times2)\times2=599.27(m^2)$

（18）以幕墙作为维护结构的建筑物,应按幕墙外边线计算建筑面积。

注:围护性幕墙(图 7-27)应计算建筑面积,而装饰性幕墙(图 7-28)不应计算建筑面积。

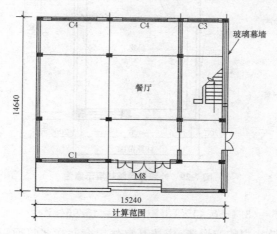

图 7-27　围护性幕墙示意图

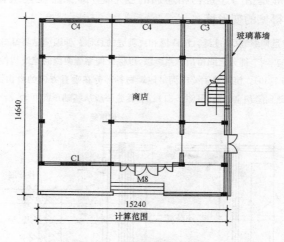

图 7-28　装饰性幕墙示意图

（19）建筑物外墙外侧有保温隔热层的,应按保温隔热层外边线计算建筑面积。

【**例 7-25**】　求外墙设有保温隔热层的建筑物的建筑面积(图 7-29)。

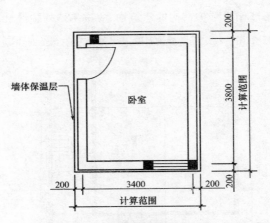

图 7-29　外墙保温隔热层示意图

【解】　$S=(3.4+0.4)\times(3.8+0.4)=15.96(\text{m}^2)$

(20)建筑物内的变形缝,应按其自然层合并在建筑面积内计算。建筑物内的变形是指与建筑物相连通的变形缝,即暴露在建筑物内,在建筑物内可以看得见的变形缝。

注:变形缝是伸缩缝(温度缝)、沉降缝和抗震缝的总称。伸缩缝是将基础以上的建筑构件全部分开,并在两个部分之间留出适当缝隙,以保证伸缩缝两侧的建筑构件能在水平方向上自由伸缩(图 7-30)。沉降缝主要应满足建筑物各部分在垂直方向的自由沉降变形,故应将建筑物从基础到屋顶全部断开(图 7-31)。抗震缝一般从基础顶面开始,沿房屋全高设置。

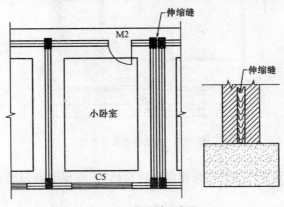

图 7-30　伸缩缝示意图

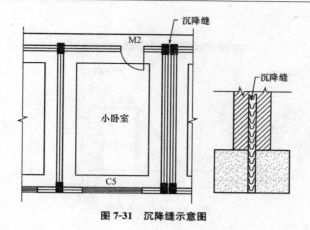

图 7-31 沉降缝示意图

二、不应计算面积的项目

（1）建筑物通道（骑楼、过街楼的底层）。

（2）建筑物内的设备管道夹层。

（3）建筑物内分隔的单层房间，舞台及后台悬挂幕布、布景的天桥、挑台等。

注：建筑物内分隔的单层房间如图 7-32 所示。

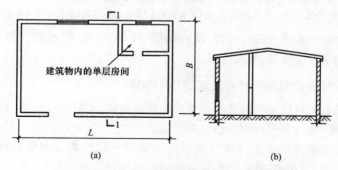

图 7-32 建筑物内分隔的单层房间示意图

（4）屋顶水箱、花架、凉棚、露台、露天游泳池。

（5）建筑物内的操作平台、上料平台、安装箱和罐体的平台。

注：建筑物内的操作平台如图 7-33 所示。

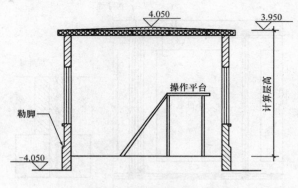

图 7-33　操作平台示意图

(6)勒脚、附墙柱、垛、台阶、墙面抹灰、装饰面、镶贴块料面层、装饰性幕墙、空调室外机搁板(箱)、飘窗、构件、配件、宽度在 2.10m 及以内的雨篷以及与建筑物内不相连通的装饰性阳台、挑廊。

(7)无永久性顶盖的架空走廊、室外楼梯和用于检修、消防等的室外钢楼梯、爬梯。

(8)自动扶梯、自动人行道。

注:自动扶梯(斜步道滚梯),除两端固定在楼层板或梁之外,扶梯本身属于设备,为此扶梯不宜计算建筑面积。水平步道(滚梯)属于安装在楼板上的设备,不应单独计算建筑面积。

(9)独立烟囱、烟道、地沟、油(水)罐、气柜、水塔、贮油(水)池、贮仓、栈桥、地下人防通道、地铁隧道。

三、计算建筑面积时应注意的几个问题

(1)首先对建筑物的轴线位置认真核对确定,尤其要注意轴线是正中还是偏中,注意各层面积是否有所不同。

(2)注意建筑面积计算规则的说法是否一致。如室内楼梯间、电梯井、提物井、垃圾道、管道井按建筑物的自然层计算建筑面积;而有永久性顶盖的室外楼梯,按自然层的水平投影面积的 1/2 计算建筑面积,二者说法不同,其计算结果也不同。

(3)要注意那些不能计算建筑面积的范围及不易明确划分的部分,如杂物台与阳台的划分,雨篷挑沿与檐廊的划分等。

第四节　脚手架工程

一、工程计算须知

1. 综合脚手架的适用范围

（1）凡按建筑面积计算规则，能计算建筑面积的建筑工程，均执行综合脚手架定额项目。

（2）综合脚手架定额项目中，综合了建筑物的基础、内外墙砌筑、浇筑混凝土、构件吊装、层高在 3.6m 以上的墙面粉饰等使用的脚手架和悬挑脚手架，以及斜道、上料平台、卷扬机架、安全网等各种因素。

2. 单项脚手架适用范围

（1）单项脚手架主要适用于不能计算建筑面积的建筑物和构筑物工程，可根据施工组织设计（或施工方案）规定的脚手架种类套相应定额。

（2）凡按建筑面积计算综合脚手架者，下面几种因素的脚手架需另按单项脚手架定额计算：室内天棚高度超过 3.6m，设计要求天棚抹面或铺钉面层所搭设的满堂脚手架，以及天棚勾缝、喷（刷）浆、油漆所用的脚手架；建筑物的室内设备基础，按施工组织设计的规定必须搭设的单项脚手架；锅炉房的烟囱，其出屋面部分所搭设的脚手架。

3. 明确建筑物的高度与层高

（1）建筑物的高度，自设计室内地面至屋面檐口顶标高。有女儿墙者，其高度也算至屋面檐口顶标高，如图 7-34 所示。

（2）建筑物的层高，如为底层或中间层，自本层设计室内地面算至上层地面标高。如为顶层，自本层设计室内地面算至屋面板顶标高。如图 7-34 所示。

（3）构筑物的高度，自设计室外地坪至顶面标高。

4. 明确搭设脚手架的材料

在根据脚手架工程量套定额项目时，单项脚手架定额中，脚手

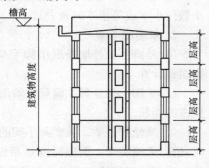

图 7-34　建筑物高度示意图

架材料不同，定额项目也不同。因此，在计算工程量时，必须根据脚手架

材料是木制的还是扣件式钢管的,分别进行计算。

5. 明确装饰工程中脚手架的规定

装饰工程定额手册中各定额项目均已包括 3.6m 的脚手架费用,超过 3.6m 再计算相应脚手架的费用。

二、脚手架工程量计算

1. 综合脚手架

综合脚手架,是指按杉木 10%、松木 60%、钢制 30% 计算的脚手架费用。

综合脚手架工程量按建筑物的建筑面积计算。高低联跨的单层建筑物,应分别计算其建筑面积并套用相应定额项目;单层与多层相连的建筑物,以相连的分界墙中心线为准分别计算;多层建筑物局部房间层高超过 6m 者,其面积按分界墙的外边线计算。

(1)对于单层建筑物高度在 6m 以内和多层建筑物层高在 6m 以内的综合脚手架费用,按建筑面积乘以相应 6m 以内基价计算。即

$$综合脚手架费用 = 6m 以内基价 × 建筑面积/100$$

(2)对于多层建筑物层高超过 6m,单层建筑物高度 6m 以上,以及单层厂房的天窗高度超过 6m(其面积超过建筑物占地面积 10%)者,按照每增高 1m 定额项目计算脚手架增加费。即

$$综合脚手架费用 = (6m 以内基价 + 每增高 1m 基价 ×$$
$$增加层数) × 建筑面积/100$$

上式中,增加层数等于建筑物高度减 6(取整数,当小数位大于 6 时进 1,小数位小于或等于 6 时舍去)。

2. 单项脚手架

(1)外脚手架外墙粉刷吊脚手架。其工程量按所服务对象的垂直投影面积计算。

(2)里脚手架。其工程量按墙面垂直投影面积计算,不扣除门窗洞口所占的面积。

(3)满堂脚手架。满堂脚手架的计算条件为室内天棚高度超过 3.6m 时,进行天棚装饰。天棚高度是指设计室内地面至天棚底面的距离。满堂脚手架的工程按室内净空水平投影面积计算,不扣除附墙垛、柱等所占的面积。

(4)挑脚手架。挑脚手架适用于采用里脚手架砌外墙时的檐口、腰线

等装饰工程。

(5)悬挑脚手架。悬挑脚手架工程量按水平投影面积以平方米为单位计算。

第五节 建筑装饰工程工程量计算

一、楼地面工程

1. 定额说明

(1)按《全国统一建筑工程基础定额》(以下简称《基础定额》)执行的项目,其定额说明如下:

1)水泥砂浆、水泥石子浆、混凝土等的配合比,如设计规定与定额不同时,可以换算。

2)整体面层、块料面层中的楼地面项目,均不包括踢脚板工料;楼梯不包括踢脚板、侧面及板底抹灰,另按相应定额项目计算。

3)踢脚板高度是按 150mm 编制的。超过时材料用量可以调整,人工、机械用量不变。

4)菱苦土地面、现浇水磨石定额项目已包括酸洗打蜡工料,其余项目均不包括酸洗打蜡。

5)扶手、栏杆、栏板适用于楼梯、走廊、回廊及其他装饰性栏杆、栏板。扶手不包括弯头制安,另按弯头单项定额计算。

6)台阶不包括牵边、侧面装饰。

7)定额中的"零星装饰"项目,适用于小便池、蹲位、池槽等。定额未列的项目,可按墙、柱面中相应项目计算。

8)木地板的硬、杉、松木板,是按毛料厚度 25mm 编制的,设计厚度与定额厚度不同时,可以换算。

9)地面伸缩缝按定额第九章相应项目及规定计算。

10)碎石、砾石灌沥青垫层按《基础定额》第十章相应项目计算。

11)钢筋混凝土垫层按混凝土垫层项目执行,其钢筋部分按《基础定额》相应项目及规定计算。

12)各种明沟平均净空断面(深×宽)均是按 190mm×260mm 计算的,断面不同时允许换算。

(2)按《全国统一装饰装修工程消耗量定额》(以下简称《消耗量定

额》)执行的项目,其定额说明如下:

1)同一铺贴上有不同种类、材质的材料,应分别执行相应定额子目。

2)扶手、栏杆、栏板适用于楼梯、走廊、回廊及其他装饰性栏杆、栏板。

3)零星项目面层适用于楼梯侧面、台阶的牵边、小便池、蹲便台、池槽在 $1m^2$ 以内且定额未列项目的工程。

4)木地板填充材料,按照《基础定额》相应子目执行。

5)大理石、花岗岩楼地面拼花按成品考虑。

6)镶贴面积小于 $0.015m^2$ 的石材执行点缀定额。

2. 工程量计算规则

(1)按《基础定额》执行项目,其工程量计算规则如下:

1)地面垫层按室内主墙间净空面积乘以设计厚度以立方米计算。应扣除凸出地面的构筑物、设备基础、室内管道、地沟等所占体积,不扣除柱、垛、间壁墙、附墙烟囱及面积在 $0.3m^2$ 以内孔洞所占体积。

2)整体面层,找平层均按主墙间净空面积以平方米计算。应扣除凸出地面构筑物、设备基础、室内管道、地沟等所占面积,不扣除柱、垛、间壁墙、附墙烟囱及面积在 $0.3m^2$ 以内的孔洞所占面积,但门洞、空圈、暖气包槽、壁龛的开口部分亦不增加。

3)块料面层,按图示尺寸实铺面积以平方米计算,门洞、空圈、暖气包槽和壁龛的开口部分的工程量并入相应的面层内计算。

4)楼梯面层(包括踏步、平台以及小于 500mm 宽的楼梯井)按水平投影面积计算。

5)台阶面层(包括踏步及最上一层踏步沿 300mm)按水平投影面积计算。

6)其他。

①踢脚板按延长米计算,洞口、空圈长度不予扣除,洞口、空圈、垛、附墙烟囱等侧壁长度亦不增加。

②散水、防滑坡道按图示尺寸按平方米计算。

③栏杆、扶手包括弯头长度按延长米计算。

④防滑条按楼梯踏步两端距离减 300mm 按延长米计算。

⑤明沟按图示尺寸按延长米计算。

(2)按《消耗量定额》执行的项目。

1)楼地面装饰面积按饰面的净面积计算,不扣除 $0.1m^2$ 以内的孔洞所占面积;拼花部分按实贴面积计算。

2)楼梯面积(包括踏步、休息平台以及小于50mm宽的楼梯井)按水平投影面积计算。

3)台阶面层(包括踏步以及上一层踏步沿300mm)按水平投影面积计算。

4)踢脚线按实贴长乘高以平方米计算,成品踢脚线按实贴延长米计算;楼梯踢脚线按相应定额乘以1.15系数。

5)点缀按个计算,计算主体铺贴地面面积时,不扣除定额所占面积。

6)零星项目按实铺面积计算。

3. 楼地面工程工程量计算实例

【例7-26】 图7-35所示某建筑物,在室内做10cm厚的灰土垫层(室内外墙体均厚240mm),如图7-36所示,求其工程量。

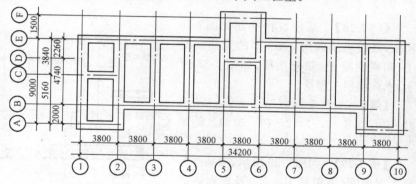

图7-35 某建筑平面示意图

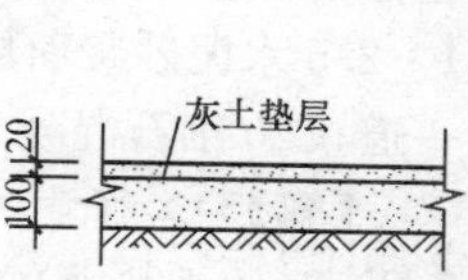

【解】 工程量=[(3.8−0.24)×(5.16−0.24)+(3.84−0.24)×(3.8−0.24)+(4.74+2.26−0.24)×(3.8−0.24)×6+(9−0.24)×(3.8−0.24)+(3.8−0.24)×(2.26+1.5−0.24)+(3.8−0.24)×(4.74−0.24)]×0.1=23.45(m³)

图7-36 垫层剖面

【例7-27】 如图7-37所示,求毛石灌浆垫层工程量(做毛石灌M2.5混合砂浆,厚180mm,素土夯实)。

【解】 工程量=(9.50−0.12×2)×(3.8×3−0.12×2)×0.18
　　　　　=18.60(m³)

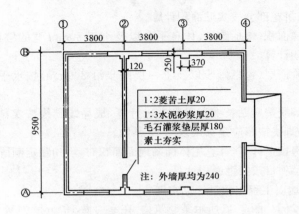

图 7-37　某工具室平面示意图

【例 7-28】　某建筑物平面如图 7-35
所示,其砖墙基础用 10cm 厚的无筋混凝
土(即素混凝土)基础垫层,如图 7-38 所
示,求此垫层工程量。

【解】　工程量=[(34.2+9+1.5+
2)×2+(3.8-0.8)×2+(7-0.8)×8]×
0.8×0.1=11.92(m³)

【例 7-29】　如图 7-39 所示,求某办公
楼二层房间(不包括卫生间)及走廊地面
整体面工程量(做法:内外墙均厚 240mm,
1:2.5 水泥砂浆面层厚 25mm,素水泥浆

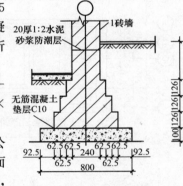

图 7-38　基础剖面示意图

一道;C20 细石混凝土找平层厚 30mm;水泥砂浆踢脚线高 150mm)。

【解】　工程量=(3.2-0.12×2)×(5.8-0.12×2)×2+(5+3.2+
5+3.2-0.12×8)×(4-0.12×2)+(5+3.2+3.2+3.5+5+3.2-
0.12×2)×(1.8-0.12×2)=126.63(m²)

【例 7-30】　如图 7-39 所示,求某办公楼二层房间(不包括卫生间)及
走廊水泥砂浆踢脚线工程量(做法:水泥砂浆踢脚线,踢脚线高 100mm)。

【解】　工程量=(3.2-0.12×2+5.8-0.12×2)×4+(5.0-0.12×2+4.0
-0.12×2)×4+(3.2-0.12×2+4.0-0.12×2)×4+(5.0+3.2+3.2+3.5+
5.0+3.2-0.12×2+1.8-0.12×2)×2-(3.5-0.12×2)=140.62(m)

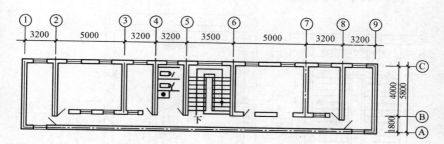

图 7-39 某办公楼二层平面

【例 7-31】 如图 7-40 所示,试计算房间地面镶贴大理石面层的工程量。已知暖气包槽尺寸为 1200mm×120mm×600mm,共计 4 个;门尺寸为 1200mm×2700mm,与墙外边线齐平。

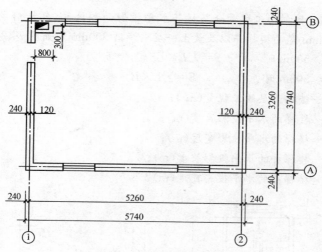

图 7-40 某建筑物建筑平面图

【解】 工程量=地面面积-附墙烟囱占地面积+暖气包槽开口部分面积+门开口部分面积

$$= (5.74 - 0.24 \times 2) \times (3.74 - 0.24 \times 2) - 0.8 \times 0.3 + 1.2 \times 0.12 \times 4 + 1.2 \times 0.36$$

$$= 17.92 (\text{m}^2)$$

【**例 7-32**】　试计算图 7-41 所示楼梯贴预制水磨石面层的工程量。

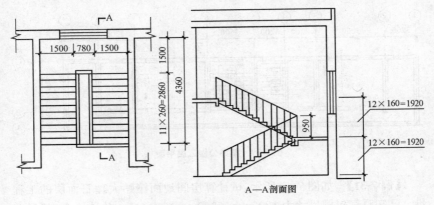

A—A剖面图

图 7-41　某建筑物楼梯示意图

【**解**】　楼梯面工程量分层按其水平投影面积计算（包括踏步、平台、小于 500mm 宽的楼梯井以及最上一层踏步沿 300mm），如图 7-42 所示。

当 $b > 500$m 时　　　　$S = \sum L \times B - \sum l \times b$

当 $b \leqslant 500$m 时　　　　$S = \sum L \times B$

式中　S—楼梯面层的工程量（m²）；

　　　L—楼梯的水平投影长度（m）；

　　　B—楼梯的水平投影宽度（m）；

　　　l—楼梯井的水平投影长度（m）；

　　　b—楼梯井的水平投影宽度（m）。

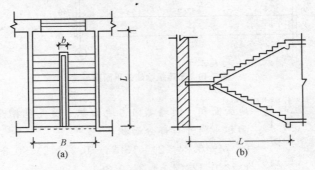

(a)　　　　　　　　　　　　　　　(b)

图 7-42　楼梯示意图

工程量＝(1.5×2＋0.78)×4.36－0.78×2.86＝14.25(m²)

【例 7-33】　某防滑坡道如图 7-43 所示,试计算其工程量。

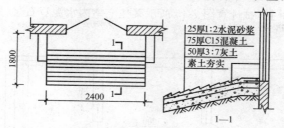

图 7-43　防滑坡道

【解】　工程量＝1.8×2.4＝4.32(m²)

【例 7-34】　某台阶如图 7-44 所示,试计算贴预制水磨石面层工程量。

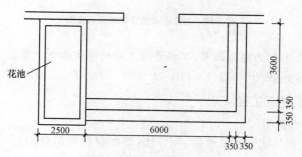

图 7-44　台阶示意图

【解】　台阶贴预制水磨石面层工程量＝(6.0＋0.35×2)×0.35×3＋(3.6－0.35)×0.35×3＝10.45(m²)

平台贴预制水磨石面层工程量＝(6.0－0.35)×(3.6－0.35)
$$=18.36(m²)$$

【例 7-35】　试计算图 7-41 所示楼梯栏杆扶手的工程量。

栏杆、栏板、扶手工程量均按图示尺寸长度(包括弯头长度),按延长米计算,但弯头按个数另计算工程量。

【解】　(1)楼梯栏杆扶手的工程量

$L=2.86×2×1.15＋0.78×2＋1.5＝9.638(m)$

(2)弯头的工程量

$N=3$(个)

【例7-36】　试计算图7-45所示某住宅室内水泥豆石浆(厚20mm)地面的工程量。

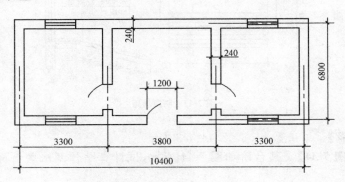

图7-45　某住宅水泥豆浆地面示意图

【解】　本例为整体面层,工程量按主墙间净空面积计算。

工程量$=(6.8-0.24)×(10.4-0.24×3)=63.5(\text{m}^2)$

二、墙、柱面工程

1. 定额说明

(1)定额凡注明砂浆种类、配合比、饰面材料及型材的型号规格与设计不同时,可按设计规定调整,但人工、机械消耗量不变。

(2)内墙抹石灰砂浆分抹二遍、三遍、四遍,其标明如下:

二遍:一遍底层、一遍面层;

三遍:一遍底层、一遍中层、一遍面层;

四遍:一遍底面、一遍中层、二遍面层。

(3)抹灰等级与抹灰遍数、厚度、工序、外观质量的对应关系,见表7-1。

表7-1　　　　　　　　　　　　　　抹灰质量标准

名　称	普通抹灰	中级抹灰	高级抹灰
遍　数	二　遍	三　遍	四　遍
厚度(不大于)	18mm	20mm	25mm

续表

名　称	普通抹灰	中级抹灰	高级抹灰
工序	分层赶平、修整表面压光	阳角找方、设置标筋，分层赶平、修整，表面压光	阴阳角找方、设置标筋，分层赶平、修整，表面压光
外观质量	表面光滑、洁净、接槎平整	表面光滑、洁净，接槎平整，灰线清晰顺直	表面光滑、洁净，颜色均匀，无抹纹，灰线平直方正、清晰美观

（4）抹灰砂浆厚度，如设计与定额取定不同时，除定额有注明厚度的项目可以换算外，其他一律不作调整，见表 7-2。

表 7-2　　　　　　　　　抹灰砂浆定额厚度取定表

定额编号	项　目		砂　浆	厚度/m
2-001	水刷豆石浆	砖、混合凝土墙面	水泥砂浆 1∶3	12
			水泥豆石浆 1∶1.25	12
2-002		毛石端面	水泥砂浆 1∶3	18
			水泥豆石浆 1∶1.25	12
2-005	水刷白石子	砖、混凝土墙面	水泥砂浆 1∶3	12
			水泥豆石浆 1∶1.25	10
2-006		毛石墙面	水泥砂浆 1∶3	20
			水泥豆石浆 1∶1.25	10
2-009	水刷玻璃碴	砖、混凝土墙面	水泥砂浆 1∶3	12
			水泥玻璃碴浆 1∶1.25	12
2-010		毛石墙面	水泥砂浆 1∶3	18
			水泥玻璃碴浆 1∶1.25	12
2-013	干粘白石子	砖、混凝土墙面	水泥砂浆 1∶3	18
2-014		毛石墙面	水泥砂浆 1∶3	30
2-017		砖、混凝土墙面	水泥砂浆 1∶3	18
2-018		毛石墙面	水泥砂浆 1∶3	30

(续)

定额编号	项 目		砂 浆	厚度/m
2-021	斩假石	砖、混凝土墙面	水泥砂浆 1:3	12
			水泥白石子浆 1:1.5	10
2-022		毛石墙面	水泥砂浆 1:3	18
			水泥白石子浆 1:1.5	10
2-025	墙、柱面拉条	砖墙面	混合砂浆 1:0.5:2	14
			混合砂浆 1:0.5:1	10
2-026		墙、柱面拉条	水泥砂浆 1:3	14
			混合砂浆 1:0.5:1	10
2-027	墙、柱面甩毛	砖墙面	混合砂浆 1:1:6	12
			混合砂浆 1:1:4	6
2-028		混凝土墙面	水泥砂浆 1:3	10
			水泥砂浆 1:2.5	6

注:1. 每增减一遍水泥浆或 108 胶素水泥浆,每平方米增减人工 0.01 工日,素水泥浆或 108 胶素水泥 0.0012m³。

2. 每增减 1mm 厚砂浆,每平方米增减砂浆 0.0012m³。

(5)抹灰、块料砂浆结合层(灌缝)厚度,如设计与定额取定不同,除定额项目中注明厚度可以按相应项目调整外,未注明厚度的项目均不作调整。

(6)圆弧形、锯齿形等不规则墙面抹灰,镶贴块料按相应项目人工乘以系数 1.15,材料乘以系数 1.05。

(7)离缝镶贴面砖定额子目,面砖消耗量分别按缝宽 5mm、10mm 和 20mm 考虑,如灰缝不同或灰缝超过 20mm 以上者,其块料及灰缝材料(水泥砂浆 1:1)用量允许调整,其他不变。

(8)外墙贴块料分灰缝 10cm 以内和 20cm 以内的项目,其人工材料已综合考虑;如灰缝超过 20mm 以上,其块料、灰缝材料用量允许调整,但人工、机械数量不变。

(9)隔墙(间壁)、隔断、墙面、墙裙等所用的木龙骨与设计图纸规格不同时,可进行换算(木龙骨均以毛料计算)。

(10)在饰面、隔墙(间壁)、隔断定额内,凡未包括在压条、下部收边、装饰线(板)的,如设计要求者,可按"其他工程"相应定额套用。

(11)饰面、隔墙(间壁)、隔断定额内木基层均未含防火油漆,如设计要求者,应按相关定额套用。

(12)幕墙、隔墙(间壁)、隔断所用的轻钢、铝合金龙骨,如设计要求与定额用量不同,允许调整,但人工、机械不变。

(13)块料镶贴和装饰抹灰工程的"零星项目"适用于挑檐、天沟、腰线、窗台线、门窗套、压顶、栏板、栏杆、扶手、遮阳板、池槽、阳台雨篷周边等。

(14)木龙骨基层是按双向计算的,如设计为单向时,材料、人工用量乘以系数 0.55。

(15)定额木材种类除注明者外,均以一、二类木种为准,如采用三、四类木种时,人工及机械乘以系数 1.3。

(16)玻璃幕墙设计有平开、推拉窗者,仍执行幕墙定额,窗型材、窗五金相应增加,其他不变。

(17)玻璃幕墙中的玻璃按成品玻璃考虑,幕墙中的避雷装置、防火隔离层定额已综合,但幕墙的封边、封顶的费用另行计算。

(18)一般抹灰工程的"零星项目"适用于各种壁柜、过人洞、暖气窝、池槽、花台以及 1m² 以内的其他各种零星抹灰。抹灰工程的装饰线条适应于门窗套、挑檐、腰线、压顶、遮阳板、楼梯边梁、宣传栏边框等项目的抹灰,以及突出墙面或灰面且展开宽度在 300mm 以内的竖横线条抹灰。

2. 工程量计算规则

(1)内墙面抹灰。

1)内墙面、墙裙抹面面积应扣除门窗洞口和 0.3m² 以上的空圈所占的面积,且门窗洞口、空圈、孔洞的侧壁面积亦不增加,不扣除踢脚线、挂镜线及 0.3m² 以内的孔洞和墙与构件交接处的面积。附墙柱的侧面抹灰应并入墙面、墙裙抹灰工程量内计算。墙面、墙裙的长度以主墙间的图示净长计算,墙面高度按室内地坪至天棚底面净高计算,墙裙抹灰高度按室内地坪上的图示高度计算。墙面抹灰面积应扣除墙裙抹灰面积。

2)钉板天棚(不包括灰板条天棚)的内墙抹灰的高度自楼地面至天棚底面另加 200mm 计算。

3)砖墙中的钢筋混凝土梁、柱侧面抹灰按定额计算。

(2)外墙面抹灰。

1)外墙面装饰抹灰面积,按垂直投影面积计算,扣除门窗洞口和 0.3m² 以上的孔洞所占的面积,门窗洞口及孔洞侧壁面积亦不增加。附墙柱侧面抹灰面积并入外墙抹灰面积工程量内。

2)外墙裙抹灰按展开面积计算,扣除门窗洞口和孔洞所占的面积,但门窗洞口及孔洞的侧壁面积亦不增加。

(3)独立柱。

1)柱抹灰、镶贴块料面积按结构断面周长乘高度计算。

2)其他柱饰面面积按外围面尺寸乘以高度计算。

(4)"零星项目"抹灰或镶贴块料面层,均按设计图示尺寸展开面积计算。其中,栏板、栏杆(包括立柱、扶手或压顶下坎)按外立面垂直投影面积(扣除大于 0.3m² 装饰孔洞所占的面积)乘以系数 2.20;砂浆种类不同时,应分别按展开面积计算。

(5)女儿墙(包括泛水、挑砖)、阳台栏板(不扣除花格所占孔洞面积)内侧抹灰按垂直投影面积乘以系数 1.10,带压顶者乘以系数 1.30 按墙面定额执行。

(6)墙面贴块料面层按实贴面积计算。

(7)墙裙贴块料面层,其高度按 1500mm 以内综合,超过者按墙面定额执行,高度在 300mm 以内者按楼地面工程中的踢脚板定额执行。

(8)木隔墙、墙裙、护壁板均按墙的净长乘以净高计算,扣除门窗及 0.3m² 以上的孔洞面积。

(9)挂贴大理石、花岗石中其他零星项目的花岗岩、大理石是按成品考虑的,花岗岩、大理石柱墩、柱帽按最大外径周长计算。

(10)除定额已列有柱帽、柱墩的项目外,其他项目的柱帽、柱墩工程量按设计图示尺寸以展开面积计算,并入相应面积内,每个柱帽或柱墩另增人工:抹灰 0.25 工日,块料 0.38 工日,饰面 0.5 工日。

(11)隔断按墙的净长乘以净高计算,扣除门窗洞口及 0.3m² 以上的孔洞所占面积。

(12)全玻隔断的不锈钢边框工程量按边框展开面积计算。

(13)全玻隔断、全玻幕墙如有加强肋者,工程量按其展开面积计算;玻璃幕墙、铝板幕墙以框外围面积计算。

(14)装饰抹灰分格、嵌缝按装饰抹灰面积计算。

(15)隔墙立楞(龙骨)所需的垫木、木砖及预留门窗洞口加楞均已包括在定额内。

(16)上部为玻璃隔墙、下部为砖墙或其他隔墙,应分别计算工程量,分别套用定额。对玻璃隔墙,其高度自上横档顶面至下横档底面,宽度按两边立挺外边以面积计算。

(17)厕浴木隔断的高度自下横档底面标高至上横档顶面,以面积计算,门扇面积并入隔断面积内计算。

(18)铝合金隔墙、幕墙均以框外围面积计算。

(19)一般抹灰工程中装饰线条按延长米计算。其中,楼梯侧边有边梁者其抹灰长度乘以系数 2.1 计算。门窗套、挑檐、遮阳板等展开宽度超过 300mm 者,其抹灰长度乘以系数 1.8 计算,展开宽度在 300mm 以内者,不论多宽均不调整。

3. 墙柱面工程工程量计算实例

【例 7-37】　如图 7-46 所示,某房屋外墙为混凝土墙面,设计为水刷白石子(12mm 厚水泥砂浆 1:3),已知门洞口尺寸为 2700mm×1500mm,窗洞口尺寸为 1500mm×1900mm,外墙宽度为 3900mm,试计算其工程量。

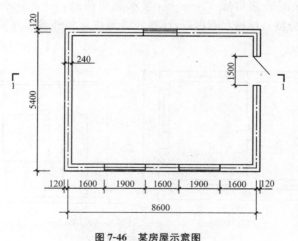

图 7-46　某房屋示意图

【解】　工程量=(8.6+0.12×2+5.4+0.12×2)×2×3.9-1.5×
　　　　　　1.9×3-2.7×1.5=100.34(m²)

【例 7-38】　某卫生间的一侧墙面如图 7-47 所示,墙面贴 2.5m 高的白色瓷砖,窗侧壁贴瓷砖宽100mm,试计算贴瓷砖的工程量。

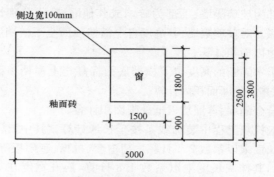

图 7-47 某住宅卫生间墙面示意图

【**解**】 工程量=5.0×2.5-1.5×(2.5-0.9)+[(2.5-0.9)×2+1.5]×0.10=10.57(m²)

【**例 7-39**】 如图7-48所示,某工程外墙面抹水泥砂浆,底层为1:3水泥砂浆打底14mm厚,面层为1:2水泥砂浆抹面6mm厚;外墙裙水刷石,1:3水泥砂浆打底12mm厚,素水泥浆两遍,1:2.5水泥白石子10mm厚(分格),挑檐水刷白石,计算外墙面抹灰和外墙裙及挑檐装饰抹灰工程量。

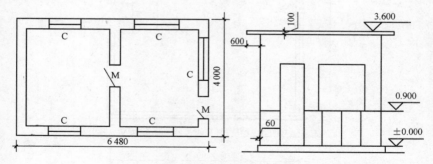

M:1000mm×2500mm;C:1200mm×1500mm

图 7-48 某工程示意图

【**解**】 (1)墙面一般抹灰工程量。

外墙面抹灰工程量=外墙面长度×墙面高度-门窗等面积+垛梁柱
的侧面抹灰面积

外墙面水泥砂浆工程量＝(6.48＋4.00)×2×(3.6－0.10－0.90)－1.0×(2.50－0.90)－1.20×1.50×5＝43.90(m²)

(2)墙面装饰抹灰工程量。

墙面装饰抹灰工程量＝外墙长度×抹灰高度－门窗等面积＋垛梁柱的侧面抹灰面积。

外墙裙水刷白石子工程量＝[(6.48＋4.00)×2－1.00]×0.90
＝17.96(m²)

(3)零星项目装饰抹灰工程量。

零星项目装饰抹灰工程量＝按设计图示尺寸展开面积计算

挑檐水刷石工程＝[(6.48＋4.00)×2＋0.60×8]×0.10＝2.58(m²)

【例 7-40】 试计算如图 7-49 所示墙面装饰工程量。

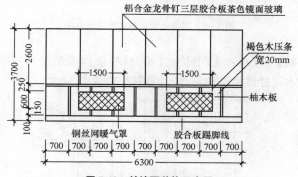

图 7-49 某墙面装饰示意图

【解】 (1)铝合金龙骨工程量:6.3×3.7－1.5×0.6×2＝21.51(m²)

(2)龙骨上钉三层胶合板基层工程量:6.3×2.6＝16.38(m²)

(3)镶贴茶色镜面玻璃工程量同(2),即 16.38m²

(4)贴柚木板墙裙工程量:6.30×(0.15＋0.60＋0.25)－1.50×0.60×2＝4.5(m²)

(5)铜丝网暖气罩工程量:1.50×0.60×2＝1.8(m²)

(6)木压条工程量:6.3＋(0.15＋0.60＋0.25)×8＝14.3(m)

(7)踢脚板工程量:6.3(m)

【例 7-41】 求图 7-50 所示便池墙裙镶贴瓷砖面层工程量(长 3.84m)。

【解】 工程量＝[0.78×2＋(3.84－0.24)]×1.5＝7.74(m²)

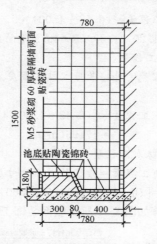

图 7-50　某便池镶贴瓷砖面层示意图

【例 7-42】　某单位大门砖柱 4 根,砖柱块料面层设计尺寸如图 7-51 所示,面层水泥砂浆贴玻璃锦砖,计算其工程量。

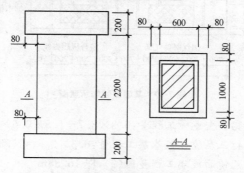

图 7-51　某大门砖柱块料面层尺寸

【解】　(1)块料柱面工程量。

柱面贴块料工程量＝柱设计图示外围周长×装饰高度

柱面工程量＝(0.6＋1.0)×2×2.2×4＝28.16(m²)

(2)块料零星项目工程量。

压顶及柱脚工程量＝[(0.76＋1.16)×2×0.2＋(0.68＋1.08)×2× 0.08]×2×4＝8.40(m²)

【例 7-43】　如图 7-52 所示,龙骨截面为 40mm×35mm,间距为 500mm×1000mm 的玻璃木隔断,木压条镶嵌花玻璃,门洞口尺寸为 900mm×2000mm,安装艺术门扇;钢筋混凝土柱面钉木龙骨,中密度板基层,三合板面层,刷调和漆三遍,装饰后断面为 400mm×400mm,试计算其工程量。

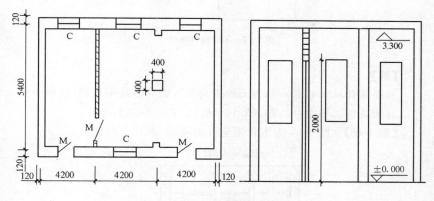

图 7-52　某龙骨截面

【解】　(1)隔断工程量。

木间壁、隔断工程量＝图示长度×高度－门窗洞口面积

间壁工程量＝(5.40－0.24)×3.3－0.9×2.0＝15.23(m²)

(2)柱面装饰工程量。

柱面装饰工程量＝柱饰面外围周长×装饰高度＋柱帽、柱墩面积

柱面工程量＝0.40×4×3.3＝5.28(m²)

【例 7-44】　某墙面,三合板基层,塑料板墙面 500mm×1000mm,共 16 块。胶合板墙裙长 13m,净高 0.9m,木龙骨(成品)40mm×30mm,间距 400mm,中密度板基层,面层贴无花榉木夹板,试计算其工程量。

【解】

装饰墙面工程量＝设计图示墙净长度×净高度－门窗洞口面积

塑料板墙面工程量＝0.50×1.00×16＝8.00(m²)

胶合板墙裙面层工程量＝13×0.9＝11.70(m²)

【例 7-45】　木龙骨,五合板基层,不锈钢柱面,其尺寸如图 7-53 所示,共 4 根,龙骨断面 30mm×40mm,间距 250mm,计算其工程量。

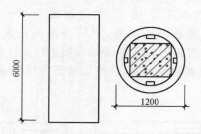

图 7-53　不锈钢柱面尺寸

【解】

柱面装饰板工程量＝柱饰面外围周长×装饰高度＋柱帽、柱墩面积

柱面装饰工程量＝1.20×3.14×6.00×4＝90.43(㎡)

【例 7-46】　图 7-54 为木骨架全玻璃隔墙,求其工程量。

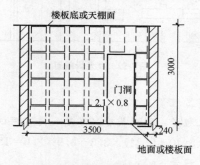

图 7-54　木骨架全玻璃隔墙示意图

【解】　工程量＝间隔间面积—门洞面积＝3.5×3—2.1×0.8＝8.82(㎡)

三、天棚工程

1. 定额说明

(1)定额除部分项目为龙骨、基层、面层合并列项外,其余均为天棚龙骨、基层、面层分别列项编制。

(2)定额对龙骨已列有几种常用材料组合的项目,如实际采用不同时,可以换算。木质龙骨损耗率为 6%,轻钢龙骨损耗率为 6%,铝合金龙骨损耗率为 7%。

(3)定额中除注明了规格、尺寸的材料在实际使用不同时可以换算外,其他材料均不予换算。在木龙骨天棚中,大龙骨规格为 50mm×

70mm,中、小龙骨规格为 50mm×50mm,吊木筋为 50mm×50mm,实际使用不同时,允许换算。

(4)定额龙骨的种类、间距、规格和基层、面层材料的型号、规格是按常用材料和常用做法考虑的,如设计要求不同时,材料可以调整,但人工、机械不变。

(5)天棚面层在同一标高者为平面天棚,天棚面层不在同一标高者为跌级天棚(跌级天棚其面层人工乘系数 1.1)。

(6)轻钢龙骨、铝合金龙骨在定额中为双层结构(即中小龙骨紧贴大龙骨底面吊挂),如使用单层结构(大中龙骨底面在同一水平上),材料用量应扣除定额中小龙骨及相应配件数量,人工乘以系数 0.85。

(7)天棚抹石灰砂浆的平均总厚度:板条、现浇混凝土为 15mm;预制混凝土为 18mm;金属网为 20mm。

(8)木质骨架及面层的防火处理套油漆、涂料部分相应项目。

(9)定额中平面天棚和跌级天棚指一般直线型天棚,不包括灯光槽的制作安装。灯光槽制作安装应按定额相应子目执行。艺术造型天棚项目中包括灯光槽的制作安装。

(10)龙骨架、基层、面层的防火处理,应按本定额相应子目执行。

(11)天棚检查孔的工料已包括在定额项目内,不另计算。

2. 工程量计算规则

(1)吊顶天棚。

1)各种吊顶天棚龙骨主墙间净空面积计算,不扣除间壁墙、检查洞、附墙烟囱、柱、垛和管道所占面积。

2)天棚基层按展开面积计算。

3)天棚中的折线、迭落等圆弧、拱形、高低级带灯槽或艺术形式天棚,按展开面积计算。

4)天棚抹灰带有装饰线者,分别按三道线或五道线以内按延长米计算。线角的道数以每一个突出的棱角为一道线。

5)天棚装饰面层,按主墙间实钉(胶)面积以平方米计算,不扣除间壁墙、检查洞、附墙烟囱、垛和管道所占面积,但应扣除 0.3m² 以上的孔洞、独立柱、灯槽及与天棚相连的窗帘盒所占的面积。

6)板式楼梯底面的装饰工程量按水平投影面积乘以 1.15 系数计算,梁式楼梯底面按展开面积计算。

7)灯光槽按延长米计算。

8)保温层按实铺面积计算。

9)网架按水平投影面积计算。

10)嵌缝按延长米计算。

(2)各种龙骨墙、柱面。

1)墙面、墙裙工程量计算方法同块料镶贴面层。分别按龙骨类型选套龙骨基层的相应定额项目和按面层材料的不同选套面层的相应定额项目。

2)独立柱。柱面装饰工程量按柱外围饰面尺寸乘以柱的高度以面积计算。分别选套龙骨基层和面层的相应定额项目。

(3)铝合金玻璃幕墙、隔墙、装饰隔断工程量均按四周框外围面积计算。但如幕墙或隔断上设计有平开窗、推拉窗者,应扣除其面积,按门窗工程另列项目计算。

(4)面层、隔墙(间壁)、隔断定额内,除注明者外,均未包括压条、收边、装饰线(板)。

3. 天棚工程工程量计算实例

【例 7-47】　试计算如图 7-55 所示小型住宅方木天棚龙骨工程量(墙厚 240mm)。

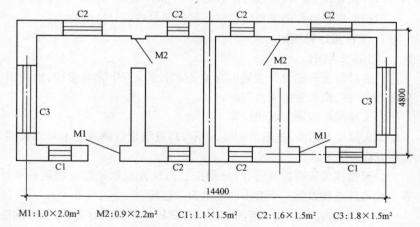

M1:1.0×2.0m²　　M2:0.9×2.2m²　　C1:1.1×1.5m²　　C2:1.6×1.5m²　　C3:1.8×1.5m²

图 7-55　某小型住宅示意图

【解】　各种吊顶天棚龙骨按主墙间净空面积计算,不扣除间壁墙、检查口、附墙烟囱、柱、垛和管道所占面积。但天棚中的折线、迭落等圆弧形,高低吊灯槽等面积也不展开计算。

$$S=L\times W$$

式中　　S——天棚龙骨工程量(m^2);

　　　　L——天棚主墙间净长度(m);

　　　　W——天棚主墙间净高(m)。

则 $S=(14.4-0.24\times4)\times(4.8-0.24)=61.29(m^2)$

【例7-48】　试计算例7-47中木龙骨上安塑料板面层的工程量。

【解】　天棚装饰面积,按主墙间实铺面积以面积计算。不扣除间壁墙、检查口、附墙烟囱、附墙垛和管道所占面积;应扣除独立柱及与天棚相连的窗帘盒所占的面积。计算公式如下:

$$S=L\times W-S_R$$

式中　　S——天棚面层装饰工程量(m^2);

　　　　L——天棚主墙间净长度(m);

　　　　W——天棚主墙间净宽(m);

　　　　S_R——应扣除面积,包括独立柱,以及与天棚相连的窗帘盒所占面积(m^2)。

则 $S=(14.4-0.24\times4)\times(4.8-0.24)=61.29(m^2)$

【例7-49】　试计算图7-56所示天棚吊顶工程量。

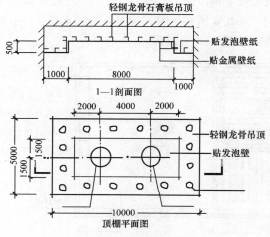

图 7-56　某天棚吊顶工程

【解】　天棚吊顶工程量＝主墙间净长度×主墙间净宽度－独立柱及相连窗帘盒等所占面积

天棚吊顶工程量＝10×5＝50(m²)

【例7-50】　某三级天棚尺寸如图7-57所示,钢筋混凝土板下吊双层楞木,面层为塑料板,计算天棚吊顶工程量。

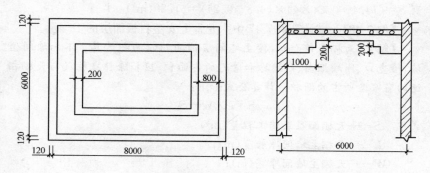

图7-57　三级天棚尺寸

【解】　天棚吊顶工程量＝主墙间净长度×主墙间净宽度－独立柱及相连窗帘盒等所占面积

天棚吊顶工程量＝(8.0－0.24)×(6.0－0.24)＝44.70(m²)

【例7-51】　若某宾馆有如图7-58所示标准客房20间,试计算天棚工程量。天棚构造见图7-58中说明。

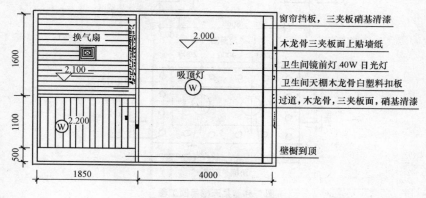

图7-58　某宾馆标准客房吊顶

【解】　由于客房各部位天棚做法不同，应分别计算。

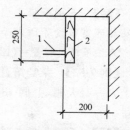

图 7-59　标准客房窗帘盒断面
1—天棚；2—窗帘盒

(1)房间天棚工程量。根据计算规则，龙骨及面层工程量均按主墙间净面积计算，与天棚相连的窗帘盒(图 7-59)面积应扣除。天棚面贴墙纸工程量按相应天棚面层计算。故本例的木龙骨、三夹板面及裱糊墙纸的工程量为：

$$木龙骨工程量 = (4-0.12) \times 3.2 \times 20$$
$$= 248.32(m^2)$$

$$三夹板面及裱糊墙纸工程量 = (4-0.2-0.12) \times 3.2 \times 20$$
$$= 235.52(m^2)$$

(2)走道天棚工程量。过道天棚构造与房间类似，壁橱到顶部分不做天棚，胶合板硝基清漆工程量按三夹板面积计算。则木龙骨、三夹板、硝基漆工程量为：

$$走道天棚工程量 = (1.85-0.12) \times (1.1-0.12) \times 20 = 33.91(m^2)$$

(3)卫生间天棚工程量。卫生间用木龙骨白塑料扣板吊顶，其工程量仍按实做面积计算，即：

$$卫生间天棚工程量 = (1.6-0.12) \times (1.85-0.12) \times 20 = 51.21(m^2)$$

【例 7-52】　预制钢筋混凝土板底吊不上人型装配式 U 型轻钢龙骨，间距 $450mm \times 450mm$，龙骨上铺钉中密度板，面层粘贴 6mm 厚铝塑板，尺寸如图 7-60 所示，计算天棚吊顶工程量。

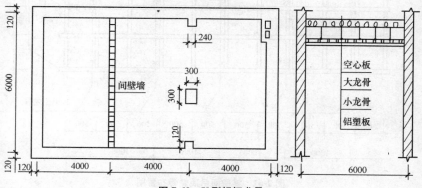

图 7-60　U 型轻钢龙骨

【解】 天棚吊顶工程量=主墙间的净长度×主墙间的净宽度-独立柱及相连窗帘盒等所占面积

天棚吊顶工程量=(12-0.24)×(6-0.24)-0.30×0.30=67.65(m²)

【例 7-53】 某宾馆卫生间吊 T 型铝合金龙骨,双层(300mm×300mm)不上人一级天棚,上搁 18mm 厚矿棉板,每间 6m²,共 35 间,计算天棚工程量。

【解】 天棚吊顶工程量=主墙间的净长度×主墙间的净宽度-独立柱及相连窗帘盒等所占面积

天棚吊顶工程量=6×35=210.00(m²)

【例 7-54】 某房间开间 3.6m,进深 5.4m,采用 U 型轻钢吊顶龙骨骨架,500mm×500mm×9mm 浮雕石膏板天棚面,其布置形式如图 7-61 所示,试确定龙骨骨架材料用量。

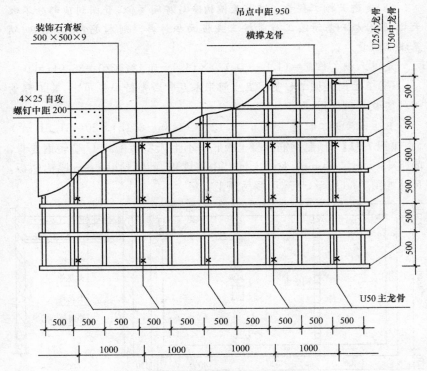

图 7-61　某房间吊顶龙骨布置图

【解】　根据图 7-61 的布置：

U50 主龙骨用量：$L_{龙骨大}=5\times3.36\times(1+6\%)=17.81(m)$

U50 中龙骨用量：$L_{龙骨中}=3\times5.16\times(1+6\%)=16.41(m)$

U25 小龙骨用量：$L_{龙骨小}=4\times5.16\times(1+6\%)=21.88(m)$

U50 横撑龙骨用量：$L_{龙骨中横}=4\times3.36\times(1+6\%)=14.25(m)$

U25 横撑龙骨用量：$L_{龙骨小横}=5\times3.36\times(1+6\%)=17.81(m)$

龙骨配件用量：

吊件：$n_{吊}=4\times5=20(个)$

U50 挂件：$n_{挂1}=5\times3=15(个)$

U25 挂件：$n_{挂2}=5\times4=20(个)$

U50 支托：$n_{支1}=7\times4\times2=56(个)$

U25 支托：$n_{支2}=7\times5\times2=70(个)$

主龙骨按设计下料，没有接头，故无须连接件。U50 中龙骨和 U25 小龙骨每根考虑一个接头，故 U50 接插件为 3 个，U25 接插件为 4 个。

四、门窗工程

1. 定额说明

(1)定额中的铝合金窗、塑料窗、彩板组角钢窗等适用于平开式、推拉式、中转式，以及上、中、下悬式。

(2)铝合金地弹门制作（框料）型材是按 101.6mm×44.5mm，厚 1.5mm 方管编制的，单扇平开门、双扇平开门是按 38 系列编制的，推拉窗是按 90 系列编制的。如设计型材料面尺寸及厚度与定额规定不同时，可按图示尺寸乘以线密度加 6% 施工损耗计算型材质量。

(3)装饰板门扇制作安装按木龙骨、基层、饰面板面层分别计算。

(4)成品门窗安装项目中，门窗附件按包含在成品门窗单价内考虑；铝合金门窗制作、安装项目中未含五金配件，五金配件按相关规定选用。

(5)铝合金卷闸门（包括卷筒、导轨）、彩板组角钢门窗、塑料门窗、钢门窗安装以成品制定。

2. 工程量计算规则

(1)铝合金门窗、彩板组角门窗、塑钢门窗安装均按洞口面积以平方米计算。纱扇制作安装按扇外围面积计算。平面为圆形、异形门窗按展开面积计算。门带窗应分别计算，套用相应定额，门算至门框外边线。

(2)卷闸门安装按安装高度乘以门的实际宽度以平方米计算。安装高度算至滚筒顶点为准。带卷闸罩的按展开面积增加。电动装置安装以套计算,小门安装以个计算,小门面积不扣除。

(3)防盗门、防盗窗、不锈钢格栅门按框外围面积以平方米计算。

(4)成品防火门以框外围面积计算,防火卷帘门从地(楼)面算至端板顶点乘以设计宽度。

(5)实木门框制作安装按延长米计算。实木门窗制作安装及装饰门扇制作按扇外围面积计算。装饰门扇及成品门扇安装按扇计算。

(6)木门扇皮制隔声面层和装饰板隔声面层,按单面面积计算。

(7)不锈钢板包门框、门窗套、花岗岩门套、门窗筒子板按展开面积计算。门窗贴脸、窗帘盒、窗帘轨按延长米计算。

(8)窗台板按实铺面积计算。

3. 计算工程量和选套定额时应注意的问题

(1)铝合金门应按门的类型是地弹门还是平开门,门的扇数是单扇、双扇还是四扇,是否有上亮子或侧亮子等分别计算工程量,选套定额。

(2)铝合金窗应按窗的类型是平开窗、推拉窗、固定窗、防盗窗还是百叶窗,窗的扇数是单扇、双扇或三扇,固定窗的规格是 38 系列还是 25.4mm×101.5mm 系列,是否带亮子等分别计算工程量,选套定额。

4. 门窗工程工程量计算实例

【例 7-55】　某车间安装塑钢门窗如图 7-62 所示,门洞口尺寸为 2100mm×2700mm,窗洞口尺寸为 1800mm×2400mm,不带纱扇,计算其门窗安装需用量。

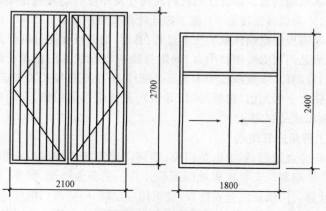

图 7-62　塑钢门窗

【解】 塑钢门工程量=2.1×2.7=5.67(m²)

塑钢窗工程量=1.8×2.4=4.32(m²)

【例 7-56】 试计算图 7-63 所示双层白色铝合金地弹门的工程量。

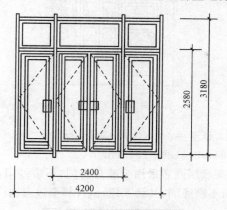

图 7-63 某铝合金地弹门示意图

【解】 其工程量均按门窗洞口面积计算,单位为平方米。双层门窗乘以 2。套定额时按其类型不同,分别选套相应定额。

铝合金地弹门工程量=2×4.2×3.18=26.712(m²)

【例 7-57】 镶板门如图 7-64 所示,带纱扇,无亮子,25 樘,试求其工程量。

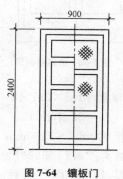

图 7-64 镶板门

【解】 镶板门工程量=2.4×0.9×25=54(m²)

【例 7-58】 某工程门连窗如图 7-65 所示,试计算门窗工程量。

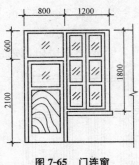

图 7-65　门连窗

【解】　门的工程量＝2.7×0.8＝2.16(m²)

窗的工程量＝1.2×1.8＝2.16(m²)

【例 7-59】　某底层商店采用全玻自由门,不带纱扇,如图 7-66 所示,木材采用水曲柳,不刷底油,共计 8 樘,试计算全玻自由门工程量。

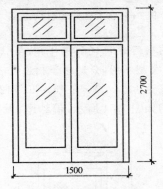

图 7-66　全玻自由门

【解】　全玻自由门工程量＝1.5×2.7×8

＝32.4(m²)

【例 7-60】　某宾馆有 900mm×2100mm 的门洞 66 樘,内外钉贴细木工板门套、贴脸(不带龙骨),榉木夹板贴面,尺寸如图 7-67 所示,计算其工程量。

【解】　(1)门窗木贴脸工程量。

门窗木贴脸工程量＝(门洞宽＋贴脸宽×

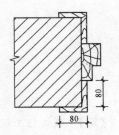

图 7-67　榉木夹板贴面尺寸

2＋门洞高×2)×贴脸宽

　　门窗木贴脸工程量＝(0.90＋0.08×2＋2.10×2)×0.08×2×66
　　　　　　　　　　＝55.55(m²)

　　(2)榉木筒子板工程量。

　　榉木筒子板工程量＝(门洞宽＋门洞高×2)×筒子板宽

　　榉木筒子板工程量＝(0.90＋2.10×2)×0.08×2×66＝53.86(m²)

　　【例7-61】　某工程铝合金组合门窗,如图7-68所示,门为平开门,窗为推拉窗,共35樘,计算铝合金门连窗工程量。

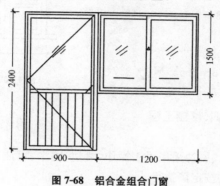

图7-68　铝合金组合门窗

　　【解】　(1)金属平开门工程量。

　　金属平开门工程量＝0.9×2.4×35＝75.6(m²)

　　(2)金属推拉窗工程量。

　　金属推拉窗工程量＝1.2×1.5×35＝63(m²)

　　【例7-62】　如图7-69所示的单层木窗,中间部分为框上装玻璃,共28樘,求其工程量。

　　【解】　(1)框上装玻璃工程量。框上安装玻璃以立梃中心为分界线计算,高度按边框外围尺寸计算。

　　工程量＝0.5×1.5×28＝21(m²)

　　(2)单层玻璃窗工程量。

　　工程量＝0.5×1.5×2×28＝42(m²)

　　【例7-63】　某单层玻璃窗如图7-70所示,

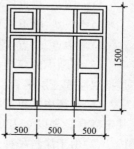

图7-69　单层木窗

框料尺寸为50mm×85mm,墙厚为240mm。该窗上有窗帘盒,长2.1m,

下有木窗台板,钉单面贴脸,中腰枋带有披水条,试求其工程量。

【解】　(1)窗按三扇无亮窗计算:

工程量=1.8×2.55=4.59(m²)

(2)窗帘盒:

工程量=2.1m

(3)窗台板因未规定长度和宽度,按长度增加100mm,宽度增加50mm计算:

工程量=(1.8+0.1)×(0.24-0.085+0.05)=0.39(m²)

(4)贴脸:

工程量=(1.8+2.55)×2=8.7(m)

(5)披水条长度等于窗宽,即1.8m。

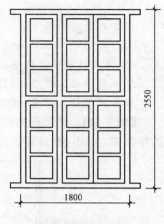

图 7-70　单层玻璃窗

五、油漆、涂料、裱糊工程

1. 定额说明

(1)定额刷涂、刷油采用手工操作,喷塑、喷涂、喷油采用机械操作,如操作方法不用,均按定额执行。

(2)定额在同一平面上的分色及门窗内外分色已综合考虑。如需做美术图案者,另行计算。

(3)定额内规定的喷、涂、刷遍数与要求不同时,可按每增加一遍定额项目进行调整。

(4)喷塑(一塑三油)、底油、装饰漆、面油,其规格划分如下:

1)大压花:喷点压平、点面积在1.2cm²以上。

2)中压花:喷点压平、点面积在1~1.2cm²。

3)喷中点、幼点:喷点面积在1cm²以下。

(5)定额中的双层木门窗(单裁口)是指双层框扇。三层二玻一纱窗是指双层框三层扇。

(6)定额中的单层木门刷油是按双面刷油考虑的,如采用单面刷油,其定额含量乘以0.49系数计算。

(7)由于涂料品种繁多,如采用品种不同,材料可以换算,人工、机械不变。

(8)定额中的木扶手油漆为不带托板考虑。

2. 工程量计算规则

（1）楼地面、天棚、墙、柱、梁面的喷（刷）涂料、抹灰面油漆及裱糊工程，均按表 7-3～表 7-7 相应的计算规则计算。

（2）木材面的工程量分别按表 7-3～表 7-7 相应的计算规则计算。

（3）金属构件油漆的工程量按构件质量计算。

（4）定额中的隔断、护壁、柱、天棚木龙骨及木地板中木龙骨带毛地板，刷防火涂料工程量计算规则如下：

1）隔墙、护壁木龙骨按面层正立面投影面积计算。

2）柱木龙骨按其面层外围面积计算。

3）天棚木龙骨按其水平投影面积计算。

4）木地板中木龙骨及木龙骨带毛地板按地板面积计算。

5）隔墙、护壁、柱、天棚面层及木地板刷防火涂料，执行其他木材刷防火涂料子目。

6）木楼梯（不包括底面）油漆，按水平投影面积乘以 2.3 系数，执行木地板相应子目。

表 7-3　　　　　　　执行木门定额工程量乘系数

项目名称	系　数	工程量计算方法
单层木门	1.00	按单面洞口面积计算
双层（一玻一纱）木门	1.36	
双层（单裁口）木门	2.00	
单层全玻门	0.83	
木百叶门	1.25	

注：本表为木材面油漆。

表 7-4　　　　　　　执行木窗定额工程量乘系数

项目名称	系　数	工程量计算方法
单层玻璃窗	1.00	按单面洞口面积计算
双层（一玻一纱）木窗	1.36	
双层框扇（单裁口）木窗	2.00	
双层框三层（二玻一纱）木窗	2.60	
单层组合窗	0.83	
双层组合窗	1.13	
木百叶窗	1.50	

注：本表为木材面油涂。

表 7-5　　　　　　　　　　执行木扶手定额工程量乘系数

项目名称	系　数	工程量计算方法
木扶手(不带托板)	1.00	按延长米计算
木扶手(带托板)	2.60	
窗帘盒	2.04	
封檐板、顺水板	1.74	
挂衣板、黑板框、单独木线条 100mm 以外	0.52	
挂镜线、窗帘棍、单独木线条 100mm 以内	0.35	

注:本表为木材面油漆。

表 7-6　　　　　　　　　　执行其他木材面定额工程量乘系数

项目名称	系　数	工程量计算方法
木板、纤维板、胶合板天棚	1.00	长×宽
木护墙、木墙裙	1.00	
窗帘板、筒子板、盖板、门窗套、踢脚线	1.00	
清水板条天棚、檐口	1.07	
木方格吊顶天棚	1.20	
吸声板墙面、天棚面	0.87	
暖气罩	1.28	
木间壁、木隔断	1.90	单面外圈面积
玻璃间壁露明墙筋	1.65	
木栅栏、木栏杆(带扶手)	1.82	
衣柜、壁柜	1.00	按实刷展开面积
零星木装修	1.00	展开面积
梁柱饰面	1.00	展开面积

注:本表为木材面油漆。

表 7-7 抹灰面油漆、涂料、裱糊工程量系数表

项目名称	系 数	工程量计算方法
混凝土楼梯底(板式)	1.15	水平投影面积
混凝土楼梯底(梁式)	1.00	展开面积
混凝土花格窗、栏杆花饰	1.82	单面外围面积
楼地面、天棚、墙、柱、梁面	1.00	展开面积

注:本表为抹灰面油漆、涂料、裱糊。

(5)套用单位钢门窗油漆定额的工程量乘表 7-8 中系数;套用其他金属面定额的工程量乘表 7-9 中系数;套用平板屋面定额(涂刷磷化、锌黄底漆)的工程量乘表 7-10 中系数;套用抹灰面定额的工程量乘表 7-11 中系数。

表 7-8 单层钢门窗油漆计算方法

项目名称	系 数	工程量计算方法
单层钢门窗	1.00	
双层(一玻一纱)钢门窗	1.48	
钢百叶窗	2.74	
半截百叶钢门	2.22	洞口面积
满钢门或包铁皮门	1.63	
钢折叠门	2.30	
射线防护门	2.96	
厂库平开、推拉门	1.70	框(扇)外围面积
铁丝网大门	0.81	
间壁	1.85	长×宽
平板屋面	0.74	
瓦垄板屋面	0.89	斜长×宽
排水、伸缩缝盖板	0.78	展开面积
吸气罩	1.63	水平投影面积

表 7-9　　　　　　　　　　　　　　　其他金属面油漆计算方法

项目名称	系　数	工程量计算方法
钢屋架、天窗架、挡风架	1.00	
屋架梁、支撑、檩条		
墙架(空腹式)	0.50	
墙架(格板式)	0.82	
钢柱、吊车梁、花式梁		
柱、空花构件	0.63	
操作台、走台、制动梁		质量(t)
钢梁车挡	0.71	
钢栅栏门、栏杆、窗栅	1.71	
钢爬梯	1.18	
轻型屋架	1.42	
踏步式钢扶梯	1.05	
零星铁件	1.32	

表 7-10　　　　　　　　　　　　　　　平板屋面油漆计算法

项目名称	系　数	工程量计算方法
平板屋面	1.00	斜长×宽
瓦垄板屋面	1.20	
排水、伸缩缝盖板	1.05	展开面积
吸气罩	2.20	水平投影面积
包镀锌铁皮门	2.20	洞口面积

表 7-11　　　　　　　　　　　　　　　抹灰面油漆计算法

项目名称	系　数	工程量计算方法
槽形底板、混凝土折板	1.30	长×宽
有梁板底	1.10	
密肋、井字梁底板	1.50	
混凝土平板式楼梯底	1.30	水平投影面积

3. 油漆、涂料、裱糊工程工程量计算实例

【例 7-64】　如图 7-71 所示为双层（一玻一纱）木窗，洞口尺寸为 1500mm×2100mm，共 11 樘，设计为刷润油粉一遍，刮腻子，刷调和漆一遍，磁漆两遍，计算木窗油漆工程量。（注：执行木窗油漆定额，按单口洞口面积计算系数为 1.36）

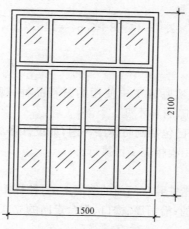

图 7-71　一玻一纱双层木窗

【解】　木窗油漆工程量＝1.5×2.1×11×1.36＝47.12（m²）

【例 7-65】　计算如图 7-55 所示墙面贴壁纸工程量。

【解】　墙面贴壁纸以实贴面积计算，并应扣除门窗洞口和踢脚板工程量，增加门窗洞口侧壁面积。

（1）墙净长 $L=(14.4-0.24×4)×2+(4.8-0.24)×8=63.36$（m），墙高 $H=2.9$m。

（2）扣门窗洞口、踢脚板面积。

若踢脚板高 0.15m，则 $0.15×63.36=9.5$（m²）

M1：$1.0×(2-0.15)×2=3.7$（m²）

M2：$0.9×(2.2-0.15)×4=7.38$（m²）

C：$(1.8×2+1.1×2+1.6×6)×1.5=23.1$（m²）

合计扣减面积＝$9.5+3.7+7.38+23.1=43.68$（m²）

（3）增加门窗侧壁面积（门窗均居中安装，厚度按 90mm 计算）。

M1：$\dfrac{0.24-0.09}{2}×(2-0.15)×4+\dfrac{0.24-0.09}{2}×1.0×2=0.71$（m²）

M2：$(0.24-0.09)\times(2.2-0.15)\times4+(0.24-0.09)\times0.9=1.365(m^2)$

C：$\dfrac{0.24-0.09}{2}\times[(1.8+1.5)\times2\times2+(1.1+1.5)\times2\times2+(1.6+1.5)\times2\times6]=4.56(m^2)$

合计增加面积＝$0.71+1.365+4.56=6.64(m^2)$

(4)贴墙纸工程量。

工程量＝$63.36\times2.9-43.68+6.64=146.7(m^2)$

六、其他工程

1. 定额说明

(1)定额项目在实际施工中使用的材料品种、规格与定额取定不同时,可以换算,但人工、材料不变。

(2)定额中铁件已包括刷防锈漆一遍,如设计需涂刷油漆、防火涂料,按油漆、涂料、裱糊工程相应子目执行。

(3)招牌基层。

1)平面招牌是指安装在门前的墙面上的;箱体招牌、竖式标箱是指六面体固定在墙体上的;沿雨篷、檐口、阳台走向的立式招牌,套用平面招牌复杂项目。

2)一般招牌和矩形招牌是指正立面平整无凸出面,复杂招牌和异形招牌是指正立面有凸起或造型。

3)招牌的灯饰均不包括在定额内。

(4)美术字安装。

1)美术字均以成品安装固定为准。

2)美术字不分字体均执行本章定额。

(5)装饰线条。

1)木装饰线、石膏装饰线均以成品安装为准。

2)石材装饰线条均以成品安装为准。石材装饰线条磨边、磨圆角均包括在成品的单价中,不再另计。

(6)石材磨斜边、磨半圆边及台面开孔子目均为现场磨制。

(7)装饰线条以墙面上直线安装为准,如天棚安装直线型、圆弧形或其他同案者,按以下规定计算。

1)天棚面安装直线装饰线条,人工乘1.34系数。

2)天棚面安装圆弧装饰线条,人工乘1.6系数,材料乘1.1系数。

3)墙面安装圆弧装饰线条,人工乘 1.2 系数,材料乘 1.1 系数。

4)装饰线条做艺术图案者,人工乘 1.8 系数,材料乘 1.1 系数。

5)暖气罩挂板式是指钩挂在暖气片上;平墙式是指凹入墙内;明式是指凸出墙面;半凹半凸式按明式定额子目执行。

6)货架、柜类定额中未考虑面板拼花及饰面板上贴其他材料的花饰、造型艺术品。

2. 工程量计算规则

(1)平面招牌基层按正立面面积计算,复杂形的凹凸造型部分亦不增减。

(2)沿雨篷、檐口或阳台走向的立式招牌基层,按平面招牌复杂形执行时,应按展开面积计算。

(3)箱体招牌和竖式标箱的基层,按外围体积计算。突出箱外的灯饰、店徽及其他艺术装潢等均另行计算。

(4)灯箱的面层按展开面积以平方米计算。

(5)广告牌钢骨架以吨计算。

(6)美术字安装按字的最大外围矩形面积以个计算。

(7)压条、装饰线条均按延长米计算。

(8)暖气罩(包括脚的高度在内)按边框外围尺寸垂直投影面积计算。

(9)镜面玻璃安装、盥洗室木镜箱以正立面面积计算。

(10)货架、高货柜、收银台按正面面积计算,均以正立面的高(包括脚的高度在内)乘以宽按平方米计算。其他柜类项目均按延长米计算。

(11)塑料镜箱、毛巾环、肥皂盒、金属帘子杆、浴缸拉手、毛巾杆安装以只或副计算。不锈钢旗杆按延长米计算。大理石洗漱台以台面投影面积计算(不扣除孔洞面积)。

(12)收银台、试衣间等按个计算,其他按延长米计算。

(13)拆除工程量按拆除面积或长度计算,执行相应子目。

3. 其他工程工程量计算实例

【例 7-66】 如图 7-72 所示,求镜面不锈钢装饰线工程量。

【解】 镜面不锈钢装饰线工程量 $= 2 \times (1.1 + 2 \times 0.05 + 1.4)$

$$= 5.2(m)$$

【例 7-67】 如图 7-72 所示,求镜面玻璃工程量。

【解】 镜面玻璃工程量 $= 1.1 \times 1.4 = 1.54(m^2)$

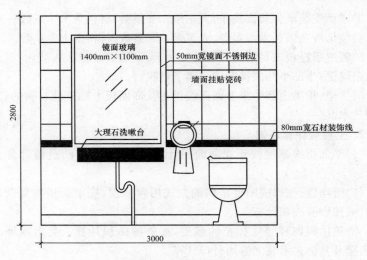

图 7-72　卫生间示意图

七、装饰装修脚手架及项目成品保护费

1. 定额说明

(1)装饰装修脚手架包括满堂脚手架、外脚手架、内墙面粉刷脚手架、安全过道、封闭式安全笆、斜挑式安全笆、满挂安全网。吊篮架由各省、市根据当地实际情况编制。

(2)项目成品保护费包括楼地面、楼梯、台阶、独立柱、内墙面饰面面层。

2. 工程量计算规则

(1)满堂脚手架。按实际搭设的水平投影面积,不扣除附墙柱、柱所占的面积,其基本层高以 3.6m 以上至 5.2m 为准。凡超过 3.6m 且在 5.2m 以内的天棚抹灰及装饰装修,应计算满堂脚手架基本层;层高超过 5.2m,每增加 1.2m 计算一个增加层,增加层的层数=(层高-5.2)/1.2,按四舍五入取整数。室内凡计算满堂脚手架者,其内墙面粉刷不再计算粉刷架,只按每 100m² 墙面垂直投影面积增加改架工 1.28 工日。

(2)装饰装修外脚手架。按外墙的外边线长乘墙高以平方米计算,不扣除门窗洞口的面积。同一建筑物各面墙的高度不同,且不在同一定额步距内时,应分别计算工程量。定额中所指的檐口高度 5~45m 以内,系指建筑物自设计室外地坪至外墙顶面或构筑物顶面的高度。

（3）利用主体脚手架改变其步高作外墙面装饰架时，按每 100m² 外墙面垂直投影面积，增加改架工 1.28 工日；独立柱按柱周长增加 3.6m 乘柱高套用装饰装修外脚手架相应高度的定额。

（4）内墙面粉刷脚手架。内墙面均按内墙面垂直投影面积计算，不扣除门窗洞口的面积。

（5）安全过道按实际搭设的水平投影面积（架宽×架长）计算。

（6）封闭式安全笆按实际封闭的垂直投影面积计算。实际用封闭材料与定额不符时，不作调整。

（7）斜挑式安全笆按实际搭设的（长×宽）斜面面积计算。

（8）满挂安全网按实际满挂的垂直投影面积计算。

3. 工程量计算实例

【例 7-68】　如图 7-73 所示，某单层建筑物进行装饰装修，试计算搭设满堂脚手架工程量。

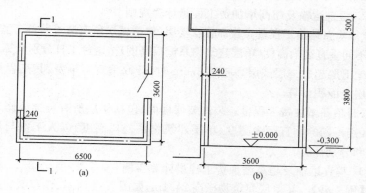

图 7-73　搭设脚手架

（a）平面图；（b）1—1 剖面图

【解】　搭设高度为 3.8m，根据工程量计算规则，只计算满堂脚手架基本层，不能计算增加层。

脚手架搭设工程量＝(6.5＋0.24)×(3.6＋0.24)＝25.88（m²）

八、垂直运输及超高增加费

1. 定额说明

（1）垂直运输费。

1)定额不包括特大型机械进出场及安拆费。垂直运输费定额按多层建筑物和单层建筑物划分。多层建筑物根据建筑物檐高和垂直运输高度划分为 21 个定额子目。单层建筑物按建筑物檐高分 2 个定额子目。

2)垂直运输高度。设计室外地坪以上部分指室外地坪至相应地(楼)面的高度。设计室外地坪以下部分指室外地坪至相应地(楼)面的高度。

3)单层建筑物檐高高度在 3.6m 以内时,不计算垂直运输机械费。

4)带一层地下室的建筑物,若地下室垂直运输高度小于 3.6m,则地下层不计算垂直运输机械费。

5)装饰装修利用电梯进行垂直运输或通过楼梯人力进行垂直运输的按实际计算。

(2)超高增加费。

1)定额适用于建筑物檐高在 20m 以上的工程。

2)檐高是指设计室外地坪至檐口的高度。突出主体建筑屋顶的电梯间、水箱间等不计入檐高之内。

2. 垂直运输及超高增加费工程量计算规则

(1)垂直运输工程量。装饰装修楼层(包括楼层所有装饰装修工程量)区别不同垂直运输高度(单层建筑物系檐口高度)按定额工日分别计算。

地下层超过二层或层高超过 3.6m 时,计取垂直运输费,其工程量按地下层全面积计算。

(2)超高增加费工程量。装饰装修楼面(包括楼层所有装饰装修工程量)区别不同的垂直运输高度(单层建筑物系檐口高度)以人工费与机械费之和分别计算。

3. 垂直运输及超高增加费工程量计算实例

【例 7-69】 某单层建筑物檐高 24.1m,如图 7-74 所示,该建筑物所有装饰装修工程之和为 3586 元,机械费为 751 元,计算其超高增加费。

【解】 本单层建筑物檐高 24.1m,在 30m 以内,因此套用《消耗量定额》8-029。建筑物超高增加费工程量是人工费和机械费之和以百元为计算单位,所以此建筑物超高增加费工程量为:

(3586＋751)÷100＝43.37(百元)

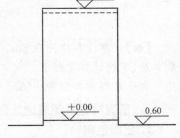

图 7-74　单层建筑物檐高

本建筑物超高增加费计算见表7-12。

表7-12　　　　　　　　　　　　建筑物超高增加费

名称	单位	定额含量	工程量	超高增加费
人工、机械降效系数	%	3.1200	43.37	135.3144

【例7-70】　某建筑物层数为11层,±0.00以上高度为38.60m,设计室外地坪为-0.60m,假设该建筑物所有装饰装修人工费之和为286530元,机械费之和为36860元,计算该建筑物超高增加费。

【解】　该多层建筑物檐高为38.60+0.6＝39.2m,在40m以内,因此套用《消耗量定额》8-024,又因为建筑物超高增加费工程量是以人工费和机械费之和以百元为计量单位,所以此建筑物超高增加费工程量为:

（286530＋36860）÷100＝3233.90（百元）

此建筑物超高增加费计算见表7-13。

表7-13　　　　　　　　　　　　此建筑物超高增加费

名称	单位	定额含量	工程量	超高增加费
人工、机械降效系数	%	9.35	3233.90	30236.97

九、水暖卫生器具及照明与灯具

1. 定额说明

(1)主要工程内容包括:室内外给排水,卫生器具,暖气,保温刷油等工程。

(2)室内外给排水管道安装界线的划分。给水管道,若室外有水表或阀门者,以水表或阀门为分界;若室外无水表或阀门者,以房屋外墙皮以外1m处为分界。排水管道,给室外第一个检查井为分界。

2. 工程量计算规则

(1)室内外给排水管道工程量计算方法基本相同。应根据设计要求和管材种类、接口方式(丝接、焊接、法兰盘连接、承插式、企口式等)、管径大小及接口材料(填充材料)的不同,分别按延长米计算。阀门及接头零件等所占长度不扣除。

铸铁管采用异形零件接头较多,如三通管、弯头、十字管、乙字管、变径管等,计算时按kg或t分别计算。

各种阀门、龙头、法兰盘,均根据接口种类、规格、带短管与不带短管,分别以个、组或对计算。

室内外水表安装,以接口方式不同,按水表的不同规格、型号,以个或组为单位计算。

室内外消火栓,按种类不同以组或套分别计算。

室内外检查井或室外化粪井,除铸铁井盖、井座以套为单位计算外,其他按土建工程规定计算工程量。也可以按砌筑时所用不同材料及规格以座计算。

各种管道支架的制作和安装,如不包括在定额内时,以 t 或 kg 为单位计算。

(2)各种卫生器具安装,如浴盆、洗脸盆、洗手盆等,应以接管种类、器具材质和供"冷水"、"热水"等不同,分别以个或组计算。

大便器,应根据便器及水箱的形式(坐式或蹲式),冲洗方式(高压水箱或水栓),分别以组计算。小便斗、莲蓬头等分别以个计算。

(3)暖气管道安装,分为室内干管和室外干管。各种干管相互间界线划分,应以下述规定为准。

1)锅炉房配管与室外干管的划分,应以锅炉房外墙皮以外 1m 为界。如锅炉房设在采暖建筑物的地下室或同一幢楼内,其锅炉房与室外干管的划分,应以锅炉房本身的内墙为界(包括锅炉房的生活间、泵房、软水室及贮煤库等)。

2)室内干管与室外干管的划分,应以室外减压器为界,减压器本身为室内干管部分。如无室外减压器,就以建筑物外墙皮以外 1m 处为分界。

3)室内干管与室内立管、支管的划分,凡供水、供气管均为干管;由干管分出的立管、水平短管、楼层垂直管、散热器(暖气包)间的闭合管均为立管;由立管或干管接至散热器或器具的管道及按单管顺序式的旁通管均为支管。按工艺要求,通常干管管径大于立管,而立管管径又大于支管。

(4)各种暖气管道,均应按图示尺寸以中心线的长度为准,按延长米计算。其中阀门及接头零件等所占的长度也不从管道的延长米中扣除。

(5)散热器(暖气包)组成及安装。散热器种类较多,主要有铸铁制、钢管制及陶瓷气包。铸铁制暖气包组成及安装,是按设计的类型(翼形、柱形)及规格等,分别以片或延长米为单位计算。

钢管制暖气包组成及安装,是按钢管直径大小分别以延长米计算。一组暖气包有几种管径时,其组成与安装的工程量,按管径大小分别计算。

(6)阀门安装,按连接方式的不同,可分为丝扣式与法兰盘式两种。

丝扣式阀门安装,是指两头带有丝扣的各种高、低压的水门、逆止门(单流门)、气门、调节开关、气包气门及回水门等,应根据材质、型号、高压或低压,分别以个计算。

法兰盘式阀门安装,是指两头带有法兰盘的各种高、低压的水门、逆止门、气门、调节开关、回水门等,根据材质、型号、高、低压,分别以个计算。安全阀安装,也应根据材质、型号及直径大小分别以个计算。

(7)管道附属配件组成及安装。管道附属配件包括伸缩器、配管回水门、减压器、除污器、注水器等。除伸缩器由于形状不同,应分别按展开长度合并在管道的延长米内计算外,其余均以不同连接方式、管径规格按个或组计算。其中,减压器的管径以进气口的管径为准。

各种附属配件安装时,如定额中已有规定,则应从管道长度中减去各种附属配件的应减量,若无规定时,按表 7-14 确定应减长度。

表 7-14　暖气管道附属配件应减长度表

附件名称	管径/cm			
	25	50	100	150
	应减长度/m			
配管回水门	2.0	2.0	—	—
减压器	1.5	1.5	2.0	2.0
除污器(带调温调压)	—	7.0	8.0	8.5
除污器(不带调温调压)	—	3.0	3.0	3.5
双型注水器	2.0	2.5	—	—
单型注水器	1.0	1.2	—	—

(8)各种水箱、集气罐(箱)、分气罐的制作与安装,制作时以材质、容积、压力等不同以 t 或 kg 为单位计算,安装时以容积大小按个或台为单位计算。

(9)管道支架的制作和安装,如定额无规定时,应按设计要求分别以 kg 或 t 为单位计算,并乘以系数 1.02。支架安装,以个、套计算。

(10)各种金属构件制作,主要指摖90°、45°弯头,制作"半圆弯"、"虾米弯"等,均按实用工料、管径大小以个为单位计算。

(11)法兰盘制作和安装,法兰盘一般分为铸铁和钢板两种。按规格以对为单位计算。

(12)过墙套管制作及安装,以填充材料与不需填充材料相区别,以不同管径按延长米计算。

(13)保温与刷油工程,定额有规定时,按定额执行。定额无规定时,依据施工图注明的保温与刷油作法,分别计算其工程量。

1)管道保温,按保温材质、施工方法的不同,分别以 m³ 为单位计算。

2)管道保温以外的保护层,按所用材质不同,分别以 m² 为单位计算。

3)各种管道、支架、散热器(暖气片)和各种非标准设备(集气罐、分气罐、水箱等)刷油,除散热器多以散热片面积或组计算外,其余均按刷油遍数、不同作法以实耗油料多少,按 kg 为单位计算。

十、通风及空调设备安装工程

1. 定额说明

主要工程内容包括:各类空调机及通风机安装、除尘设备制作安装、空调设备及部件制作安装、通风管道、风帽、罩类、调节阀和风口、分布器制作安装、保温、刷油等工程。

2. 工程量计算规则

(1)风机、除尘设备、空调设备及部件制作安装,风机安装,按离心式、轴流式等不同类型、型号分别以台为单位计算。风机安装时同轴传动已包括电动机的安装;若与联轴器、皮带轮带接,定额未包括电动机安装时,电动机应以台为单位另行计算。

除尘设备,均按不同类型、规格、型号分别以台(包括金加工零件的工、料在内)为单位计算。除尘设备下部所属小件阀类、集尘箱等应按不同类型、规格、型号分别以个为单位另行计算。

各种空调设备,按恒温、恒湿、窗式、立式、叠式等不同类型、规格、型号分别以台为单位计算。但卧式金属空调器的制作、安装,按设计质量以100kg 为单位,按质量计算。

空调设备部件,包括挡水板的制作、安装,以进风口框内面积按 m² 计算;滤水器、溢水盘、清洗槽等制作、安装,按规格、型号分别以个为单位计算。

消声器,按不同规格、型号分别以组(如片式)、节(如阻抗复合式)、延长米(如矿棉管式)计算。

通风机、除尘设备、空调设备及部件的支架制作、安装以 kg 为单位另行计算,套用相应定额。

(2)通风管道、风帽、罩类、阀类、风口及空气分布器制作安装,通风管道的制作,应根据设计要求,按风管中心线的长度(主管与支管以其中心线交点处划分),以不同风管直径或周长分段展开面积,以 m²(或 10m²)为单位计算。量取风管长度时,应扣除各种阀门、部件所占的长度,但不扣除风管上的检查孔、送、回风口所占的开孔面积。

通风管道的安装,应分别按材质(薄钢板、不锈钢板、铝板、塑料板等)和制作方法(焊接、咬接)、形状(方、矩、圆形)、规格不同,以其直径或平均直径,周长或平均周长,按 10m² 为单位计算,套用相应定额。

通风管道(各种角度的弯头、三通、四通、虾米弯、各种异形管、变径管接头等)制作,按展开面积,合并在直风管的展开面积内计算。但咬接风管的接口、翻边量不得计算在展开面积内。

风管检查孔、测定孔、弯头导流叶片的制作、组装,按不同类型、规格,分别以个为单位计算。

帆布、人造革软管接头的制作、安装,以 m² 为单位计算。

风帽制作、安装,按不同型号、直径或周长,分别以个为单位计算。

罩类制作、安装,除一般排气罩按板材不同厚度及下口周长以罩体的展开面积计算外,其他罩类(升降式排气罩、电机防雨罩、木工吸尘罩、皮带防护罩等),按不同形式、型号、规格、安装方式,分别以个为单位计算。

各种调节阀类的制作、安装,按不同型号、直径、周长或高度,分别以个为单位计算。

风口及空气分布器制作、安装,按各种形式(插板式、百叶式等)送、吸风口及各种形式(圆、方、矩形)空气分布器、散流器的不同规格、型号,分别以个为单位计算。但方、圆形金属网框,分别按直径或周长以 m² 为单位另行计算。

通风管道中的法兰盘、吊托支架的制作、安装,若定额未包括时,应分别材质、规格、数量以对或质量为单位计算。

(3)防腐、保温、刷油工程,通风工程中的防腐、保温、刷油工程,可参阅水暖工程中的防腐、保温、刷油工程的计算规则进行计算。

第八章 装饰装修工程材料用量计算

预算定额中的材料消耗,是指在合理节约使用材料的条件下,直接用到工程上构成工程实体的材料的消耗量(净用量),再加上不可避免的施工操作过程中的损耗量所得的总消耗量。

材料消耗量,一般采用试验法和计算法来确定。编制定额和编制预算时多采用计算法。试验法主要在试验室里,通过各种物理性能和化学分析等试验,为理论计算提供可靠的数据和公式,为计算法奠定基础。计算法(即理论计算法)主要是根据施工图和设计要求,用理论公式计算出产品的材料用量。

第一节 水泥砂浆配合比计算

一、一般抹灰砂浆配合比计算

1. 基本公式

一般抹灰砂浆分为水泥砂浆、石灰砂浆、混合砂浆(水泥石灰砂浆)、素水泥浆及其他砂浆。抹灰砂浆配合比以体积比计,其材料用量计算公式为

$$\text{砂子用量} \quad q_c = \frac{c}{\sum f - c \times C_p} \quad (\text{m}^3)$$

$$\text{水泥用量} \quad q_a = \frac{a \times \gamma_a}{c} \times q_c \quad (\text{kg})$$

式中 a、c——分别为水泥、砂之比,即 $a:c=$水泥:砂;

$\sum f$——配合比之和;

C_p——砂空隙率(%),$C_p = \left(1 - \dfrac{\gamma_0}{\gamma_c}\right) \times 100\%$;

γ_a——水泥堆积密度(kg/m^3),可按 1200kg/m^3 计;

γ_0——砂的表观密度(kg/m^3),可按 2650kg/m^3 计;

γ_c——砂的堆积密度(kg/m^3),可按 1550kg/m^3 计。

则
$$C_p=(1-\frac{1550}{2650})\times100\%=41\%$$

当砂用量超过 $1m^3$ 时,因其空隙容积已大于灰浆数量,均按 $1m^3$ 计算。

【例 8-1】 水泥砂浆配合比为 1:2(水泥比砂),求每 $1m^3$ 的材料用量。

【解】 砂用量 $=\dfrac{2}{(1+2)-2\times0.41}=0.92(m^3)$

水泥用量 $=\dfrac{1\times1200}{2}\times0.92=552.000(kg)$

2. 石灰砂浆配合比计算

每 $1m^3$ 生石灰(块占 70%,末占 30%)的质量约为 $1050\sim1100kg$,生石灰粉为 $1200kg$,石灰膏为 $1350kg$,淋制每 $1m^3$ 石灰膏所需生石灰 $600kg$,包括场内外运输损耗及淋化后的残渣已考虑在内。因各地区生石灰质量不同时可以进行调整。粉化石灰或淋制石灰膏用量见表 8-1。

表 8-1　　　　　　　粉化石灰或淋制石灰膏的石灰用量参考表

生石灰块末比例		每 $1m^3$	
		粉化石灰	淋制石灰膏
块	末	生石灰需用量/kg	
10	0	392.70	
9	1	399.84	
8	2	406.98	571.00
7	3	414.12	600.00
6	4	421.26	636.00
5	5	428.40	674.00
4	6	460.50	716.00
3	7	493.17	736.00
2	8	525.30	820.00
1	9	557.94	
0	10	590.38	

【例 8-2】 石灰砂浆配合比为 1:2.5(石灰膏:砂),求每 $1m^3$ 的材料用量。

【解】 砂用量 $=\dfrac{2.5}{1+2.5-2.5\times0.41}=1.01(\mathrm{m^3})>1\mathrm{m^3}$，取 $1\mathrm{m^3}$

石灰膏用量 $=\dfrac{1}{2.5}\times1=0.4(\mathrm{m^3})$

生石灰 $=600\times0.4=240(\mathrm{kg})$

3. 混合砂浆配合比计算

【例 8-3】 水泥石灰砂浆配合比为 $1:0.4:5$（水泥：石灰膏：砂），求每 $1\mathrm{m^3}$ 的材料用量。

【解】 砂用量 $=\dfrac{5}{(1+0.4+5)-5\times0.41}=1.149(\mathrm{m^3})>1\mathrm{m^3}$ 取 $1\mathrm{m^3}$

水泥用量 $=\dfrac{1\times1200}{5}\times1=240.00(\mathrm{kg})$

石灰膏 $=\dfrac{0.4}{5}\times1=0.08(\mathrm{m^3})$

生石灰 $=600\times0.08=48.00(\mathrm{kg})$

4. 素水泥浆

素水泥浆也称纯水泥浆，其计算公式为：

水灰比 $=\dfrac{\text{加水量占水泥用百分比}\times\text{水泥堆积密度}}{1000}$

虚体积系数 $=\dfrac{1}{1+\text{水灰比}}$

收缩后体积 $=\left(\dfrac{\text{水泥堆积密度}}{\text{水泥密度}}+\text{水灰比}\right)\times\text{虚体积系数}$

实体积系数 $=\dfrac{1}{(1+\text{水灰比})\times\text{收缩后体积}}$

水泥净用量 $=$ 实体积系数 $\times$ 水泥堆积密度

水净用量 $=$ 实体积系数 $\times$ 水灰比

水泥净用量以 kg 为单位，水净用量以 $\mathrm{m^3}$ 为单位。

【例 8-4】 若加水量为水泥用量的 41%，水泥密度为 $3000\mathrm{kg/m^3}$，堆积密度为 $1200\mathrm{kg/m^3}$，求每 $1\mathrm{m^3}$ 的材料用量。

【解】 水灰比 $=\dfrac{0.41\times1200}{1000}=0.492$

虚体积系数 $=\dfrac{1}{1+0.492}=0.67$

收缩后体积 $=\left(\dfrac{1200}{3000}+0.492\right)\times0.67=0.5976$

$$实体积系数 = \frac{1}{(1+0.492) \times 0.5976} = 1.122$$

水泥净用量 $= 1.122 \times 1 \times 1200 = 1346(\text{kg})$

水净用量 $= 1.122 \times 1 \times 0.492 = 0.552(\text{m}^3)$

二、特种砂浆材料用量计算

特种砂浆包括耐酸、防腐、不发火沥青砂浆等。它们的配合比均按质量比计算。

设甲、乙、丙三种材料表观密度分别为 A、B、C，配合比分别为 a、b、c。

则：材料百分比系数：$G = \frac{1}{a+b+c} \times 100\%$；甲材料质量比：$\tau_a = G \times a$；乙材料质量比：$\tau_b = G \times b$；丙材料质量比：$\tau_c = G \times c$。

配合后每 1m^3：砂浆质量 $q = \dfrac{1000}{\dfrac{\tau_a}{A} + \dfrac{\tau_b}{B} + \dfrac{\tau_c}{C}}(\text{kg})$

甲材料用量 $q_a = q \times \tau_a = q \times G \times a$；

乙材料用量 $q_b = q \times \tau_b = q \times G \times b$；

丙材料用量 $q_c = q \times \tau_c = q \times G \times c$；

对特种砂浆中任意一种材料 i，每 1m^3 的用量为：

$$q_i = q \times \tau_i = q \times G \times i$$

上述过程计算出的材料用量为净用量，未考虑损耗。

特种砂浆所需材料的比重可由表 8-2 查得。

表 8-2　　　　　　　　特种砂浆所需材料比重表

材料名称	表观密度/(g/cm^3)	备　注	材料名称	表观密度/(g/cm^3)	备　注
辉绿岩粉	2.5		重晶石英粉	4.3	
石英粉	2.7		石灰石砂	2.5	
石英砂	2.7		砂	2.65	
耐酸水泥	3.0		普通水泥	3.1	
过氯乙烯清漆	1.25	108胶普通沥青砂浆用	石油沥青	1.1	耐酸砂浆用
108胶	1.05		煤沥青	1.2	
滑石粉	2.6		煤焦油	1.1	
氟硅酸钠	2.75		石灰膏	1.35	
石油沥青	1.05		水玻璃	1.36~1.5	

三、装饰砂浆配合比计算

外墙面装饰砂浆分为水刷石、水磨石、干粘石、剁假石等。

1. 水泥白石子浆材料用量计算

水泥白石子浆配合比计算,也可采用一般抹灰砂浆计算公式。例如白石子堆积密度 1500kg/m³;密度 2800kg/m³。

$$孔隙率 = \left(1 - \frac{白石子堆积密度}{白石子密度}\right) \times 100\% = \left(1 - \frac{1500}{2800}\right) \times 100\%$$

$$= 46\%$$

当白石子用量超过 1500kg/m³ 时,按 1500kg/m³ 计算。

【例 8-5】 水泥白石子浆配合比为 1:2.5(水泥:白石子),求 1m³ 的材料用量。

【解】 白石子用量 $= \dfrac{1500 \times 2.5}{(1+2.5) - 2.5 \times 0.46} = 1596 kg/m³ > 1500 \ kg/m³$,取 1500kg/m³

$$水泥用量 = \frac{1346}{1 \times 2.5} = 538(kg)$$

说明:每 1m³ 素水泥浆用水泥 1346kg(详见例 8-4 素水泥浆计算)

2. 美术水磨石浆材料用量计算

美术水磨石,采用白水泥或普通水泥,加色石子(大理石子)和颜料,磨光打蜡,其种类及用料配合比,可参考表 8-3。其材料用量以 m³ 为单位,计算公式如下。

(1)色石子用量为

$$Q_G = \frac{G_O}{\sum_H - G_O \times P}$$

式中　Q_G——色石子用量(m³);

　　　　G_O——色石子之比;

　　$\sum_H$——配合比之和;

　　　　P——色石子孔隙率,$P = \left(1 - \dfrac{\rho}{\rho_0}\right) \times 100\%$;其中 ρ 为色石子表观密度(kg/m³),ρ_0 为色石子密度(kg/m³)。

表 8-3　　　　　　　　　　常用美术磨石配合比参考

编号	磨石名称	石子				水泥			颜料		
		种类	规格/mm	占石子总量(%)	用量/(kg/m²)	种类	占石子总量(%)	用量/(kg/m²)	种类	占石子总量(%)	用量/(kg/m²)
1	黑墨玉	墨玉	2~12 13	100	26	青水泥	100	9	炭墨	2	0.18
2	沉香玉	沉香玉 汉白玉 墨玉	2~12 13 3~4	60 30 10	15.6 7.8 2.6	白水泥	100	9	铬黄	1	0.09
3	晚霞	晚霞 汉白玉 铁岭红	2~12 13 3~4	65 25 10	16.9 6.5 2.6	白水泥 青水泥	90 10	8.1 0.9	铬黄 地板黄 朱红	0.1 0.2 0.087	0.009 0.018 0.0072
4	白底墨玉	墨玉 (圆石)	2~12 15	100	26	白水泥	100	9	铬绿	0.08	0.0072
5	小桃红	桃红 墨玉	2~12 15 3~4	90 10	23.4 2.6	白水泥	100	10	铬黄 朱红	0.50 0.42	0.045 0.036
6	海玉	海玉 彩霞 海玉	15~30 2~4 2~4	80 10 10	20.8 2.6 2.6	白水泥	100	10	铬黄	0.80	0.072
7	彩霞	彩霞	15~30	80	20.8	白水泥	90	8.1	氧化铁红	0.06	0.0054
8	铁岭红	铁岭红	2~12 16	100	26	白水泥 青水泥	20 80	1.8 7.2	氧化铁红	1.5	0.135

(2)水泥用量为

$$Q_C = \frac{G \times G_m}{G_O} Q_G$$

式中　Q_C——水泥用量(kg/m³)；

　　G——水泥之比；

　　G_m——水泥堆积密度(kg/m³)。

(3)颜料用量按占水泥总量的百分比计算。

　　颜料选用耐碱、耐光的矿物颜料,掺入量应不大于水泥质量的15%,等级划分见表8-4。

表 8-4　　　　　　　　　　　　　颜料掺量等级

颜料掺量等级	微量级	轻量级	中量级	重量级	特重量级
占水泥质量(%)	0.1以下	0.1~0.9	1~5	6~10	11~15

　　【例 8-6】　某房间美术水磨石地面,其配合比为水泥色石子浆1:2.8(水泥:色石子),其中白水泥占25%,普通水泥占75%,氧化铁黄占水泥质量2.5%,求每1m³的各材料用量。其中,水泥堆积密度1200kg/m³,色石子密度2650kg/m³,色石子堆积密度为1500kg/m³,色石子损耗率为6%,水泥损耗率为2%,颜料损耗率为4%。

　　【解】　色石子用量 $= \dfrac{2.8}{(1+2.8)-2.8 \times 0.434} = 1.083(m^3) > 1m^3$,取 $1m^3$

　　孔隙率 $= (1 - \dfrac{1500}{2650}) \times 100\% = 43.4\%$

　　色石子总消耗量 $= 1 \times (1+0.06) = 1.06(m^3)$

　　折合色石子质量 $= 1500 \times 1.06 = 1590(kg)$

　　水泥用量 $= \dfrac{1 \times 1200}{2.8} \times 1 = 429(kg)$

　　其中:白水泥用量 $= 429 \times 0.25 = 107.25(kg)$

　　　　　白水泥总消耗量 $= 107.25 \times (1+0.02) = 109.40(kg)$

　　　　　普通水泥用量 $= 429 \times 0.75 = 321.75(kg)$

　　　　　普通水泥总消耗量 $= 321.75 \times (1+0.02) = 328.19(kg)$

　　　　　氧化铁黄总消耗量 $= (429 \times 0.025) \times (1+0.04) = 11.15(kg)$

四、垫层材料用量计算

　　(1)质量比计算方法(配合比以质量比计算):

$$压实系数 = \frac{虚铺厚度}{压实厚度}$$

$$混合物质量 = \frac{1000}{\dfrac{甲材料占百分率}{甲材料容重} + \dfrac{乙材料占百分率}{乙材料容重} + \cdots\cdots}$$

材料用量＝混合物质量×压实系数×材料占百分率×(1＋损耗率)

【例 8-7】 黏土炉渣混合物,其配合比(质量比)为 1：0.8(黏土：炉渣),黏土容重为 1400kg/m³,炉渣容重为 800kg/m³,其虚铺厚度为 25cm,压实厚度为 17cm,求每 1m³ 的材料用量。

【解】 黏土占百分率 $=\dfrac{1}{1+0.8}\times100\%=55.6\%$

炉渣占百分率 $=\dfrac{0.8}{1+0.8}\times100\%=44.4\%$

压实系数 $=\dfrac{25}{17}=1.47$

每 1m³(1：0.8)黏土炉渣混合物质量 $=\dfrac{1000}{\dfrac{0.556}{1.4}+\dfrac{0.444}{0.8}}=1050(\text{kg})$

则每 1m³ 黏土炉渣的材料用量为:

黏土 $=1050\times1.47\times0.556\times1.025(\text{加损耗})=880(\text{kg})$

折合成体积: $\dfrac{880}{1400}=0.629(\text{m}^3)$

炉渣 $=1050\times1.47\times0.444\times1.015(\text{加损耗})=696(\text{kg})$

折合成体积: $\dfrac{696}{800}=0.87(\text{m}^3)$

(2)体积比计算方法(配合比以体积比计算):

每 1m³ 材料用量＝每 1m³ 的虚体积×材料占配合比百分率

每 1m³ 的虚体积＝1×压实系数

材料占配合比百分率 $=\dfrac{\text{甲(乙}\cdots\cdots)\text{材料之配比}}{\text{甲材料之配比}+\text{乙材料之配比}+\cdots\cdots}$

材料实体积＝材料占配合比百分率×(1－材料孔隙率)

材料孔隙率 $=\left(1-\dfrac{\text{材料容量}}{\text{材料密度}}\right)\times100\%$

【例 8-8】 水泥、石灰、炉渣混合物,其配合比为 1：3：7(水泥：石灰：炉渣),其虚铺厚度为 24cm,压实厚度为 17cm,求每 1m³ 的材料用量。

【解】 压实系数 $=\dfrac{24}{17}=1.412$

水泥占配合比百分率 $=\dfrac{1}{1+3+7}\times100\%=9.1\%$

$$石灰占配合比百分率=\frac{3}{1+3+7}\times100\%=27.3\%$$

$$炉渣占配合比百分率=\frac{7}{1+3+7}\times100\%=63.6\%$$

则每 $1m^3$ 水泥、石灰、炉渣的材料用量为：

水泥$=1.412\times0.091\times1200($水泥密度$)\times1.01($损耗$)=156(kg)$

石灰$=1.412\times0.273\times600\times1.02($损耗$)=236(kg)$

炉渣$=1.412\times0.636\times1.015($损耗$)=0.912(m^3)$

（3）灰土体积比计算公式：

$$每\ 1m^3\ 灰土的石灰或黄土的用量=\frac{虚铺厚度}{压实厚度}\times\frac{石灰或黄土的配比}{石灰、黄土配比之和}$$

$$每\ 1m^3\ 灰土所需生石灰(kg)=石灰的用量(m^3)\times每\ 1m^3\ 粉化灰需用生$$
$$石灰数量(取石灰成分：块末=2：8)$$

【例 8-9】　某 3：7 灰土（黄土：石灰），其虚铺厚度为 22cm，压实厚度为 16cm，求每 $1m^3$ 的材料用量。

【解】　黄土$=\dfrac{22}{16}\times\dfrac{7}{3+7}\times1.025($损耗$)=0.987(m^3)$

石灰$=\dfrac{22}{16}\times\dfrac{3}{3+7}\times1.02($损耗$)\times600=252.45(kg)$

（4）砂、碎石等单一材料的垫层用量计算公式：

$$定额用量=定额单位\times压实系数\times(1+损耗率)$$

$$压实系数=\frac{压实厚度}{虚铺厚度}$$

对于砂垫层材料用量的计算，按上列公式计算得出干砂后，需另加中粗砂的含水膨胀系数 21%。

（5）碎（砾）石、毛石或碎砖灌浆垫层材料用量的计算。

碎（砾）石、毛石或碎砖的用量与干铺垫层用量计算相同，其灌浆用的砂浆用量则按下列公式计算：

$$砂浆用量=(碎（砾）石、毛石或碎砖密度-碎（砾）石、毛石或碎砖$$
$$相对密度\times压实系数)\div碎（砾）石、毛石或碎砖的密度\times$$
$$填充密度\times(1+损耗率)$$

【例 8-10】　已知碎石密度 2650kg/m³，相对密度 1550kg/m³，碎石压实系数 1.06，砂浆填充密度 70%。试计算每 $1m^3$ 碎石灌垫层的材料用量。

【解】　$砂浆 = \dfrac{2650-1550 \times 1.06}{2650} \times 70\% \times 1.02(损耗) = 0.271(m^3)$

$碎石 = 1 \times 1.06 \times 1.03(损耗) = 1.092(m^3)$

五、菱苦土面层材料用量计算

菱苦土地面是由菱苦土、锯屑、砂、$MgCl_2$（或卤水）和颜料粉等原料组成，并分底层、面层组合而成。

(1)配合比用料计算公式如下：

$$每 1m^3 \ 实体积化为虚体积 = \dfrac{1}{\dfrac{甲材料}{实体积} + \dfrac{乙材料}{实体积} + \cdots\cdots}$$

材料实体积 = 材料占配合比比例(%) × (1 - 材料孔隙率)

每 $1m^3$ 材料用量 = 每 $1m^3$ 的虚体积 × 材料占配合比比例(%)

(2)孔隙率的确定。计算公式如下：

$$孔隙率 = \left(1 - \dfrac{容重}{密度}\right) \times 100\%$$

锯末堆积密度 $250kg/m^3$，密度 $600kg/m^3$，孔隙率为 58%。

砂的堆积密度 $1550kg/m^3$，密度 $2600kg/m^3$，孔隙率为 40%。

菱苦土以粉状计算，不计孔隙率。$MgCl_2$ 溶液不计算体积。

(3)$MgCl_2$ 溶液用量用一般水泥砂浆用水量，按 $0.3m^3$ 计算。密度按规范规定为 $1180 \sim 1200kg/m^3$，取定 $1200kg/m^3$，因此，每 $1m^3$ 菱苦土浆用 $MgCl_2$ 为 $0.30 \times 1200 = 360kg$。

(4)以卤水代替 $MgCl_2$ 时，卤水浓度按 95% 计算。

$$每 1m^3 \ 菱苦土浆用卤水 = \dfrac{1}{0.95} \times 360 = 379(kg)$$

(5)颜料用量系外加剂材料，不计算体积，规范规定为总体积的 $3\% \sim 5\%$，一般底层不用颜料，按面层总体积加 3% 计算。

【例 8-11】　菱苦土地面，面层厚 8mm，底层厚 12mm，其损耗率为 1%；配合比为面层 $1:0.3:0.7$（菱苦土：锯屑：砂），底层 $1:4:0.4$，求各种材料用量。

【解】　(1)按材料实体积计算：

1)面层部分：

$$菱苦土：\dfrac{1}{1+0.3+0.7} = 0.5(m^3)$$

锯屑:$\dfrac{0.3}{1+0.3+0.7}\times 42\%=0.063(m^3)$

砂:$\dfrac{0.7}{1+0.3+0.7}\times 60\%=0.21(m^3)$

2)底层部分:

菱苦土:$\dfrac{1}{1+4+0.4}=0.185(m^3)$

锯屑:$\dfrac{4}{1+4+0.4}\times 42\%=0.311(m^3)$

砂:$\dfrac{0.4}{1+4+0.4}\times 60\%=0.044(m^3)$

(2)实体积化为虚体积计算:

面层:$\dfrac{1}{0.5+0.063+0.21}=1.294$

底层:$\dfrac{1}{0.185+0.311+0.044}=1.85$

1)面层部分:

菱苦土:$1.294\times 0.5=0.65(m^3)$

锯屑:$1.294\times 0.15=0.19(m^3)$

砂:$1.294\times 0.35=0.45(m^3)$

2)底层部分:

菱苦土:$1.85\times 0.185=0.34(m^3)$

锯屑:$1.85\times 0.74=1.369(m^3)$

砂:$1.85\times 0.07=0.13(m^3)$

3)每100m² 菱苦土地面各种材料耗用量:

菱苦土:$(0.65\times 0.8+0.34\times 1.2)\times 1.01=0.94(m^3)$

锯屑:$(0.19\times 0.8+1.369\times 1.2)\times 1.01=1.81(m^3)$

砂:$(0.45\times 0.8+0.13\times 1.2)\times 1.01=0.52(m^3)$

$MgCl_2$:$0.3\times 1200\times 2.02=727(kg)$

或卤水:$\dfrac{1}{0.95}\times 727=765(kg)$

颜料:$(0.65+0.19+0.45)\times 0.8\times 0.03=0.031(m^3)$

折合颜料质量$=0.0326\times 1150(颜料堆积密度)=37.49(kg)$

六、水泥白石子(石屑)浆材料用量计算

1. 水泥白石子(石屑)浆参考计算方法

设水泥白石子(石屑)浆配合比(体积比),即水泥∶白石子(石屑)$=$ $a∶b$,水泥密度为 $A=3100\text{kg/m}^3$,堆积密度为 $A'=1200\text{kg/m}^3$;白石子密度为 $B=2700\text{kg/m}^3$,堆积密度为 $B'=1500\text{kg/m}^3$,水为 $V_\text{水}=0.3\text{m}^3$。

则:水泥用量占百分比 $D=\dfrac{a}{a+b}$

白石子用量占百分比 $D'=\dfrac{b}{a+b}$

每 1m^3 水泥白石子混合物的虚体积为

$$V=\frac{1000}{D\times\dfrac{A'}{A}+D'\times\dfrac{B'}{B}}$$

每 1m^3 水泥白石子浆加水量为 $V_\text{水}$,以 kg 为单位,则水泥用量、白石子用量计算如下:

$$水泥用量=(1-V_\text{水})VDA'$$
$$白石子用量=(1-V_\text{水})VDB'$$

有关数据见表 8-5 和表 8-6。

表 8-5　　　　　　　　每 1m^3 白石子浆配合比用料表

项　　目	单　位	1∶1.25	1∶1.5	1∶2	1∶2.5	1∶3
水泥(32.5 级)	kg	1099	915	686	550	458
白石子	kg	1072	1189	1376	1459	1459
水	m³	0.30	0.30	0.30	0.30	0.30

表 8-6　　　　　　　　每 1m^3 石屑浆配合比用料表

项　　目	单　　位	水泥石屑浆 1∶2	水泥豆石浆 1∶1.25
水泥(32.5 级)	kg	686	1099
豆粒砂	m³	—	0.73
石屑	kg	1376	—

2. 装饰砂浆参考数据

装饰砂浆用料计算参考数据见表 8-7。

表 8-7　　　　　　　　　装饰砂浆用料计算参考数据

项　目	分 层 做 法		厚度/mm
水刷石	水泥砂浆 1：3 底层		15
	水泥白石子浆 1：5 面层		10
剁假石	水泥砂浆 1：3 底面		16
	水泥石屑 1：2 面层		10
水磨石	水泥砂浆 1：3 底层		16
	水泥白石子浆 1：2.5 面层		12
干粘石	水泥砂浆 1：3 底层		15
	水泥砂浆 1：2 面层		7
	撒粘石面		
石灰拉毛	水泥砂浆 1：3 底层		14
	纸筋灰浆面层		6
水泥拉毛	混合砂浆 1：3：9 底层		14
	混合砂浆 1：1：2 面层		6
喷涂	混凝土外墙	水泥砂浆 1：3 底层	1
		混合砂浆 1：1：2 面层	4
	砖外墙	水泥砂浆 1：3 底层	15
		混合砂浆 1：1 面层	4
滚涂	混凝土墙	水泥砂浆 1：3 底层	1
		混合砂浆 1：1：2 面层	4
	砖墙	水泥砂浆 1：3 底层	15
		混合砂浆 1：1：2 面层	4

第二节　装饰装修用块(板)料用量计算

随着科学技术和建筑材料的迅速发展及各品种的不断增加,装饰装修用块料(板)材料品种也日益增多,如釉面砖、天然大理石板或人造大理石板、彩色水磨石板、建筑板材塑料贴面板、铝合金压型板、天棚材料钙塑泡沫板、石膏装饰板等。

一、建筑陶瓷砖用量计算

建筑陶瓷砖种类很多,装饰上主要有釉面砖、外墙贴面砖、铺地砖、陶瓷马赛克等。

(1)釉面砖。釉面砖又称内墙面砖,是上釉的薄片状精陶装饰装修材料。主要用于建筑物内装饰、铺贴台面等。

釉面砖包括白色釉面砖、无光彩色釉面砖、各种装饰釉面砖。

釉面砖不适于严寒地区室外用,因其经多次冻融,易出现剥落、掉皮现象,所以在严寒地区须慎用。

(2)外墙贴面砖。外墙贴面砖是用作建筑外墙装饰装修的瓷砖,一般是属陶质的,也有炻质的。外墙贴面砖制品分为有釉、无釉两种,颜色丰富,花样繁多,如米黄色、素红色、白色等,适于建筑物外墙面装饰,能够防止建筑物表面被大气侵蚀。

(3)铺地砖。铺地砖比墙面砖厚,又称为缸砖,不上釉,耐磨性好,易于清洗。它不仅可以适用于交通频繁的地面、楼梯、室外地面,也可用于工作台面。颜色一般有白色、红色、浅黄色和洋黄色,有背纹(或槽)(0.5~2mm),这样便于施工和提高粘结强度。

(4)陶瓷马赛克。陶瓷马赛克又称锦砖,是可以组成各种装饰图案的小瓷砖。它可用于建筑物内、外墙面,地面。

陶瓷块料的用量计算公式为

$$100m^2 \text{ 用量} = \frac{100}{(\text{块长}+\text{拼缝})\times(\text{块宽}+\text{拼缝})}\times(1+\text{损耗率})$$

【**例 8-12**】 釉面瓷砖规格为 138mm×138mm,接缝宽度为 1.5mm,其损耗率为 1%,求 100m² 需用块数。

【**解**】 $100m^2$ 用量 $= \dfrac{100}{(0.138+0.0015)\times(0.138+0.0015)}\times(1+$

$0.01)$

$\qquad = 5190(\text{块})$

二、建筑石材板(块)用量计算

建筑石材包括天然石和人造石板材,有天然大理石板、花岗石饰面板、人造大理石板、彩色水磨石板、玉石合成装饰板等。

(1)天然大理石板。天然大理石是一种富有装饰性的天然石材,石质细腻,光泽度高,品种繁多,颜色及花纹种类丰富,它是厅、堂、馆、所及其他民用建筑中人们追求的室内装饰装修材料。

(2)花岗石饰面板。花岗石饰面板材,一般采用晶粒较粗,结构较均匀,排列比较规则的原材料经加工磨光而成。其石质坚硬密实,按其结晶颗粒大小可分为细粒、中粒和斑状等几种。要求表面平整光滑,棱角整齐。其颜色有粉红底黑点、花皮、白底黑点、灰白色、纯黑等。

(3)人造大理石板。人造大理石又称合成石,其具有天然大理石的花纹和质感,重量只及天然大理石 50%,强度高、厚度薄,具有耐酸碱、抗污染等优点。其色彩和花纹均可仿制天然大理石之纹样。其最大特点是物美价廉,成本仅及天然大理石的 30%~50%。

(4)彩色水磨石板。彩色水磨石板系以水泥和彩色石屑拌和,经成型、养护、研磨、抛光后制成。具有强度高、紧固耐用、美观、施工简便等特点。

石材板(块)料的用量计算公式为

$$100\text{m}^2 \text{ 用量} = \frac{100}{(\text{块长}+\text{拼缝}) \times (\text{块宽}+\text{拼缝})} \times (1+\text{损耗率})$$

【例 8-13】 天然大理石板规格 400mm×400mm,接缝宽度为 5mm,其损耗率为 1%,求 100m² 需用块数。

【解】 $100\text{m}^2 \text{ 用量} = \dfrac{100}{(0.40+0.005) \times (0.40+0.005)} \times (1+0.01)$

$= 616(\text{块})$

三、建筑板材用量计算

建筑板材中的新型装饰板种类繁多,比如胶合板、纤维板、水泥刨花板、石棉水泥平板、半波瓦、纸面稻草板、石膏板、防火轻质板、铜浮雕艺术装饰板、搪瓷瓦棱板、铝合金压型板、彩色不锈钢板、塑料贴面装饰板等。

1. 常用人造板

(1)胶合板。胶合板是用原木旋切成薄片,再用胶粘剂按奇数层,以各层纤维互相垂直的方向,胶合热压而成的人造板材,最高层可达 15 层,胶合板大大提高了木材的利用率。板材质地均匀强度高、无疵点,幅面大、变形小、使用方便。常用规格为 1220mm×2440mm。

(2)纤维板。纤维板分硬质纤维板、半硬质和软质纤维板三种。纤维板材质构造均匀,各向强度一致、抗弯强度高且耐磨、绝热性好,不易膨胀和翘曲变形,不腐朽,无枯、中眼等缺陷。常用规格为 1220mm

×2440mm。

2. 常用石膏板

(1)纸面石膏板。包括普通纸面石膏板、耐火纸面石膏板和装饰吸声纸面石膏板三种。它们都是以建筑石膏($CaSO_4 \cdot \frac{1}{2} H_2O$)为主要原料,掺入适量纤维和外加剂等制成芯板,再在其表面贴以厚质护面纸而制成的板材。该板具有质轻、抗弯强度高、防火、隔热、隔声抗震性能好、收缩率小、可调节室内湿度等优点。

(2)装饰石膏板。装饰石膏板可直接作为面层材料使用,表面有纯白浮雕板、钻孔型板、彩色花面板等。石膏板的常用规格见表 8-8。

表 8-8　　　　　　　　　　　　**石膏装饰板规格**　　　　　　　　　　　mm

纸面膏板			装饰石膏板		
长	宽	高	长	宽	高
3000	1200	12	300	300	8～10
2750	1200	12	400	400	8～10
2500	900	12	500	500	8～10
2400	900	12	600	600	8～10

(3)塑料复合钢板。塑料复合钢板分单面覆层塑料复合钢板和双面覆层塑料复合钢板两种。塑料复合钢板具有绝缘、耐磨、耐酸碱、耐油的侵蚀等特点,且加工性能好,施工容易,可切断、弯曲、钻孔、铆接、卷边,适宜作屋面板、瓦楞板、墙板。其规格为 2.00m×1.00m,厚度 0.5～2mm。薄钢板的理论质量见表 8-9。

表 8-9　　　　　　　　　　　　**薄钢板理论质量表**

厚度 /mm	理论质量 /(kg/m²)	厚度 /mm	理论质量 /(kg/m²)	厚度 /mm	理论质量 /(kg/m²)	厚度 /mm	理论质量 /(kg/m²)
0.50	3.925	0.80	6.280	1.2	9.420	1.50	11.775
0.60	4.710	0.90	7.065	1.25	9.813	1.60	12.560
0.70	5.495	1.00	7.850	1.30	10.205	1.80	14.130
0.75	5.888	1.10	8.635	1.40	10.990	2.00	15.700

注:覆层重叠:双面加 1kg/m²,单面加 0.5kg/m²。

(4)铝合金压型板。铝合金压型板大多选用纯铝、铝合金为原料,经辊压冷加工成各种波形的金属板材。铝合金压型板具有重量轻、强度高、刚度好、经久耐用、耐大气腐蚀等特点。光照反射性好,不燃,回收价值高。适宜做屋面及墙面,经着色可做室内装饰板。铝艺术装饰板是高级建筑的装潢材料。它是采用阳极表面处理工艺而制成的。它有各种图案,并具有质感,适用于门厅、柱面、墙面、吊顶和家具等。

因板材施工多采用镶嵌、压条及圆钉或螺钉固定,也可胶粘等,故一般不计算拼缝,其计算公式为

$$100\text{m}^2\text{ 用量} = \frac{100}{\text{块长}\times\text{块宽}}\times(1+\text{损耗率})$$

【例 8-14】　胶合板规格为 1220mm×2440mm,不计算拼缝,其损耗率为 1.5%,求 100m² 需用张数。

【解】　$100\text{m}^2\text{ 用量} = \dfrac{100}{1.22\times2.44}\times(1+0.015)=35(张)$

【例 8-15】　铝压型条板规格为 600mm×500mm,其损耗率为 1%,求 100m² 需用块数。

【解】　$100\text{m}^2\text{ 用量} = \dfrac{100}{0.60\times0.50}\times(1+0.01)=337(块)$

四、天棚材料用量计算

由于建材的发展,天棚材料品种日益增多,如珍珠岩装饰吸声板,软、硬质纤维装饰吸声板,矿棉装饰吸声板,钙塑泡沫装饰板,石膏浮雕板,塑料装饰板和金属微穿孔板等。

天棚材料要求较高,除装饰美观外,尚需具备一定的强度,具有防火、质量轻和吸声性能。

(1)珍珠岩装饰吸声板。珍珠岩装饰吸声板是颗粒状膨胀珍珠岩用胶粘剂粘合而成的多孔吸声材料。具有质量轻,板面可以喷涂各种涂料,也可进行漆化处理(防潮),表面美观、防火、防潮不易翘曲、变形等优点。除用作一般室内天棚吊顶饰面吸声材料外,还可用于影剧场、车间的吸声降噪,用于控制混响时间,对中高频的吸声作用较好。其中复合板结构具有强吸声的效能。

1)珍珠岩吸声板可按粘结剂不同区分有水玻璃珍珠岩吸声板、水泥珍珠岩吸声板和聚合物珍珠岩吸声板。

2)按表面结构形式分,则有不穿孔的凸凹形吸声板、半穿孔吸声板、

装饰吸声板和复合吸声板。相应的规格见表 8-10。

表 8-10　　　　　　　　　　　　珍珠岩装饰吸声板规格

名　　称	规格/mm	名　　称	规格/mm
膨胀珍珠岩装饰吸声板	500×500×20	膨胀珍珠岩装饰吸声板	$300×300×\frac{12}{18}$
J2—1 型珍珠岩高效吸声板	500×500×35	珍珠岩装饰吸声板	400×400×20
J2—2 型珍珠岩高效吸声板	$500×500×\frac{15}{10}$	膨胀珍珠岩装饰吸声板	500×500×23
珍珠岩穿孔板	$500×500×\frac{10}{15}$	珍珠岩吸声板	500×250×35
珍珠岩吸声板	500×500×35	珍珠岩穿孔复合板	500×500×40
珍珠岩穿孔复合板	$500×500×\frac{20}{30}$		

（2）矿棉装饰吸声板。矿棉吸声板以矿渣棉为主要原材料，加入适当粘结剂、防潮剂、防腐剂，加压烘干而成。

经表面处理或与其他材料复合，可控制纤维飞扬，且具有吸声、保温、质轻、防火等特点，用于剧场、宾馆、礼堂、播音室、商场、办公室、工业建筑等处的天棚以及用作内墙装修的保温、隔热材料，可以控制和调整混响时间，改善室内音质，降低噪声级，改善环境和劳动条件。其常用规格有 500mm×500mm×12mm，596mm×596mm×12mm，496mm×496mm×12mm 三种。

（3）钙塑泡沫装饰吸声板。钙塑泡沫装饰吸声板以聚乙烯树脂加入无机填料轻质碳酸钙、发泡剂、润滑剂、颜料，以适量的配合比经混炼、模压、发泡成型而成。分普通板及加入阻燃剂的难燃泡沫装饰板两种。

表面有凹凸图案和平板穿孔图案两种。穿孔板具有轻、吸声、耐水及施工方便等特点。适用于大会堂、剧场、宾馆、医院及商店等建筑的室内平顶或墙面装饰吸声等。其常用规格为 500mm×500mm、530mm×530mm、300mm×300mm，厚度为 2～8mm。

（4）塑料装饰吸声板。塑料装饰吸声板以各种树脂为基料，加入稳定剂、色料等辅助材料，经捏和、混炼、拉片、切粒、挤出成型而成。

塑料装饰吸声板种类较多，具有许多优点，材料具有防水、质轻、吸声、耐腐蚀等优点。导热系数低,色彩鲜艳。适用于会堂、剧场、商店等建筑的室内吊顶或墙面装饰。因产品种类繁多,规格及生产单位也比较多,依所选产品规格进行计算。

上述这些板材一般不计算拼缝,其计算公式为

$$100\text{m}^2 \text{用量} = \frac{100}{\text{块长} \times \text{块宽}} \times (1 + 损耗率)$$

【例 8-16】 矿棉装饰吸声板规格为 596mm×596mm,其损耗率为 1%,求 100m² 需用块数。

【解】 $100\text{m}^2 \text{用量} = \frac{100}{0.596 \times 0.596} \times (1 + 0.01) = 285(\text{块})$

第三节 壁纸、地毯用量计算

一、壁纸(墙纸)用量计算

壁纸是目前国内外使用十分广泛的墙面装饰材料。它的色泽丰富,图案繁多,通过印花、压花、发泡等多种工艺可以仿制许多传统材料的外观,如仿木纹、石纹、锦缎和各种织物等,也有仿瓷砖、黏土砖等。

塑料面壁纸规格见表 8-11。

表 8-11　　塑料面壁纸规格

分类 \ 项目	幅度/mm	长度/mm	每卷面积/m²
小卷	窄幅 530~600	10~20	5~6
中卷	中幅 600~900	20~50	20~40
大卷	宽幅 920~1200	50	46~90

壁纸消耗量计算公式如下:

墙面(拼缝)100m² 用量 = 100 × 1.15 = 115(m²)

墙面(拼缝)100m² 用量 = 100 × 1.20 = 120(m²)

天棚斜贴 100m² 用量 = 100 × 1.25 = 125(m²)

壁纸消耗量因不同花纹图案、不同房间面积、不同阴阳角和施工方法(搭缝法、拼缝法)而有所增减,一般在 10%~20% 之间,如斜贴需增加 25%,其中包括搭接、预留和阴阳角搭接(阴角 3mm,阳角 2mm)的损耗,不包括运输损耗(在材料预算价格内)。

二、地毯用量计算

地毯是地面装饰材料,它触感好、品种多样、给人温暖的感觉,有隔热、减少噪声作用;但不耐磨,易污染。

(一)分类

1. 按图案花饰分类

按图案花饰分为五种:京式、美术式、彩花式、素凸式和古典式。

2. 按地毯材质分类

(1)纯毛地毯(即羊毛地毯)。这种地毯是我国传统的手工艺品之一,历史悠久,图案优美,色彩鲜艳,质地厚实,经久耐用。用以铺地,柔软舒适,并且富丽堂皇,装饰效果极佳。多用于宾馆、会堂、舞台、建筑物的楼地面上。

(2)混纺地毯。在羊毛纤维中加20％的尼龙(PA)纤维,称为羊毛纤维和各种纤维混纺。适合于会议厅、会客室等场所使用。

(3)合成纤维地毯。又称化纤地毯。

(4)塑料地毯。品种多,图案多样,多彩丰富,经久耐磨,能满足人们的装饰需要。

(二)地毯用量计算

大面积铺设所需地毯的用量,其损耗按面积增加10％;楼梯满铺地毯,先测量每级楼梯深度与高度,将量得的深度与高度相加乘以楼梯的级数,再加上45cm的余量,以便挪动地毯,转移经常受磨损的位置。其用量一般是先计算楼梯的正投影面积,然后再乘以系数1.5。

第四节　油漆涂料用量计算

一、油漆、涂料含义

涂料是指涂敷于物体表面能干结成膜,具有防护、装饰、防锈、防腐、防水或其他特殊功能的物质。人们习惯上把用于建筑物表面涂敷,能起到防护、装饰及其他特殊功能的涂料,称为建筑涂料。

1. 涂料分类

涂料品种很多,按不同方法分类见表8-12。

表 8-12　　　　　　　　　　　　　　　　**涂料种类**

品　　　种	种　　　　类
按主要成膜物质分	油脂漆、各种合成树脂漆、纤维素涂料
按组成分	无颜料而透明的油漆、加入颜料而不透明的色漆、以合成树脂为主的磁漆、合成树脂和油料调和的调和漆、树脂加纤维素电解质溶于溶剂的光漆
按剂型分	油性溶剂型漆、水溶性涂料、乳胶漆、粉末涂料、无溶剂漆等
按作用分	防锈漆、防蚀漆、防毒漆、防水涂料、防火涂料、标志(发光)涂料
按所涂布的基材分	金属用涂料、木工用涂料、混凝土用涂料、桥梁用涂料、汽车用涂料、船舶用涂料、地板漆等
按涂布方式分	喷漆、常干漆、烤漆
按涂膜状态分	有光漆、无光漆、透明漆

2. 涂料用量计算

涂料用量计算大多依据产品各自性能特点,以每 1kg 涂刷面积计算,再加上损耗量。其计算公式为:

$$涂料用量 = \frac{涂料涂刷面积(m^2)}{每\ 1kg\ 涂刷面积(m^2/kg)} \times (1 + 损耗率)$$

二、油漆用量计算

随着树脂工业的发展,各种有机合成树脂相继出现,使油漆原料从天燃油脂发展到合成树脂,以一般厚漆用量为例,根据遮盖力实验,其遮盖力可按下式计算:

$$X = \frac{G(100 - W)}{A} \times 10000 - 37.5$$

式中　X——遮盖力(g/m^2);

　　　G——黑白格板完全遮盖时涂漆质量(g);

　　　W——涂料中含清油质量百分数;

　　　A——黑白格板的涂漆面积(cm^2)。

将原漆与清油按 3:1 比例调匀混合后,经试验可测得以下各色厚漆遮盖力:

象牙、白色	$\leqslant 220\text{g/m}^2$
红色	$\leqslant 220\text{g/m}^2$
黄色	$\leqslant 180\text{g/m}^2$
蓝色	$\leqslant 120\text{g/m}^2$
黑色	$\leqslant 40\text{g/m}^2$
灰、绿色	$\leqslant 80\text{g/m}^2$
铁红色	$\leqslant 70\text{g/m}^2$

计算涂料用量,首先计算涂刷面积,再乘以这种涂料的遮盖力(g/m^2),除以 1000,即得涂料(刷一遍)的用量。其计算公式如下:

$$净涂用量＝涂刷面积×遮盖力×\frac{1}{1000}$$

【例 8-17】 涂刷绿色厚漆 250m^2,其遮盖力为 80g/m^2,如涂刷一遍需多少绿色厚漆?

【解】 需用量$＝250×80×\dfrac{1}{1000}＝20(\text{kg})$

三、涂料参考用量指标

1. 外墙涂料

外墙涂料按装饰质感分为四类:

(1)浮雕型涂料。花纹呈现凸凹状,富有立体感。

(2)彩砂涂料。它是用彩色石英砂、瓷粒、云母粒为主要原料,色泽新颖、晶莹绚丽。

(3)厚质涂料。这种涂料可喷、可滚、可拉毛,亦能做出不同质感的花纹。

(4)薄质涂料。它的质感细腻,用料较省,亦可用于内墙粉刷。

2. 内墙、天棚涂料

内墙涂料,施工简便,省工省力,外观光洁细腻,颜色丰富多彩,给人以亲切的感受。内墙涂料一般都可用于天棚涂刷,但不宜用于外墙。

内墙涂料较薄,一般是涂刷施工,两道成活。按化学成分分为八类,即:苯丙、丙烯酸、乙丙、聚乙烯醇、氯乙烯、硅酸盐、复合类和其他类。

3. 地面涂料

地面涂料经济、美观、耐用,涂层较薄,用料较省,颜色丰富,可以涂刷各种花纹图案。有的涂料具有弹性,并有隔声作用;有的涂料耐酸碱、耐腐蚀性好,可用于有酸碱油污的车间;有的涂料用于超净车间、精密仪器车间的地面。地面涂料能改善室内环境,使室内明亮。它具有一定的耐摩擦、耐踏践、耐洗刷等特点。

4. 特种涂料

特种涂料,有的涂料隔热、防水性能很强,可以涂在屋面铁皮上,既能防水降温,又有装饰的作用;有的涂料防火、隔声。有的用于对古代建筑文物的保护,性能良好;有的用于冷藏食品库防霉防腐,效果尤佳;室外人行道和球场涂刷"水性丙烯酸球场涂料",柔软而富有弹性;机场、隧道航标、桥梁涂刷"定性反光漆",可以反射出各种颜色,光泽明亮。

第九章 装饰装修工程清单工程量计算

第一节 工程量清单计价概述

一、清单工程量计算一般规定

2012年12月25日,住房和城乡建设部发布了《建设工程工程量清单计价规范》(GB 50500—2013)(以下简称《计价规范》)和《房屋建筑与装饰工程工程量计算规范》(GB 50854—2013)、《仿古建筑工程工程量计算规范》(GB 50855—2013)、《通用安装工程工程量计算规范》(GB 50856—2013)、《市政工程工程量计算规范》(GB 50857—2013)、《园林绿化工程工程量计算规范》(GB 50858—2013)、《矿山工程工程量计算规范》(GB 50859—2013)、《构筑物工程工程量计算规范》(GB 50860—2013)、《城市轨道交通工程工程量计算规范》(GB 50861—2013)、《爆破工程工程量计算规范》(GB 50862—2013)10本计量规范,并于2013年7月1日起实施。

《房屋建筑与装饰工程工程量计算规范》(GB 50854—2013)将装饰工程分为楼地面装饰工程,墙、柱面装饰与隔断、幕墙工程,天棚工程,门窗工程,油漆、涂料、裱糊工程,其他装饰及拆除工程共七个部分,由项目编码、项目名称、计量单位、工程量计算规则构成。招标人在编制工程量清单时,应依据计量规范,按照设计图样区别不同规格、材质、构造等,详细列出分部分项工程子项,填入工程量清单项目表格中,见表9-1。

表 9-1 　　　　　　分部分项工程和单价措施项目清单与计价表

工程名称：　　　　　　　　　　标段：　　　　　　　　第　页共　页

序号	项目编码	项目名称	项目特征描述	计量单位	工程量	金　额/元		
						综合单价	合价	其中 暂估价
1	011101002001	现浇水磨石楼地面	C20 细石混凝土找平层 60mm 厚，石子水磨石面层 20mm 厚，15mm×2mm 铜条分隔，距墙柱边 300mm 范围内按纵横 1m 分格	m²	180.28			
2	011101003001	细石混凝土楼地面	C20 细石混凝土找平层 30mm 厚，C20 混凝土面层 20mm 厚	m²	181.48			
3	011105001001	水泥砂浆踢脚线	踢脚线高度200mm	m²	28.29			
4	011106005001	现浇水磨石楼梯面层	找平层厚 20mm	m²	41.81			
5	011107001001	石材台阶面	1：2.5 水泥砂浆粘贴	m²	13.18			
本页小计								
合计								

注：为计取规费等使用，可在表中增设其中："定额人工费"。

表-08

二、工程量清单计价表格

　　工程量清单与计价宜采用统一的格式。《计价规范》对工程计价表格，按工程量清单、招标控制价、投标报价、竣工结算和工程造价鉴定等各个计价阶段共设计了 5 种封面和 22 种(类)表样。各省、自治区、直辖市建设行政主管部门和行业建设主管部门可根据本地区、本行业的实际情况，在《计价规范》规定的工程计价表格的基础上进行补充完善。工程计价表格的设置应满足工程计价的需要,方便使用。

（一）计价表格名称及适用范围

《计价规范》中规定的工程量清单计价表格的名称及其适用范围见表 9-2。

表 9-2　　　　　　　　　工程计价表格的种类及其使用范围

表格编号	表格种类	表格名称	表格使用范围				
			工程量清单	招标控制价	投标报价	竣工结算	工程造价鉴定
封-1	工程计价文件封面	招标工程量清单封面	●				
封-2		招标控制价封面		●			
封-3		投标总价封面			●		
封-4		竣工结算书封面				●	
封-5		工程造价鉴定意见书封面					●
扉-1	工程计价文件扉页	招标工程量清单扉页	●				
扉-2		招标控制价扉页		●			
扉-3		投标总价扉页			●		
扉-4		竣工结算总价扉页				●	
扉-5		工程造价鉴定意见书扉页					●
表-01	工程计价总说明	总说明	●	●	●	●	●
表-02	工程计价汇总表	建设项目招标控制价/投标报价汇总表		●	●		
表-03		单项工程招标控制价/投标报价汇总表		●	●		
表-04		单位工程招标控制价/投标报价汇总表		●	●		
表-05		建设项目竣工结算汇总表				●	●
表-06		单项工程竣工结算汇总表				●	●
表-07		单位工程竣工结算汇总表				●	●
表-08	分部分项工程和措施项目计价表	分部分项工程和单价措施项目清单与计价表	●	●	●	●	●
表-09		综合单价分析表		●	●		●
表-10		综合单价调整表				●	●
表-11		总价措施项目清单与计价表					

表格编号	表格种类	表格名称	表格使用范围				
			工程量清单	招标控制价	投标报价	竣工结算	工程造价鉴定
表-12	其他项目计价表	其他项目清单与计价汇总表	●	●	●	●	
表-12-1		暂列金额明细表	●	●	●	●	
表-12-2		材料(工程设备)暂估单价及调整表	●	●	●	●	
表-12-3		专业工程暂估价及结算价表	●	●	●	●	
表-12-4		计日工表	●	●	●	●	
表-12-5		总承包服务费计价表	●	●	●	●	
表-12-6		索赔与现场签证计价汇总表				●	
表-12-7		费用索赔申请(核准)表				●	
表-12-8		现场签证表				●	
表-13		规费、税金项目计价表	●	●	●	●	●
表-14		工程计量申请(核准)表				●	
表-15	合同价款支付申请(核准)表	预付款支付申请(核准)表				●	
表-16		总价项目进度款支付分解表			●	●	
表-17		进度款支付申请(核准)表				●	
表-18		竣工结算款支付申请(核准)表				●	
表-19		最终结清支付申请(核准)表				●	
表-20	主要材料、工程设备一览表	发包人提供材料和工程设备一览表	●	●	●	●	
表-21		承包人提供主要材料和工程设备一览表(适用于造价信息差额调整法)	●	●	●	●	
表-22		承包人提供主要材料和工程设备一览表(适用于价格指数差额调整法)	●	●	●	●	●

(二)计价表格的形式及填写说明

1. 封面

(1)招标工程量清单(封-1)。

_____工程
招标工程量清单

招　标　人：_____
（单位盖章）

造价咨询人：_____
（单位盖章）

年　　　月　　　日

封-1

《招标工程量清单》(封-1)填写说明：

　　招标工程量清单封面应填写招标工程项目的具体名称，招标人应盖单位公章，如委托工程造价咨询人编制，还应加盖工程造价咨询人所在单位公章。

　　(2)招标控制价(封-2)。

_____工程
招标控制价

招　标　人：_____
　　　　　　　　　（单位盖章）

造价咨询人：_____
　　　　　　　　　（单位盖章）

年　　　月　　　日

封-2

《招标控制价》(封-2)填写说明：

招标控制价封面应填写招标工程项目的具体名称，招标人应盖单位公章，如委托工程造价咨询人编制，还应加盖工程造价咨询人所在单位公章。

(3)投标总价(封-3)。

_____工程

投标总价

投　标　人：_____

（单位盖章）

年　月　日

封-3

《投标总价》（封-3）填写说明：

投标总价封面应填写投标工程项目的具体名称，投标人应盖单位公章。

（4）竣工结算书（封-4）。

_____ 工程

竣工结算书

发 包 人:_____

　　　　　　(单位盖章)

承 包 人:_____

　　　　　　(单位盖章)

造价咨询人:_____

　　　　　　(单位盖章)

年　月　日

封-4

《竣工结算书》(封-4)填写说明:

　　竣工结算书封面应填写竣工工程的具体名称,发承包双方应盖单位公章,如委托工程造价咨询人办理的,还应加盖工程造价咨询人所在单位公章。

　　(5)工程造价鉴定意见书(封-5)。

　　　　　　　　　　　　　　　　　　　　　　　　　　工程

　　　　编号:××[2×××]××号

工程造价鉴定意见书

　　　　　　　　造价咨询人:_____

　　　　　　　　　　　　(单位盖章)

　　　　　　　　　　年　　月　　日

封-5

《工程造价鉴定意见书》(封-5)填写说明:

　　工程造价鉴定意见书封面应填写鉴定工程项目的具体名称,填写意见书文号,工程造价咨询人盖所在单位公章。

2. 扉页

(1)招标工程量清单(扉-1)。

_____工程

招标工程量清单

招　标　人：_____
（单位盖章）

造价咨询人：_____
（单位资质专用章）

法定代表人
或其授权人：_____
（签字或盖章）

法定代表人
或其授权人：_____
（签字或盖章）

编　制　人：_____
（造价人员签字盖专用章）

复　核　人：_____
（造价工程师签字盖专用章）

编制时间：　年　月　日

复核时间：　年　月　日

扉-1

《招标工程量清单》(扉-1)填写说明：

　　1)本扉页由招标人或招标人委托的工程造价咨询人编制招标工程量清单时填写。

　　2)招标人自行编制工程量清单的,编制人员必须是在招标人单位注册的造价人员,由招标人盖单位公章,法定代表人或其授权人签字或盖章;当编制人是注册造价工程师时,由其签字盖执业专用章;当编制人是造价员时,由其在编制人栏签字盖专用章,并应由注册造价工程师复核,在复核人栏签字盖执业专用章。

　　3)招标人委托工程造价咨询人编制工程量清单的,编制人员必须是在工程造价咨询人单位注册的造价人员。由工程造价咨询人盖单位资质专用章,法定代表人或其授权人签字或盖章;当编制人是注册造价工程师时,由其签字盖执业专用章;当编制人是造价员时,由其在编制人栏签字盖专用章,并应由注册造价工程师复核,在复核人栏签字盖执业专用章。

（2）招标控制价（扉-2）。

_____工程

招标控制价

招标控制价（小写）：_____
　　　　　（大写）：_____

招　标　人：_____　　　　造价咨询人：_____
　　　　　（单位盖章）　　　　　　　　　　　（单位资质专用章）

法定代表人　　　　　　　　　　　法定代表人
或其授权人：_____　　　　或其授权人：_____
　　　　　（签字或盖章）　　　　　　　　　　（签字或盖章）

编　制　人：_____　　　　复　核　人：_____
　　（造价人员签字盖专用章）　　　　　（造价工程师签字盖专用章）

编 制 时 间：　年　月　日　复核时间：　年　月　日

扉-2

《招标控制价》（扉-2）填写说明：

1）本扉页由招标人或招标人委托的工程造价咨询人编制招标控制价时填写。

2）招标人自行编制招标控制价的,编制人员必须是在招标人单位注册的造价人员,由招标人盖单位公章,法定代表人或其授权人签字或盖章;当编制人是注册造价工程师时,由其签字盖执业专用章;当编制人是造价员时,由其在编制人栏签字盖专用章,并应由注册造价工程师复核,在复核人栏签字盖执业专用章。

3）招标人委托工程造价咨询人编制招标控制价的,编制人员必须是在工程造价咨询人单位注册的造价人员。由工程造价咨询人盖单位资质专用章，法定代表人或其授权人签字或盖章；当编制人是注册造价工程师时，由其签字盖执业专用章；当编制人是造价员时，由其在编制人栏签字盖专用章，并应由注册造价工程师复核，在复核人栏签字盖执业专用章。

(3)投标总价(扉-3)。

投 标 总 价

招　　　　　人：_____

工　程　名　称：_____

投标总价(小写)：_____

　　　　(大写)：_____

投　　　　　人：_____

　　　　　　　　　　(单位盖章)

法定代表人

或其授权人：_____

　　　　　　　　　(签字或盖章)

编　制　人：_____

　　　　　　　　(造价人员签字盖专用章)

时　　　　间：　　年　　月　　日

扉-3

《投标总价》(扉-3)填写说明：

1)本扉页由投标人编制投标报价时填写。

2)投标人编制投标报价时，编制人员必须是在投标人单位注册的造价人员。由投标人盖单位公章，法定代表人或其授权签字或盖章；编制的造价人员（造价工程师或造价员）签字盖执业专用章。

（4）竣工结算总价（扉-4）。

_____**工程**

竣工结算总价

签约合同价（小写）：_____　　（大写）：_____

竣工结算价（小写）：_____　　（大写）：_____

发　包　人：_____　　　承　包　人：_____　　　造价咨询人：_____

　（单位盖章）　　　　　　（单位盖章）　　　　　　（单位资质专用章）

法定代表人　　　　　法定代表人　　　　　法定代表人

或其授权人：_____　　或其授权人：_____　　或其授权人：_____

　（签字或盖章）　　　　　　（签字或盖章）　　　　　　（签字或盖章）

编　制　人：_____　　　　核　对　人：_____

　（造价人员签字盖专用章）　　　　　　（造价工程师签字盖专用章）

编制时间：　年　月　日　　　核对时间：　年　月　日

扉-4

《竣工结算总价》（扉-4）填写说明：

　　1）承包人自行编制竣工结算总价，编制人员必须是承包人单位注册的造价人员。由承包人盖单位公章，法定代表人或其授权人签字或盖章；编制的造价人员（造价工程师或造价员）签字盖执业专用章。

　　2）发包人自行核对竣工结算时，核对人员必须是在发包人单位注册的造价工程师。由发包人盖单位公章，法定代表人或其授权人签字或盖章,核对的造价工程师签字盖执业专用章。

　　3)发包人委托工程造价咨询人核对竣工结算时,核对人员必须是在工程造价咨询人单位注册的造价工程师。由发包人盖单位公章,法定代表人或其授权人签字或盖章;工程造价咨询人盖单位资质专用章,法定代表人或其授权人签字或盖章,核对的造价工程师签字盖执业专用章。

　　4)除非出现发包人拒绝或不答复承包人竣工结算书的特殊情况,竣工结算办理完毕后,竣工结算总价封面发承包双方的签字、盖章应当齐全。

　　(5)工程造价鉴定意见书(扉-5)。

　　　　　　　　　　　　　　　　　　　　　　　　　　　工程
　　　　_____

工程造价鉴定意见书

鉴 定 结 论:

造价咨询人:_____
　　　　　　　　　(盖单位章及资质专用章)

法定代表人:_____
　　　　　　　　　　　(签字或盖章)

造价工程师:_____
　　　　　　　　　　(签字或盖专用章)

　　　　　　　　　　　年　　　月　　　日

《工程造价鉴定意见书》(扉-5)填写说明:

工程造价鉴定意见书扉页应填写工程造价鉴定项目的具体名称,工程造价咨询人应盖单位资质专用章,法定代表人或其授权人签字或盖章,造价工程师签字盖执业专用章。

3. 总说明 (表-01)

工程名称:　　　　　　　　　　　　　　　　　　　　　　　第　页共　页

表-01

《总说明》(表-01)填写说明:

本表适用于工程计价的各个阶段。对工程计价的不同阶段,《总说明》中说明的内容是有差别的,要求也有所不同。

(1)工程量清单编制阶段。工程量清单中总说明应包括的内容有:

1)工程概况:如建设地址、建设规模、工程特征、交通状况、环保要求等;

2)工程招标和专业工程发包范围;

3)工程量清单编制依据;

4)工程质量、材料、施工等的特殊要求;

5)其他需要说明的问题。

(2)招标控制价编制阶段。招标控制价中总说明应包括的内容有:

1)采用的计价依据;

2)采用的施工组织设计;

3)采用的材料价格来源;

4)综合单价中风险因素、风险范围(幅度);

5)其他等。

(3)投标报价编制阶段。投标报价总说明应包括的内容有:

1)采用的计价依据;

2)采用的施工组织设计;

3)综合单价中包含的风险因素、风险范围(幅度);

4)措施项目的依据;

5)其他有关内容的说明等。

(4)竣工结算编制阶段。竣工结算中总说明应包括的内容有:

1)工程概况;

2)编制依据;

3)工程变更;

4)工程价款调整;

5)索赔;

6)其他等。

(5)工程造价鉴定阶段。工程造价鉴定书总说明应包括的内容有:

1)鉴定项目委托人名称、委托鉴定的内容;

2)委托鉴定的证据材料;

3)鉴定的依据及使用的专业技术手段;

4)对鉴定过程的说明;

5)明确的鉴定结论;

6)其他需说明的事宜等。

4. 汇总表

(1)建设项目招标控制价/投标报价汇总表(表-02)。

建设项目招标控制价/投标报价汇总表

工程名称：　　　　　　　　　　标段：　　　　　　　　　　第　页共　页

序号	单项工程名称	金额/元	其中:/元		
			暂估价	安全文明施工费	规费
	合计				

注:本表适用于建设项目招标控制价或投标报价的汇总。

表-02

《建设项目招标控制价/投标报价汇总表》(表-02)填写说明:

1)由于编制招标控制价和投标价包含的内容相同,只是对价格的处理不同,因此,招标控制价和投标报价汇总表使用同一表格。实践中,对招标控制价或投标报价可分别印制本表格。

2)使用本表格编制投标报价时,汇总表中的投标总价与投标中标函中投标报价金额应当一致。如不一致时以投标中标函中填写的大写金额为准。

(2)单项工程招标控制价/投标报价汇总表(表-03)。

单项工程招标控制价/投标报价汇总表

工程名称： 标段： 第 页共 页

序号	单位工程名称	金额/元	其中:/元		
			暂估价	安全文明施工费	规费
	合　计				

注:本表适用于单项工程招标控制价或投标报价的汇总。暂估价包括分部分项工程中的暂估价和专业工程暂估价。

表-03

《单项工程招标控制价/投标报价汇总表》(表-03)填写说明:

本表的填写注意事项同前述《建设项目招标控制价/投标报价汇总表》(表-02)。

(3)单位工程招标控制价/投标报价汇总表(表-04)。

单位工程招标控制价/投标报价汇总表

工程名称：　　　　　　　　　　标段：　　　　　　　　　　第　页共　页

序号	汇 总 内 容	金额/元	其中:暂估价/元
1	分部分项工程		
1.1			
1.2			
1.3			
1.4			
1.5			
2	措施项目		—
2.1	其中:安全文明施工费		—
3	其他项目		—
3.1	其中:暂列金额		—
3.2	其中:专业工程暂估价		—
3.3	其中:计日工		—
3.4	其中:总承包服务费		—
4	规费		—
5	税金		—
招标控制价合计＝1＋2＋3＋4＋5			

注:本表适用于单位工程招标控制价或投标报价的汇总,如无单位工程划分,单项工程也使用本表汇总。

表-04

《单位工程招标控制价/投标报价汇总表》(表-04)填写说明:

本表的填写注意事项同前述《建设项目招标控制价/投标报价汇总表》(表-02)。

　　(4)建设项目竣工结算汇总表(表-05)。

建设项目竣工结算汇总表

工程名称:　　　　　　　　　　　标段:　　　　　　　　　　　第　页共　页

序号	单项工程名称	金额/元	其中:/元	
			安全文明施工费	规费
合　　计				

表-05

　　(5)单项工程竣工结算汇总表(表-06)。

单项工程竣工结算汇总表

工程名称： 标段： 第 页共 页

序号	单位工程名称	金额/元	其中:/元	
			安全文明施工费	规费
合　计				

表-06

(6)单位工程竣工结算汇总表(表-07)。

单位工程竣工结算汇总表

工程名称：　　　　　　　　　　标段：　　　　　　　　第　页共　页

序号	汇 总 内 容	金　额/元
1	分部分项工程	
1.1		
1.2		
2	措施项目	
2.1	其中:安全文明施工费	
3	其他项目	
3.1	其中:专业工程结算价	
3.2	其中:计日工	
3.3	其中:总承包服务费	
3.4	其中:索赔与现场签证	
4	规费	
5	税金	
竣工结算总价合计=1+2+3+4+5		

注:如无单位工程划分,单项工程也使用本表汇总。

表-07

5. 分部分项工程和措施项目计价表

(1)分部分项工程和单价措施项目清单与计价表(表-08)。

分部分项工程和单价措施项目清单与计价表

工程名称：　　　　　　　　　标段：　　　　　　　　　　　　第　页共　页

序号	项目编码	项目名称	项目特征描述	计量单位	工程量	金　额/元		
						综合单价	合价	其中
								暂估价
本页小计								
合计								

注：为计取规费等使用，可在表中增设其中："定额人工费"。

表-08

《分部分项工程和单价措施项目清单与计价表》(表-08)填写说明：

1)本表依据 GB 50500—2008 中《分部分项工程量清单与计价表》和《措施项目清单与计价表(二)》合并而来。单价措施项目和分部分项工程项目清单编制与计价均使用本表。

2)本表不只是编制招标工程量清单的表式，也是编制招标控制价、投标价和竣工结算的最基本用表。

3)编制工程量清单时使用本表，在"工程名称"栏应填写详细具体的工程称谓，对于房屋建筑而言，习惯上并无标段划分，可不填写"标段"栏，但相对于管道敷设、道路施工，则往往以标段划分，此时，应填写"标段"栏，其他各表涉及此类设置，道理相同。

4)"项目编码"栏应根据相关国家工程量计算规范项目编码栏内规定的九位数字另加三位顺序码共十二位阿拉伯数字填写。各位数字的含义为：一、二位为专业工程代码，房屋建筑与装饰工程为 01，仿古建筑为 02，通用安装工程为 03，市政工程为 04，园林绿化工程为 05，矿山工程为 06，构筑物工程为07,城市轨道交通工程为08,爆破工程为09;三、四位为专业工程附录分类顺序码;五、六位为分部工程顺序码;七、八、九位为分项工程项目名称顺序码;十至十二位为清单项目名称顺序码。

在编制工程量清单时应注意对项目编码的设置不得有重码,特别是当同一标段(或合同段)的一份工程量清单中含有多个单项或单位工程且工程量清单是以单项或单位工程为编制对象时,应注意项目编码中的十至十二位的设置不得重码。例如一个标段(或合同段)的工程量清单中含有三个单项或单位工程,每一单项或单位工程中都有项目特征相同的钢制散热器,在工程量清单中又需反映三个不同单项或单位工程的木质防火门工程量时,此时工程量清单应以单项或单位工程为编制对象,第一个单项或单位工程的木质防火门的项目编码为010801004001,第二个单项或单位工程的木质防火门的项目编码为010801004002,第三个单项单位工程的木质防火门的项目编码为010801004003,并分别列出各单项或单位工程木质防火门的工程量。

5)"项目名称"栏应按相关工程国家工程量计算规范的规定,根据拟建工程实际填写。在实际填写过程中,"项目名称"有两种填写方法:一是完全保持相关工程国家工程量计算规范的项目名称不变;二是根据工程实际在工程量计算规范项目名称下另行确定详细名称。

6)"项目特征描述"描述栏应按相关工程国家工程量计算规范的规定,根据拟建工程实际进行描述。在对分部分项工程项目清单的项目特征描述时,可按下列要点进行:

①必须描述的内容:

a. 涉及正确计量的内容必须描述。如对于门窗若采用"樘"计量,则1樘门或窗有多大,直接关系到门窗的价格,对门窗洞口或框外围尺寸进行描述是十分必要的。

b. 涉及结构要求的内容必须描述。如混凝土构件的混凝土的强度等级,因混凝土强度等级不同,其价格也不同,必须描述。

c. 涉及材质要求的内容必须描述。如油漆的品种,是调和漆还是硝基清漆等;管材的材质,是钢管还是塑料管等;还需要对管材的规格、型号进行描述。

d. 涉及安装方式的内容必须描述。如管道工程中的管道的连接方式就必须描述。

②可不描述的内容：

a. 对计量计价没有实质影响的内容可以不描述。如对现浇混凝土柱的高度、断面大小等的特征规定可以不描述，因为混凝土构件是按"m³"计量，对此的描述实质意义不大。

b. 应由投标人根据施工方案确定的可以不描述。

c. 应由投标人根据当地材料和施工要求确定的可以不描述。如对混凝土构件中的混凝土拌合料使用的石子种类及粒径、砂的种类的特征规定可以不描述。因为混凝土拌合料使用砾石还是碎石，使用粗砂还是中砂、细砂或特细砂，除构件本身有特殊要求需要指定外，主要取决于工程所在地砂、石子材料的供应情况。至于石子的粒径大小主要取决于钢筋配筋的密度。

d. 应由施工措施解决的可以不描述。如对现浇混凝土板、梁的标高的特征规定可以不描述。因为同样的板或梁，都可以将其归并在同一个清单项目中，但由于标高的不同，将会导致因楼层的变化对同一项目提出多个清单项目，不同的楼层其工效是不一样的，但这样的差异可以由投标人在报价中考虑，或在施工措施中去解决。

③可不详细描述的内容：

a. 无法准确描述的可不详细描述。如土壤类别，由于我国幅员辽阔，南北东西差异较大，特别是对于南方来说，在同一地点，由于表层土与表层土以下的土壤，其类别是不相同的，要求清单编制人准确判定某类土壤的所占比例是困难的，在这种情况下，可考虑将土壤类别描述为合格，注明由投标人根据地勘资料自行确定土壤类别，决定报价。

b. 施工图纸、标准图集标注明确的，可不再详细描述。对这些项目可采取详见××图集或××图号的方式，对不能满足项目特征描述要求的部分，仍应用文字描述。由于施工图纸、标准图集是发承包双方都应遵守的技术文件，这样描述可以有效减少在施工过程中对项目理解的不一致。

c. 有一些项目可不详细描述，但清单编制人在项目特征描述中应注明由投标人自定。如土方工程中的"取土运距"、"弃土运距"等。首先要求清单编制人决定在多远取土或取、弃土运往多远是困难的；其次，由投标人根据在建工程施工情况统筹安排，自主决定取、弃土方的运距可以充分体现竞争的要求。

　　d. 如清单项目的项目特征与现行定额中某些项目的规定是一致的,也可采用见×定额项目的方式进行描述。

　　④项目特征的描述方式。描述清单项目特征的方式大致可分为"问答式"和"简化式"两种。其中"问答式"是指清单编写人按照工程计价软件上提供的规范,在要求描述的项目特征上采用答题的方式进行描述,如描述砖基础清单项目特征时,可采用"1. 砖品种、规格、强度等级:页岩标准砖 MU15,240mm×115mm×53mm;2. 砂浆强度等级:M10 水泥砂浆;3. 防潮层种类及厚度:20mm 厚 1∶2 水泥砂浆(防水粉 5％)"。"简化式"是对需要描述的项目特征内容根据当地的用语习惯,采用口语化的方式直接表述,省略了规范上的描述要求,如同样在描述砖基础清单项目特征时,可采用"M10 水泥砂浆、MU15 页岩标准砖砌条形基础,20mm 厚 1∶2 水泥砂浆(防水粉 5％)防潮层。"

　　7)"计量单位"应按相关工程国家工程量计算规范规定的计量单位填写。有些项目工程量计算规范中有两个或两个以上计量单位,应根据拟建工程项目的实际,选择最适宜表现该项目特征并方便计量的单位。如泥浆护壁成孔灌注桩项目,工程量计算规范以 m³、m 和根三个计量单位表示,此时就应根据工程项目的特点,选择其中一个即可。

　　8)"工程量"应按相关工程国家工程量计算规范规定的工程量计算规则计算填写。

　　9)由于各省、自治区、直辖市以及行业建设主管部门对规费计取基础的不同设置,为了计取规费等的使用,使用本表时可在表中增设其中:"定额人工费"。

　　10)编制招标控制价时,使用本表"综合单价"、"合计"以及"其中:暂估价"按《计价规范》的规定填写。

　　11)编制投标报价时,投标人对表中的"项目编码"、"项目名称"、"项目特征描述"、"计量单位"、"工程量"均不应做改动。"综合单价"、"合价"自主决定填写,对其中的"暂估价"栏,投标人应将招标文件中提供了暂估材料单价的暂估价计入综合单价,并应计算出暂估单价的材料在"综合单价"及其"合价"中的具体数额,因此,为更详细反应暂估价情况,也可在表中增设一栏"综合单价"其中的"暂估价"。

　　12)编制竣工结算时,使用本表可取消"暂估价"。

　　(2)综合单价分析表(表-09)。

综合单价分析表

工程名称：　　　　　　　　标段：　　　　　　　　第　页共　页

项目编码				项目名称				计量单位		工程量	
清单综合单价组成明细											
定额编号	定额项目名称	定额单位	数量	单价				合价			
				人工费	材料费	机械费	管理费和利润	人工费	材料费	机械费	管理费和利润
人工单价			小　计								
元/工日		未计价材料费									
清单项目综合单价											
材料费明细	主要材料名称、规格、型号			单位	数量	单价/元	合价/元	暂估单价/元		暂估合价/元	
	其他材料费					—		—			
	材料费小计					—		—			

注：1. 如不使用省级或行业建设主管部门发布的计价依据，可不填定额编号、名称等。

　　2. 招标文件提供了暂估单价的材料，按暂估的单价填入表内"暂估单价"栏及"暂估合价"栏。

表-09

《综合单价分析表》(表-09)填写说明：

1)工程量清单单价分析表是评标委员会评审和判别综合单价组成和价格完整性、合理性的主要基础，对因工程变更、工程量偏差等原因调整综合单价也是必不可少的基础价格数据来源。采用经评审的最低投标价法评标时，本表的重要性更为突出。

2)本表集中反映了构成每一个清单项目综合单价的各个价格要素的价格及主要的"工、料、机"消耗量。投标人在投标报价时，需要对每一个清单项目进行组价，为了使组价工作具有可追溯性(回复评标质疑时尤其需要)，需要表明每一个数据的来源。

3)本表一般随投标文件一同提交，作为竞标价的工程量清单的组成部分，以便中标后，作为合同文件的附属文件。投标人须知中需要就分析表提交的方式作出规定，该规定需要考虑是否有必要对分析表的合同地位给予定义。

4)编制综合单价分析表时,对辅助性材料不必细列,可归并到其他材料费中以金额表示。

5)编制招标控制价,使用本表应填写使用的省级或行业建设主管部门发布的计价定额名称。

6)编制投标报价,使用本表可填写使用的企业定额名称,也可填写省级或行业建设主管部门发布的计价定额,如不使用则不填写。

7)编制工程结算时,应在已标价工程量清单中的综合单价分析表中将确定的调整过后人工单价、材料单价等进行置换,形成调整后的综合单价。

(3)综合单价调整表(表-10)。

综合单价调整表

工程名称:　　　　　　　　标段:　　　　　　　　第　页共　页

序号	项目编号	项目名称	已标价清单综合单价/元					调整后综合单价/元				
			综合单价	其中				综合单价	其中			
				人工费	材料费	机械费	管理费和利润		人工费	材料费	机械费	管理费和利润

造价工程师(签章):　　　　　　　造价人员(签章):
发包人代表(签章):　　　　　　　承包人代表(签章):
　　　　　　日期:　　　　　　　　　　　　　　日期:

注:综合单价调整应附调整依据。

表-10

《综合单价调整表》(表-10)填写说明:

综合单价调整表适用于各种合同约定调整因素出现时调整综合单价,各种调整依据应附于表后。填写时应注意,项目编码和项目名称必须与已标价工程量清单操持一致,不得发生错漏,以免发生争议。

(4)总价措施项目清单与计价(表-11)。

总价措施项目清单与计价表

工程名称:　　　　　　　　　　标段:　　　　　　　　　　　第　页共　页

序号	项目编码	项目名称	计算基础	费率/(%)	金额/元	调整费率/(%)	调整后金额/元	备注
		安全文明施工费						
		夜间施工增加费						
		二次搬运费						
		冬雨季施工增加费						
		已完工程及设备保护费						
	合计							

编制人(造价人员):　　　　　　　　　　复核人(造价工程师):

注:1. "计算基础"中安全文明施工费可为"定额基价"、"定额人工费"或"定额人工费＋定额机械费",其他项目可为"定额人工费"或"定额人工费＋定额机械费"。

2. 按施工方案计算的措施费,若无"计算基础"和"费率"的数值,也可只填"金额"数值,但应在备注栏说明施工方案出处或计算方法。

表-11

《总价措施项目清单与计价》(表-11)填写说明:

1)编制招标工程量清单时,表中的项目可根据工程实际情况进行增减。

2)编制招标控制价时,计费基础、费率应按省级或行业建设主管部门的规定计取。

3)编制投标报价时,除"安全文明施工费"必须按《计价规范》的强制性规定,按省级、行业建设主管部门的规定计取外,其他措施项目均可根据投标施工组织设计自主报价。

6. 其他项目计价表

(1)其他项目清单与计价汇总表(表-12)。

其他项目清单与计价汇总表

工程名称:　　　　　　　　　　标段:　　　　　　　　　第　页共　页

序号	项目名称	金额/元	结算金额/元	备注
1	暂列金额			明细详见表-12-1
2	暂估价			
2.1	材料(工程设备)暂估价/结算价			明细详见表-12-2
2.2	专业工程暂估价/结算价			明细详见表-12-3
3	计日工			明细详见表-12-4
4	总承包服务费			明细详见表-12-5
5	索赔与现场签证	—		明细详见表-12-6
	合计		—	

注:材料(工程设备)暂估单价计入清单项目综合单价,此处不汇总。

表-12

《其他项目清单与计价汇总表》(表-12)填写说明:

1)编制招标工程量清单,应汇总"暂列金额"和"专业工程暂估价",以提供给投标人报价。

2)编制招标控制价,应按有关计价规定估算"计日工"和"总承包服务费"。如招标工程量清单中未列"暂列金额",应按有关规定编列。

3)编制投标报价,应按招标文件工程量清单提供的"暂列金额"和"专业工程暂估价"填写金额,不得变动。"计日工"、"总承包服务费"自主确定报价。

4)编制或核对竣工结算,"专业工程暂估价"按实际分包结算价填写,"计日工"、"总承包服务费"按双方认可的费用填写,如发生"索赔"或"现场签证"费用,按双方认可的金额计入本表。

(2)暂列金额明细表(表-12-1)。

暂列金额明细表

工程名称： 标段： 第 页共 页

序号	项目名称	计量单位	暂定金额/元	备注
1				
2				
3				
4				
5				
6				
7				
8				
9				
10				
合计				—

注：此表由招标人填写，如不能详列，也可只列暂定金额总额，投标人应将上述暂列金额
　　计入投标总价中。

表-12-1

《暂列金额明细表》(表-12-1)填写说明：

　　暂列金额在实际履约过程中可能发生，也可能不发生。本表要求招标人能将暂列金额与拟用项目列出明细，但如确实不能详列也可只列暂定金额总额，投标人应将上述暂列金额计入投标总价中。

　　(3)材料(工程设备)暂估单价及调整表(表-12-2)。

材料(工程设备)暂估单价及调整表

工程名称： 标段： 第 页共 页

序号	材料(工程设备)名称、规格、型号	计量单位	数量		暂估/元		确认/元		差额±/元		备注
			暂估	确认	单价	合价	单价	合价	单价	合价	

序号	材料(工程设备)名称、规格、型号	计量单位	数量		暂估/元		确认/元		差额±/元		备注
			暂估	确认	单价	合价	单价	合价	单价	合价	
合计											

注:此表由招标人填写"暂估单价",并在备注栏说明暂估单价的材料、工程设备拟用在哪些清单项目上,投标人应将上述材料、工程设备暂估单价计入工程量清单综合单价报价中。

表-12-2

《材料(工程设备)暂估单价及调整表》(表-12-2)填写说明:

暂估价是在招标阶段预见肯定要发生,只是因为标准不明确或者需要由专业承包人完成,暂时无法确定材料、工程设备的具体价格而采用的一种临时性计价方式。暂估价的材料、工程设备数量应在表内填写,拟用项目应在本表备注栏给予补充说明。

《计价规范》要求招标人针对每一类暂估价给出相应的拟用项目,即按照材料、工程设备的名称分别给出,这样的材料、工程设备暂估价能够纳入到清单项目的综合单价中。

(4)专业工程暂估价及结算价表(表-12-3)。

专业工程暂估价及结算价表

工程名称:　　　　　　　　　标段:　　　　　　　　　　　　　　　第 页共 页

序号	工程名称	工程内容	暂估金额/元	结算金额/元	差额±/元	备注
合计						

注:此表"暂估金额"由招标人填写,招标人应将"暂估金额"计入投标总价中。结算时按合同约定结算金额填写。

表-12-3

《专业工程暂估价及结算价表》(表-12-3)填写说明:

专业工程暂估价应在表内填写工程名称、工程内容、暂估金额,投标人应将上述金额计入投标总价中。专业工程暂估价项目及其表中列明的专业工程暂估价,是指分包人实施专业工程的含税金后的完整价,除了合同约定的发包人应承担的总包管理、协调、配合和服务责任所对应的总承包服务费以外,承包人为履行其总包管理、配合、协调和服务所需产生的费用应该包括在投标报价中。

(5)计日工表(表-12-4)。

计 日 工 表

工程名称: 标段: 第 页共 页

编号	项目名称	单位	暂定数量	实际数量	综合单价/元	合价/元	
						暂定	实际
一	人工						
1							
2							
人工小计							
二	材料						
1							
2							
材料小计							
三	施工机械						
1							
2							
施工机械小计							
四、企业管理费和利润							
总计							

注:此表项目名称、暂定数量由招标人填写,编制招标控制价时,单价由招标人按有关规定确定;投标时,单价由投标人自主确定,按暂定数量计算合价计入投标总价中;结算时,按发承包双方确定的实际数量计算合价。

表-12-4

《计日工表》(表-12-4)填写说明：

1)编制工程量清单时，"项目名称"、"计量单位"、"暂估数量"由招标人填写。

2)编制招标控制价时，人工、材料、机械台班单价由招标人按有关计价规定填写并计算合价。

3)编制投标报价时，人工、材料、机械台班单价由投标人自主确定，按已给暂估数量计算合价计入投标总价中。

(6)总承包服务费计价表(表-12-5)。

总承包服务费计价表

工程名称：　　　　　　　　标段：　　　　　　　　　第　页共　页

序号	项目名称	项目价值/元	服务内容	计算基础	费率/%	金额/元
1	发包人发包专业工程					
2	发包人提供材料					
	合计		—	—	—	

注：此表项目名称、服务内容由招标人填写，编制招标控制价时，费率及金额由招标人按
　　有关计价规定确定；投标时，费率及金额由投标人自主报价，计入投标总价中。

表-12-5

《总承包服务费计价表》(表-12-5)填表说明：

1)编制招标工程量清单时，招标人应将拟定进行专业分包的专业工程、自行采购的材料设备等决定清楚，填写项目名称、服务内容，以便投标人决定报价。

2)编制招标控制价时，招标人按有关计价规定计价。

3)编制投标报价时，由投标人根据工程量清单中的总承包服务内容，

自主决定报价。

4)办理竣工结算时,发承包双方应按承包人已标价工程量清单中的报价计算,如发承包双方确定调整的,按调整后的金额计算。

(7)索赔与现场签证计价汇总表(表-12-6)。

索赔与现场签证计价汇总表

工程名称:　　　　　　　　　　　标段:　　　　　　　　　　第　页共　页

序号	签证及索赔项目名称	计量单位	数量	单价/元	合价/元	索赔及签证依据
—	本页小计	—	—	—		—
—	合　计	—	—	—		—

注:签证及索赔依据是指经双方认可的签证单和索赔依据的编号。

表-12-6

《索赔与现场签证计价汇总表》(表-12-6)填写说明:

本表是对发承包双方签证认可的"费用索赔申请(核准)表"和"现场签证表"的汇总。

(8)费用索赔申请(核准)表(表-12-7)。

费用索赔申请(核准)表

工程名称：　　　　　　　　标段：　　　　　　　　编号：

致：_____(发包人全称)

　　根据施工合同条款第____条的约定,由于_____原因,我方要求索赔金额(大写)_____,(小写)_____,请予核准。

附:1. 费用索赔的详细理由和依据:

　　2. 索赔金额的计算:

　　3. 证明材料:

承包人(章)

造价人员_____　　　　承包人代表_____　　　　日　期_____

复核意见: 　　根据施工合同条款第____条的约定,你方提出的费用索赔申请经复核: 　　□不同意此项索赔,具体意见见附件。 　　□同意此项索赔,索赔金额的计算,由造价工程师复核。 　　　　　　监理工程师_____ 　　　　　　日　期_____	复核意见: 　　根据施工合同条款第____条的约定,你方提出的费用索赔申请经复核,索赔金额为(大写)_____,(小写_____)。 　　　　　　造价工程师_____ 　　　　　　日　期_____

审核意见:

　　□不同意此项索赔。

　　□同意此项索赔,与本期进度款同期支付。

发包人(章)
发包人代表_____
日　期_____

注:1. 在选择栏中的"□"内做标识"√"。

　　2. 本表一式四份,由承包人填报,发包人、监理人、造价咨询人、承包人各存一份。

表-12-7

《费用索赔申请(核准)表》(表-12-7)填写说明:

　　填写本表时,承包人代表应按合同条款的约定,阐述原因,附上索赔证据、费用计算报发包人,经监理工程师复核(按照发包人的授权不论是监理工程师或发包人现场代表均可),经造价工程师(此处造价工程师可以是发包人现场管理人员,也可以是发包人委托的工程造价咨询企业的人员)复核具体费用,经发包人审核后生效,该表以在选择栏中"□"内做标识"√"表示。

(9)现场签证表(表-12-8)。

现场签证表

工程名称:　　　　　　　　　　标段:　　　　　　　　　　编号:

施工部位			日期	

致:＿＿＿＿＿＿＿＿＿＿＿＿＿＿＿＿＿＿＿＿＿＿＿＿＿＿＿＿＿＿＿
　　　　　　　　　　　　　　　　　　　　　　　　　　　　　(发包人全称)

　　根据＿＿＿＿＿＿＿(指令人姓名)　年　月　日的口头指令或你方＿＿＿＿＿(或监理人)　年　月　日的书面通知,我方要求完成此项工作应支付价款金额为(大写)＿＿＿＿,(小写＿＿＿＿),请予核准。

附:1. 签证事由及原因:

　　2. 附图及计算式:

　　　　　　　　　　　　　　　　　　　　　　　　承包人(章)

造价人员＿＿＿＿＿　承包人代表＿＿＿＿＿　　　日　期＿＿＿＿＿

复核意见: 　你方提出的此项签证申请经复核: 　□不同意此项签证,具体意见见附件。 　□同意此项签证,签证金额的计算,由造价工程师复核。 　　　　　　监理工程师＿＿＿＿＿ 　　　　　　日　期＿＿＿＿＿	复核意见: 　□此项签证按承包人中标的计日工单价计算,金额为(大写)＿＿＿＿元,(小写＿＿＿＿元)。 　□此项签证因无计日工单价,金额为(大写)＿＿＿＿元,(小写＿＿＿＿)。 　　　　　　造价工程师＿＿＿＿＿ 　　　　　　日　期＿＿＿＿＿

审核意见:

　□不同意此项签证。

　□同意此项签证,价款与本期进度款同期支付。

　　　　　　　　　　　　　　　　　　　　　发包人(章)

　　　　　　　　　　　　　　　　　　　　　发包人代表＿＿＿＿＿

　　　　　　　　　　　　　　　　　　　　　日　期＿＿＿＿＿

注:1. 在选择栏中的"□"内做标识"√"。

　　2. 本表一式四份,由承包人在收到发包人(监理人)的口头或书面通知后填写,发包人、监理人、造价咨询人、承包人各存一份。

表-12-8

《现场签证表》(表-12-8)填写说明：

本表是对"计日工"的具体化,考虑到招标时,招标人对计日工项目的预估难免会有遗漏,带来实际施工发生后,无相应的计日工单价时,现场签证只能包括单价一并处理,因此,在汇总时,有计日工单价的,可归并于计日工,如无计日工单价,归并于现场签证,以示区别。

7. 规费、税金项目计价表 (表-13)

规费、税金项目计价表

工程名称：　　　　　　　　　　　标段：　　　　　　　　　　　第　页共　页

序号	项目名称	计算基础	计算基数	计算费率/%	金额/元
1	规费	定额人工费			
1.1	社会保险费	定额人工费			
(1)	养老保险费	定额人工费			
(2)	事业保险费	定额人工费			
(3)	医疗保险费	定额人工费			
(4)	工伤保险费	定额人工费			
(5)	生育保险费	定额人工费			
1.2	住房公积金	定额人工费			
1.3	工程排污费	按工程所在地环境保护部门收取标准,按实计入			
2	税金	分部分项工程费＋措施项目费＋其他项目费＋规费－按规定不计税的工程设备金额			
合　　计					

编制人(造价人员)：　　　　　　　　　复核人(造价工程师)：

表-13

《规费、税金项目计价表》(表-13)填写说明：

本表按住房和城乡建设部、财政部印发的《建筑安装工程费用项目组成》(建标[2013]44号)列举的规费项目列项,在施工实践中,有的规费项目,如工程排污费,并非每个工程所在地都要征收,实践中可作为按实计算的费用处理。

8. 工程计量申请(核准)表 (表-14)

工程计量申请(核准)表

工程名称:　　　　　　　　　　　　　标段:　　　　　　　　　　第　页共　页

序号	项目编码	项目名称	计量单位	承包人申报数量	发包人核实数量	发承包人确认数量	备注
承包人代表: 日期:	监理工程师: 日期:		造价工程师: 日期:		发包人代表: 日期:		

表-14

《工程计量申请(核准)表》(表-14)填写说明:

本表填写的"项目编码"、"项目名称"、"计量单位"应与已标价工程量清单中一致,承包人应在合同约定的计量周期结束时,将申报数量填写在申报数量栏,发包人核对后如与承包人填写的数量不一致,则在核实数量栏填上核实数量,经发承包双方共同核对确认的计量结果填在确认数量栏。

9. 合同价款支付申请 (核准表)

(1)预付款支付申请(核准)表(表-15)。

预付款支付申请(核准)表

工程名称：　　　　　　　　　　　　标段：　　　　　　　　　　编号：

致：＿＿＿＿＿＿＿＿＿＿＿＿＿＿＿＿＿＿＿＿＿＿＿＿＿＿＿＿＿＿＿(发包人全称)

　　我方根据施工合同的约定，现申请支付工程预付款额为(大写)＿＿＿＿＿＿(小写＿＿＿＿＿＿)，请予核准。

序号	名称	申请金额/元	复核金额/元	备注
1	已签约合同价款金额			
2	其中:安全文明施工费			
3	应支付的预付款			
4	应支付的安全文明施工费			
5	合计应支付的预付款			
	．			

承包人(章)

造价人员＿＿＿＿＿　　承包人代表＿＿＿＿＿　　日　期＿＿＿＿＿

复核意见：

　　□与合同约定不相符，修改意见见附件。

　　□与合同约定相符，具体金额由造价工程师复核。

　　　　　　监理工程师＿＿＿＿＿

　　　　　　日　期＿＿＿＿＿

复核意见：

　　你方提出的支付申请经复核，应支付预付款金额为(大写)＿＿＿＿＿(小写＿＿＿＿＿)。

　　　　　　造价工程师＿＿＿＿＿

　　　　　　日　期＿＿＿＿＿

审核意见：

　　□不同意。

　　□同意，支付时间为本表签发后的15天内。

　　　　　　发包人(章)

　　　　　　发包人代表＿＿＿＿＿

　　　　　　日　期＿＿＿＿＿

注：1.在选择栏上的"□"内做标识"√"。

　　2.本表一式四份，由承包人填报，发包人、监理人、造价咨询人、承包人各存一份。

表-15

（2）总价项目进度款支付分解表（表-16）。

总价项目进度款支付分解表

工程名称：　　　　　　　　　　　标段：　　　　　　　　　　　单位：元

序号	项目名称	总价金额	首次支付	二次支付	三次支付	四次支付	五次支付	
	安全文明施工费							
	夜间施工增加费							
	二次搬运费							
	社会保险费							
	住房公积金							
合　　计								

编制人（造价人员）：　　　　　　　　　　复核人（造价工程师）：

注：1. 本表应由承包人在投标报价时根据发包人在招标文件明确的进度款支付周期与
　　　报价填写，签订合同时，发承包双方可就支付分解协商调整后作为合同附件。
　　2. 单价合同使用本表，"支付"栏时间应与单价项目进度款支付周期相同。
　　3. 总价合同使用本表，"支付"栏时间应与约定的工程计量周期相同。

表-16

（3）进度款支付申请（核准）表（表-17）。

进度款支付申请(核准)表

工程名称：　　　　　　　　　　　　标段：　　　　　　　　　　编号：

<table>
<tr><td colspan="7" align="right">(发包人全称)</td></tr>
<tr><td colspan="7">致：_____</td></tr>
<tr><td colspan="7">　　　我方于_____至_____期间已完成了_____工作,根据施工合同的约定,现申请支付本周期的合同款额为(大写)_____(小写_____),请予核准。</td></tr>
<tr>
<td>序号</td>
<td>名称</td>
<td>实际金额/元</td>
<td>申请金额/元</td>
<td>复核金额/元</td>
<td colspan="2">备注</td>
</tr>
<tr><td>1</td><td>累计已完成的合同价款</td><td></td><td>—</td><td></td><td colspan="2"></td></tr>
<tr><td>2</td><td>累计已实际支付的合同价款</td><td></td><td>—</td><td></td><td colspan="2"></td></tr>
<tr><td>3</td><td>本周期合计完成的合同价款</td><td></td><td></td><td></td><td colspan="2"></td></tr>
<tr><td>3.1</td><td>本周期已完成单价项目的金额</td><td></td><td></td><td></td><td colspan="2"></td></tr>
<tr><td>3.2</td><td>本周期应支付的总价项目的金额</td><td></td><td></td><td></td><td colspan="2"></td></tr>
<tr><td>3.3</td><td>本周期已完成的计日工价款</td><td></td><td></td><td></td><td colspan="2"></td></tr>
<tr><td>3.4</td><td>本周期应支付的安全文明施工费</td><td></td><td></td><td></td><td colspan="2"></td></tr>
<tr><td>3.5</td><td>本周期应增加的合同价款</td><td></td><td></td><td></td><td colspan="2"></td></tr>
<tr><td>4</td><td>本周期合计应扣减的金额</td><td></td><td></td><td></td><td colspan="2"></td></tr>
<tr><td>4.1</td><td>本周期应抵扣的预付款</td><td></td><td></td><td></td><td colspan="2"></td></tr>
<tr><td>4.2</td><td>本周期应扣减的金额</td><td></td><td></td><td></td><td colspan="2"></td></tr>
<tr><td>5</td><td>本周期应支付的合同价款</td><td></td><td></td><td></td><td colspan="2"></td></tr>
<tr><td></td><td></td><td></td><td></td><td></td><td colspan="2"></td></tr>
<tr>
<td colspan="7">附：上述3、4详见附件清单。

　　　　　　　　　　　　　　　　　　　　　　　　　承包人(章)

　　造价人员_____　　　　承包人代表_____　　　日　　期_____</td>
</tr>
<tr>
<td colspan="3">复核意见：
　　□与实际施工情况不相符,修改意见见附件。
　　□与实际施工情况相符,具体金额由造价工程师复核。

　　　　　　　　　　监理工程师_____
　　　　　　　　　　日　　期_____</td>
<td colspan="4">复核意见：
　　你方提出的支付申请经复核,本周期已完成合同款额为(大写)_____(小写_____),本周期应会支付金额为(大写)_____(小写_____)。

　　　　　　　　　造价工程师_____
　　　　　　　　　日　　期_____</td>
</tr>
<tr>
<td colspan="7">审核意见：
　　□不同意。
　　□同意,支付时间为本表签发后的15天内。

　　　　　　　　　　　　　　　　　　　　　　　发包人(章)
　　　　　　　　　　　　　　　　　　　　　　　发包人代表_____
　　　　　　　　　　　　　　　　　　　　　　　日　　期_____</td>
</tr>
</table>

注：1. 在选择栏中的"□"内做标识"√"。

　　2. 本表一式四份,由承包人填报,发包人、监理人、造价咨询人、承包人各存一份。

表-17

(4)竣工结算款支付申请(核准)表(表-18)。

竣工结算款支付申请(核准)表

工程名称：　　　　　　　　　标段：　　　　　　　　　编号：

致：_____

(发包人全称)

　　我方于_____至_____期间已完成合同约定的工作,工程已经完工,根据施工合同的约定,现申请支付竣工结算合同款额为(大写)_____(小写_____),请予核准。

序号	名称	申请金额/元	复核金额/元	备注
1	竣工结算合同价款总额			
2	累计已实际支付的合同价款			
3	应预留的质量保证金			
4	应支付的竣工结算款金额			

承包人(章)

造价人员_____　　　承包人代表_____　　　日　　期_____

复核意见:	复核意见:
□与实际施工情况不相符,修改意见见附件。 □与实际施工情况相符,具体金额由造价工程师复核。 监理工程师_____ 日　　期_____	你方提出的竣工结算款支付申请经复核,竣工结算款总额为(大写)_____(小写_____),扣除前期支付以及质量保证金后应支付金额为(大写)_____(小写_____)。 造价工程师_____ 日　　期_____

审核意见:

　　□不同意。

　　□同意,支付时间为本表签发后的15天内。

发包人(章)

发包人代表_____

日　　期_____

注:1.在选择栏中的"□"内做标识"√"。

　　2.本表一式四份,由承包人填报,发包人、监理人、造价咨询人、承包人各存一份。

表-18

(5)最终结清支付申请(核准)表(表-19)。

最终结清支付申请(核准)表

工程名称：　　　　　　　　标段：　　　　　　　　　　　编号：

致：＿＿＿＿＿＿＿＿＿＿＿＿＿＿＿＿＿＿＿＿＿＿＿＿＿＿(发包人全称)

　　我方于＿＿＿＿至＿＿＿＿期间已完成了缺陷修复工作，根据施工合同的约定，现申请支付最终结清合同款额为(大写)＿＿＿＿(小写＿＿＿＿)，请予核准。

　　上述3、4详见附件清单。

序号	名称	申请金额/元	复核金额/元	备注
1	已预留的质量保证金			
2	应增加因发包人原因造成缺陷的修复金额			
3	应扣减承包人不修复缺陷、发包人组织修复的金额			
4	最终应支付的合同价款			

承包人(章)

造价人员＿＿＿＿　承包人代表＿＿＿＿　日　期＿＿＿＿

复核意见：
　□与实际施工情况不相符，修改意见见附件。
　□与实际施工情况相符，具体金额由造价工程师复核。
　　　　监理工程师＿＿＿＿
　　　　日　期＿＿＿＿

复核意见：
　你方提出的支付申请经复核，最终应支付金额为(大写)＿＿＿＿(小写＿＿＿＿)。
　　　　造价工程师＿＿＿＿
　　　　日　期＿＿＿＿

审核意见：
　□不同意。
　□同意，支付时间为本表签发后的15天内。
　　　　发包人(章)
　　　　发包人代表＿＿＿＿
　　　　日　期＿＿＿＿

注：1.在选择栏中的"□"内做标识"√"。如监理人已退场，监理工程师栏可空缺。
　　2.本表一式四份，由承包人填报，发包人、监理人、造价咨询人、承包人各存一份。

表-19

10. 主要材料、工程设备一览表

（1）发包人提供材料和工程设备一览表（表-20）。

发包人提供材料和工程设备一览表

工程名称：　　　　　　　　　　　标段：　　　　　　　　　第　页　共　页

序号	材料（工程设备）名称、规格、型号	单位	数量	单价/元	交货方式	送达地点	备注

注：此表由招标人填写，供投标人在投标报价、确定总承包服务费时参考。

表-20

（2）承包人提供主要材料和工程设备一览表（表-21）。

承包人提供主要材料和工程设备一览表

（适用于造价信息差额调整法）

工程名称：　　　　　　　　　　　标段：　　　　　　　　　第　页　共　页

序号	名称、规格、型号	单位	数量	风险系数/%	基准单价/元	投标单价/元	发承包人确认单价/元	备注

注：1. 此表由招标人填写除"投标单价"栏的内容，投标人在投标时自主确定投标单价。

　　2. 招标人应优先采用工程造价管理机构发布的单价作为基准单价，未发布的，通过市场调查确定其基准单价。

表-21

(3)承包人提供主要材料和工程设备一览表(表-22)。

承包人提供主要材料和工程设备一览表

(适用于价格指数差额调整法)

工程名称: 标段: 第 页共 页

序号	名称、规格、型号	变值权重 B	基本价格指数 F_0	现行价格指数 F_t	备注
	定值权重 A				
	合计	1	—	—	

注:1."名称、规格、型号"、"基本价格指数"栏由招标人填写,基本价格指数应首先采用
工程造价管理机构发布的价格指数,没有时,可采用发布的价格代替。如人工、机
械费也采用本法调整,由招标人在"名称"栏填写。

2."变值权重"栏由投标人根据该项人工、机械费和材料、工程设备价值在投标总报
价中所占比例填写,1减去其比例为定值权重。

3."现行价格指数"按约定付款证书相关周期最后一天的前42天的各项价格指数填
写,该指数应首先采用工程造价管理机构发布的价格指数,没有时,可采用发布的
价格代替。

表-22

第二节 楼地面装饰工程

一、楼地面装饰工程工程量清单项目划分与编码

(1)清单项目的划分。楼地面装饰工程清单项目划分见表 9-3。

表 9-3 楼地面工程清单项目划分

项目	分 类
整体面层及找平层	水泥砂浆楼地面、现浇水磨石楼地面、细石混凝土楼地面、菱苦土楼地面、自流坪楼地面、平面砂浆找平层
块料面层	石材楼地面、碎石材楼地面、块料楼地面
橡塑面层	橡胶板楼地面、橡胶板卷材楼地面、塑料板楼地面、塑料卷材楼地面

项目	分类
其他材料面层	地毯楼地面,竹、木(复合)地板,金、属复合地板,防静电活动地板
踢脚线	水泥砂浆踢脚线、石材踢脚线、块料踢脚线、塑料板踢脚线、木质踢脚线、金属踢脚线、防静电踢脚线
楼梯面层	石材楼梯面层、块料楼梯面层、拼碎块料面层、水泥砂浆楼梯面层、现浇水磨石楼梯面层、地毯楼梯面层、木板楼梯面层、橡胶板楼梯面层、塑料板楼梯面层
台阶装饰	石材台阶面、块料台阶面、拼碎块料台阶面、水泥砂浆台阶面、现浇水磨石台阶面、剁假石台阶面
零星装饰项目	石材零星项目、拼碎石材零星项目、块料零星项目、水泥砂浆零星项目

(2)清单项目的编码。一级编码为 01;二级编码 11(楼地面装饰工程);三级编码 01~08(从整体面层及找平层至零星装饰项目);四级编码从 001 始,根据各项目所包含的清单项目不同,第三位数字依次递增;五级编码从 001 始,依次递增,比如:同一个工程中的块料楼地面,不同房间其规格、品牌等不同,因而其价格不同,其编码从第五级编码区分,可编为011102003001、011102003002……

二、清单工程量计算有关问题说明

1. 整体面层及找平层

(1)水泥砂浆面层处理是拉毛还是提浆压光应在面层做法要求中描述。

(2)平面砂浆找平层只适用于仅做找平层的平面抹灰。

(3)间壁墙指墙厚≤120mm 的墙。

(4)楼地面混凝土垫层另按《房屋建筑与装饰工程工程量计算规范》(GB 50854—2013)附录 E.1 垫层项目编码列项,除混凝土外的其他材料垫层按《房屋建筑与装饰工程工程量计算规范》(GB 50854—2013)表 D.4垫层项目编码列项。

2. 块料面层

(1)在描述碎石材项目的面层材料特征时可不用描述规格、颜色。

(2)石材、块料与粘结材料的结合面刷防渗材料的种类在防护层材料种类中描述。

(3)块料面层工作内容中的磨边是指施工现场磨边。

3. 橡塑面层

橡塑面层中项目如涉及找平层,另按《房屋建筑与装饰工程工程量计算规范》(GB 50854—2013)附录表 L.1 中找平层项目编码列项。

4. 踢脚线

石材、块料与粘结材料的结合面刷防渗材料的种类在防护材料种类中描述。

5. 楼梯面层

(1)在描述碎石材项目的面层材料特征时可不用描述规格、颜色。

(2)石材、块料与粘结材料的结合面刷防渗材料的种类在防护材料种类中描述。

6. 台阶装饰

(1)在描述碎石材项目的面层材料特征时可不用描述规格、颜色。

(2)石材、块料与粘结材料的结合面刷防渗材料的种类在防护材料种类中描述。

7. 零星装饰项目

(1)楼梯、台阶牵边和侧面镶贴块料面层,不大于 0.5m² 的少量分散的楼地面镶贴块料面层,应按零星装饰项目进行计算。

(2)石材、块料与粘结材料的结合面刷防渗材料的种类在防护材料种类中描述。

三、楼地面装饰清单工程量计算规则

(一)整体面层及找平层(编码:011101)

1. 水泥砂浆楼地面(项目编码:011101001)

(1)项目特征:找平层厚度、砂浆配合比;素水泥浆遍数;面层厚度、砂浆配合比;面层做法要求。

(2)工程量计算规则:按设计图示尺寸以面积计算。扣除凸出地面构筑物、设备基础、室内管道、地沟等所占面积,不扣除间壁墙及≤0.3m²柱、垛、附墙烟囱及孔洞所占面积。门洞、空圈、暖气包槽、壁龛的开口部分不增加面积。

(3)工作内容:基层清理;抹找平层;抹面层;材料运输。

2. 现浇水磨石楼地面(项目编码:011101002)

(1)项目特征:找平层厚度、砂浆配合比;面层厚度、水泥石子浆配合比;嵌条材料种类、规格;石子种类、规格、颜色;颜料种类、颜色;图案要求;磨光、酸洗、打蜡要求。

(2)工程量计算规则:按设计图示尺寸以面积计算。扣除凸出地面构筑物、设备基础、室内管道、地沟等所占面积,不扣除间壁墙及≤0.3m² 柱、垛、附墙烟囱及孔洞所占面积。门洞、空圈、暖气包槽、壁龛的开口部分不增加面积。

(3)工作内容:基层清理;抹找平层;面层铺设;嵌缝条安装;磨光、酸洗打蜡;材料运输。

3. 细石混凝土楼地面 (项目编码: 011101003)

(1)项目特征:找平层厚度、砂浆配合比;面层厚度、混凝土强度等级。

(2)工程量计算规则:按设计图示尺寸以面积计算。扣除凸出地面构筑物、设备基础、室内管道、地沟等所占面积,不扣除间壁墙及≤0.3m² 柱、垛、附墙烟囱及孔洞所占面积。门洞、空圈、暖气包槽、壁龛的开口部分不增加面积。

(3)工作内容:基层清理;抹找平层;面层铺设;材料运输。

4. 菱苦土楼地面 (项目编码: 011101004)

(1)项目特征:找平层厚度、砂浆配合比;面层厚度;打蜡要求。

(2)工程量计算规则:按设计图示尺寸以面积计算。扣除凸出地面构筑物、设备基础、室内管道、地沟等所占面积,不扣除间壁墙及≤0.3m² 柱、垛、附墙烟囱及孔洞所占面积。门洞、空圈、暖气包槽、壁龛的开口部分不增加面积。

(3)工作内容:基层清理;抹找平层;面层铺设;打蜡;材料运输。

5. 自流坪楼地面 (项目编码: 011101005)

(1)项目特征:找平层砂浆配合比、厚度;界面剂材料种类;中层漆材料种类、厚度;面漆材料种类、厚度;面层材料种类。

(2)工程量计算规则:按设计图示尺寸以面积计算。扣除凸出地面构筑物、设备基础、室内管道、地沟等所占面积,不扣除间壁墙及≤0.3m² 柱、垛、附墙烟囱及孔洞所占面积。门洞、空圈、暖气包槽、壁龛的开口部分不增加面积。

(3)工作内容:基层处理;抹找平层;涂界面剂;涂刷中层漆;打磨、吸尘;镘自流平面漆(浆);拌和自流平浆料;铺面层。

6. 平面砂浆找平层 (项目编码: 011101006)

(1)项目特征:找平层厚度、砂浆配合比。

(2)工程量计算规则:按设计图示尺寸以面积计算。

(3)工作内容:基层清理;抹找平层;材料运输。

(二)块料面层(编码 011102)

石材楼地面(项目编码:011102001)、碎石材楼地面(项目编码:011102002)、块料楼地面(项目编码:011102003)

(1)项目特征:找平层厚度、砂浆配合比;结合层厚度、砂浆配合比;面层材料品种、规格、颜色;嵌缝材料种类;防护层材料种类;酸洗、打蜡要求。

(2)工程量计算规则:按设计图示尺寸以面积计算。门洞、空圈、暖气包槽、壁龛的开口部分并入相应的工程量内。

(3)工作内容:基层清理;抹找平层;面层铺设、磨边;嵌缝;刷防护材料;酸洗、打蜡;材料运输。

(三)橡塑面层(编码:011103)

橡胶板楼地面(项目编码:011103001)、橡胶板卷材楼地面(项目编码:011103002)、塑料板楼地面(项目编码:011103003)、塑料卷材楼地面(项目编码:011103004)

(1)项目特征:粘结层厚度、材料种类;面层材料品种、规格、颜色;压线条种类。

(2)工程量计算规则:按设计图示尺寸以面积计算。门洞、空圈、暖气包槽、壁龛的开口部分并入相应的工程量内。

(3)工作内容:基层清理;面层铺贴;压缝条装钉;材料运输。

(四)其他材料面层(编码:011104)

1. 地毯楼地面 (项目编码: 011104001)

(1)项目特征:面层材料品种、规格、颜色;防护材料种类;粘结材料种类;压线条种类。

(2)工程量计算规则:按设计图示尺寸以面积计算。门洞、空圈、暖气包槽、壁龛的开口部分并入相应的工程量内。

(3)工作内容:基层清理;铺贴面层;刷防护材料;装钉压条;材料运输。

2. 竹、木 (复合) 地板 (项目编码: 011104002)

(1)项目特征:龙骨材料种类、规格、铺设间距;基层材料种类、规格;面层材料品种、规格、颜色;防护材料种类。

（2）工程量计算规则:按设计图示尺寸以面积计算。门洞、空圈、暖气包槽、壁龛的开口部分并入相应的工程量内。

（3）工作内容:清理基层;龙骨铺设;基层铺设;面层铺贴;刷防护材料;材料运输;

3. 金属复合地板（项目编码: 011104003）

（1）项目特征:龙骨材料种类、规格、铺设间距;基层材料种类、规格;面层材料品种、规格、颜色;防护材料种类。

（2）工程量计算规则:按设计图示尺寸以面积计算。门洞、空圈、暖气包槽、壁龛的开口部分并入相应的工程量内。

（3）工作内容:清理基层;龙骨铺设;基层铺设;面层铺贴;刷防护材料;材料运输;

4. 防静电活动地板（项目编码: 011104004）

（1）项目特征:支架高度、材料种类;面层材料品种、规格、颜色;防护材料种类。

（2）工程量计算规则:按设计图示尺寸以面积计算。门洞、空圈、暖气包槽、壁龛的开口部分并入相应的工程量内。

（3）工程内容:清理基层;固定支架安装;活动面层安装;刷防护材料;材料运输。

（五）踢脚线（编码:011105）

1. 水泥砂浆踢脚线（项目编码: 011105001）

（1）项目特征:踢脚线高度;底层厚度、砂浆配合比;面层厚度、砂浆配合比。

（2）工程量计算规则:以平方米计量,按设计图示长度乘高度以面积计算;以米计量,按延长米计算。

（3）工作内容:基层清理;底层和面层抹灰;材料运输。

2. 石材踢脚线（项目编码: 011105002）

（1）项目特征:踢脚线高度;粘贴层厚度、材料种类;面层材料品种、规格、颜色;防护材料种类。

（2）工程量计算规则:以平方米计量,按设计图示长度乘高度以面积计算;以米计量,按延长米计算。

（3）工作内容:基层清理;底层抹灰;面层铺贴、磨边;擦缝;磨光、酸洗、打蜡;刷防护材料;材料运输。

3. 块料踢脚线 (项目编码: 011105003)

(1)项目特征:踢脚线高度;粘贴层厚度、材料种类;面层材料品种、规格、颜色;防护材料种类。

(2)工程量计算规则:以平方米计量,按设计图示长度乘高度以面积计算;以米计量,按延长米计算。

(3)工作内容:基层清理;底层抹灰;面层铺贴、磨边;擦缝;磨光、酸洗、打蜡;刷防护材料;材料运输。

4. 塑料板踢脚线 (项目编码: 011105004)

(1)项目特征:踢脚线高度;粘贴层厚度、材料种类;面层材料品种、规格、颜色。

(2)工程量计算规则:以平方米计量,按设计图示长度乘高度以面积计算;以米计量,按延长米计算。

(3)工作内容:基层清理;基层铺贴;面层铺贴;材料运输。

5. 木质踢脚线 (项目编码: 011105005)

(1)项目特征:踢脚线高度;基层材料种类、规格;面层材料品种、规格、颜色。

(2)工程量计算规则:以平方米计量,按设计图示长度乘高度以面积计算;以米计量,按延长米计算。

(3)工作内容:基层清理;基层铺贴;面层铺贴;材料运输。

6. 金属踢脚线 (项目编码: 011105006)

(1)项目特征:踢脚线高度;基层材料种类、规格;面层材料品种、规格、颜色。

(2)工程量计算规则:以平方米计量,按设计图示长度乘高度以面积计算;以米计量,按延长米计算。

(3)工作内容:基层清理;基层铺贴;面层铺贴;材料运输。

7. 防静电踢脚线 (项目编码: 011105007)

(1)项目特征:踢脚线高度;基层材料种类、规格;面层材料品种、规格、颜色。

(2)工程量计算规则:以平方米计量,按设计图示长度乘高度以面积计算;以米计量,按延长米计算。

(3)工作内容:基层清理;基层铺贴;面层铺贴;材料运输。

(六)楼梯面层(编码 011106)

1. 石材楼梯面层 (项目编码：011106001)

(1)项目特征：找平层厚度、砂浆配合比；粘结层厚度、材料种类；面层材料品种、规格、颜色；防滑条材料种类、规格；勾缝材料种类；防护材料种类；酸洗、打蜡要求。

(2)工程量计算规则：按设计图示尺寸以楼梯(包括踏步、休息平台及≤500mm 的楼梯井)水平投影面积计算。楼梯与楼地面相连时，算至梯口梁内侧边沿；无梯口梁者，算至最上一层踏步边沿加 300mm。

(3)工作内容：基层清理；抹找平层；面层铺贴、磨边；贴嵌防滑条；勾缝；刷防护材料；酸洗、打蜡；材料运输。

2. 块料楼梯面层 (项目编码：011106002)

(1)项目特征：找平层厚度、砂浆配合比；粘结层厚度、材料种类；面层材料品种、规格、颜色；防滑条材料种类、规格；勾缝材料种类；防护材料种类；酸洗、打蜡要求。

(2)工程量计算规则：按设计图示尺寸以楼梯(包括踏步、休息平台及≤500mm 的楼梯井)水平投影面积计算。楼梯与楼地面相连时，算至梯口梁内侧边沿；无梯口梁者，算至最上一层踏步边沿加 300mm。

(3)工作内容：基层清理；抹找平层；面层铺贴、磨边；贴嵌防滑条；勾缝；刷防护材料；酸洗、打蜡；材料运输。

3. 拼碎块料面层 (项目编码：011106003)

(1)项目特征：找平层厚度、砂浆配合比；粘结层厚度、材料种类；面层材料品种、规格、颜色；防滑条材料种类、规格；勾缝材料种类；防护材料种类；酸洗、打蜡要求。

(2)工程量计算规则：按设计图示尺寸以楼梯(包括踏步、休息平台及≤500mm 的楼梯井)水平投影面积计算。楼梯与楼地面相连时，算至梯口梁内侧边沿；无梯口梁者，算至最上一层踏步边沿加 300mm。

(3)工作内容：基层清理；抹找平层；面层铺贴、磨边；贴嵌防滑条；勾缝；刷防护材料；酸洗、打蜡；材料运输。

4. 水泥砂浆楼梯面层 (项目编码：011106004)

(1)项目特征：找平层厚度、砂浆配合比；面层厚度、砂浆配合比；防滑条材料种类、规格。

(2)工程量计算规则：按设计图示尺寸以楼梯(包括踏步、休息平台及≤500mm 的楼梯井)水平投影面积计算。楼梯与楼地面相连时,算至梯口梁内侧边沿;无梯口梁者,算至最上一层踏步边沿加 300mm。

(3)工作内容:基层清理;抹找平层;抹面层;抹防滑条;材料运输。

5. 现浇水磨石楼梯面层 (项目编码: 011106005)

(1)项目特征:找平层厚度、砂浆配合比;面层厚度、水泥石子浆配合比;防滑条材料种类、规格;石子种类、规格、颜色;颜料种类、颜色;磨光、酸洗打蜡要求。

(2)工程量计算规则:按设计图示尺寸以楼梯(包括踏步、休息平台及≤500mm 的楼梯井)水平投影面积计算。楼梯与楼地面相连时,算至梯口梁内侧边沿;无梯口梁者,算至最上一层踏步边沿加 300mm。

(3)工作内容:基层清理;抹找平层;抹面层;贴嵌防滑条;磨光、酸洗、打蜡;材料运输。

6. 地毯楼梯面层 (项目编码: 011106006)

(1)项目特征:基层种类;面层材料品种、规格、颜色;防护材料种类;粘结材料种类;固定配件材料种类、规格。

(2)工程量计算规则:按设计图示尺寸以楼梯(包括踏步、休息平台及≤500mm 的楼梯井)水平投影面积计算。楼梯与楼地面相连时,算至梯口梁内侧边沿;无梯口梁者,算至最上一层踏步边沿加 300mm。

(3)工作内容:基层清理;铺贴面层;固定配件安装;刷防护材料;材料运输。

7. 木板楼梯面层 (项目编码: 011106007)

(1)项目特征:基层材料种类、规格;面层材料品种、规格、颜色;粘结材料种类;防护材料种类。

(2)工程量计算规则:按设计图示尺寸以楼梯(包括踏步、休息平台及≤500mm 的楼梯井)水平投影面积计算。楼梯与楼地面相连时,算至梯口梁内侧边沿;无梯口梁者,算至最上一层踏步边沿加 300mm。

(3)工作内容:基层清理;基层铺贴;面层铺贴;刷防护材料;材料运输。

8. 橡胶板楼梯面层 (项目编码: 011106008)

(1)项目特征:粘结层厚度、材料种类;面层材料品种、规格、颜色;压线条种类。

(2)工程量计算规则:按设计图示尺寸以楼梯(包括踏步、休息平台及≤500mm 的楼梯井)水平投影面积计算。楼梯与楼地面相连时,算至梯口梁内侧边沿;无梯口梁者,算至最上一层踏步边沿加 300mm。

(3)工作内容:基层清理;面层铺贴;压缝条装钉;材料运输。

9. 塑料板楼梯面层 (项目编码:011106009)

(1)项目特征:粘结层厚度、材料种类;面层材料品种、规格、颜色;压线条种类。

(2)工程量计算规则:按设计图示尺寸以楼梯(包括踏步、休息平台及≤500mm 的楼梯井)水平投影面积计算。楼梯与楼地面相连时,算至梯口梁内侧边沿;无梯口梁者,算至最上一层踏步边沿加 300mm。

(3)工作内容:基层清理;面层铺贴;压缝条装钉;材料运输。

(七)台阶装饰(编码:011107)

1. 石材台阶面 (项目编码:011107001)

(1)项目特征:找平层厚度、砂浆配合比;粘结材料种类;面层材料品种、规格、颜色;勾缝材料种类;防滑条材料种类、规格;防护材料种类。

(2)工程量计算规则:按设计图示尺寸以台阶(包括最上层踏步边沿加 300mm)水平投影面积计算。

(3)工作内容:基层清理;抹找平层;面层铺贴;贴嵌防滑条;勾缝;刷防护材料;材料运输。

2. 块料台阶面 (项目编码:011107002)

(1)项目特征:找平层厚度、砂浆配合比;粘结层材料种类;面层材料品种、规格、颜色;勾缝材料种类;防滑条材料种类、规格;防护材料种类。

(2)工程量计算规则:按设计图示尺寸以台阶(包括最上层踏步边沿加 300mm)水平投影面积计算。

(3)工作内容:基层清理;抹找平层;面层铺贴;贴嵌防滑条;勾缝;刷防护材料;材料运输。

3. 拼碎块料台阶面 (项目编码:011107003)

(1)项目特征:找平层厚度、砂浆配合比;粘结材料种类;面层材料品种、规格、颜色;勾缝材料种类;防滑条材料种类、规格;防护材料种类。

(2)工程量计算规则:按设计图示尺寸以台阶(包括最上层踏步边沿加 300mm)水平投影面积计算。

(3)工作内容:基层清理;抹找平层;面层铺贴;贴嵌防滑条;勾缝;刷

防护材料;材料运输。

4. 水泥砂浆台阶面 (项目编码:011107004)

(1)项目特征:找平层厚度、砂浆配合比;面层厚度、砂浆配合比;防滑条材料种类。

(2)工程量计算规则:按设计图示尺寸以台阶(包括最上层踏步边沿加 300mm)水平投影面积计算。

(3)工作内容:基层清理;抹找平层;抹面层;抹防滑条;材料运输。

5. 现浇水磨石台阶面 (项目编码:011107005)

(1)项目特征:找平层厚度、砂浆配合比;面层厚度、水泥石子浆配合比;防滑条材料种类、规格;石子种类、规格、颜色;颜料种类、颜色;磨光、酸洗、打蜡要求。

(2)工程量计算规则:按设计图示尺寸以台阶(包括最上层踏步边沿加 300mm)水平投影面积计算。

(3)工作内容:清理基层;抹找平层;抹面层;贴嵌防滑条;打磨、酸洗、打蜡;材料运输。

6. 剁假石台阶面(项目编码:011107006)

(1)项目特征:找平层厚度、砂浆配合比;面层厚度、砂浆配合比;剁假石要求。

(2)工程量计算规则:按设计图示尺寸以台阶(包括最上层踏步边沿加 300mm)水平投影面积计算。

(3)工作内容:清理基层;抹找平层;抹面层;剁假石;材料运输。

(八)零星装饰项目(编码:011108)

1. 石材零星项目 (项目编码:011108001)

(1)项目特征:工程部位;找平层厚度、砂浆配合比;贴结合层厚度、材料种类;面层材料品种、规格、颜色;勾缝材料种类;防护材料种类;酸洗、打蜡要求。

(2)工程量计算规则:按设计图示尺寸以面积计算。

(3)工作内容:清理基层;抹找平层;面层铺贴、磨边;勾缝;刷防护材料;酸洗、打蜡;材料运输。

2. 拼碎石材零星项目 (项目编码:011108002)

(1)项目特征:工程部位;找平层厚度、砂浆配合比;贴结合层厚度、材料种类;面层材料品种、规格、颜色;勾缝材料种类;防护材料种类;酸洗、打蜡要求。

(2)工程量计算规则:按设计图示尺寸以面积计算。

(3)工作内容:清理基层;抹找平层;面层铺贴、磨边;勾缝;刷防护材料;酸洗、打蜡;材料运输。

3. 块料零星项目 (项目编码: 011108003)

(1)项目特征:工程部位;找平层厚度、砂浆配合比;贴结合层厚度、材料种类;面层材料品种、规格、颜色;勾缝材料种类;防护材料种类;酸洗、打蜡要求。

(2)工程量计算规则:按设计图示尺寸以面积计算。

(3)工作内容:清理基层;抹找平层;面层铺贴、磨边;勾缝;刷防护材料;酸洗、打蜡;材料运输。

4. 水泥砂浆零星项目 (项目编码: 011108004)

(1)项目特征:工程部位;找平层厚度、砂浆配合比;面层厚度、砂浆厚度。

(2)工程量计算规则:按设计图示尺寸以面积计算。

(3)工作内容:清理基层;抹找平层;抹面层;材料运输。

四、楼地面清单工程量计算实例

【例 9-1】　某商店平面示意图如图 9-1 所示,地面做法:C20 细石混凝土找平层 60mm 厚,1:2.5 白水泥色石子水磨石面层 20mm 厚,15mm×2mm 铜条分隔,距墙柱边 300mm 范围内按纵横 1m 宽分格。计算地面工程量。

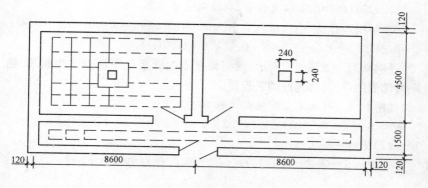

图 9-1　某商店平面

【解】　现浇水磨石楼地面工程量计算如下：

现浇水磨石楼地面工程量＝主墙间净长度×主墙间净宽度－构筑物等所占面积

现浇水磨石楼地面工程量＝$(8.6-0.24)×(4.5-0.24)×2+(8.6×2-0.24)×(1.5-0.24)=92.60(m^2)$

【例9-2】　某房屋平面如图9-2所示，室内水泥砂浆粘贴200mm高石材踢脚线，计算其工程量。

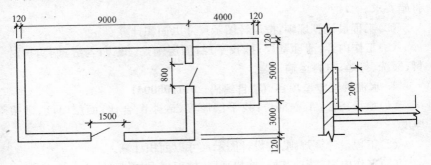

图9-2　某房屋平面

【解】　(1)石材踢脚线如以平方米计量，则按设计图示长度乘高度以面积计算，即

踢脚线工程量＝$[(9.00-0.24+8.00-0.24)×2+(5.00-0.24+4.00-0.24)×2-1.50-0.80×2+0.12×6]×0.20=9.54(m^2)$

(2)石材踢脚线如以米计量，则按延长米计算，即

踢脚线工程量＝$(9.00-0.24+8.00-0.24)×2+(5.00-0.24+4.00-0.24)×2-1.5-0.8×2+0.12×6=47.7(m)$

【例9-3】　如图9-3所示，该楼面在水泥砂浆找平层上二次装修，铺贴装饰面层，计算楼地面的工程量。

【解】　(1)花岗岩石材地面工程

$S=[(8.0-0.4)×2+(7.2-0.4)×2]×0.4=11.52(m^2)$

(2)地砖块料工程

$S=(8.0-0.4×2)×(7.2-0.4×2)=46.08(m^2)$

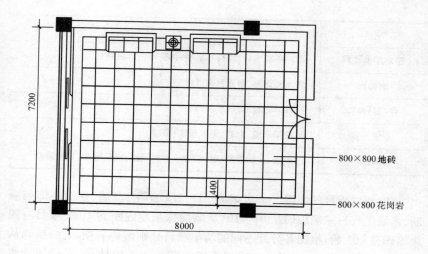

7200

800×800 地砖

400

800×800 花岗岩

8000

图 9-3 室内平面图

第三节 墙、柱面装饰与隔断、幕墙工程

一、墙、柱面装饰与隔断、幕墙工程工程量清单项目划分与编码

（1）清单项目划分。墙、柱面装饰与隔断、幕墙工程清单项目划分见表 9-4。

表 9-4　　　　墙、柱面装饰与隔断、幕墙工程清单项目划分

项目	分　类
墙面抹灰	墙面一般抹灰、墙面装饰抹灰、墙面勾缝、立面砂浆找平层
柱（梁）面抹灰	柱、梁面一般抹灰，柱、梁面装饰抹灰，柱、梁面砂浆找平，柱面勾缝
零星抹灰	零星项目一般抹灰、零星项目装饰抹灰、零星项目砂浆找平
墙面块料面层	石材墙面、碎拼石材墙面、块料墙面、干挂石材钢骨架
柱（梁）面镶贴块料	石材柱面、块料柱面、拼碎块柱面、石材梁面、块料梁面

项 目	分　　　类
镶贴零星块料	石材零星项目、块料零星项目、拼碎块零星项目
墙饰面	墙面装饰板、墙面装饰浮雕
柱(梁)饰面	柱(梁)面装饰、成品装饰柱
幕墙工程	带骨架幕墙、全玻(无框玻璃)幕墙
隔断	木隔断、金属隔断、玻璃隔断、塑料隔断、成品隔断、其他隔断

(2)清单项目的编码。一级编码 01;二级编码 12(墙、柱面装饰与隔断、幕墙工程);三级编码从 01～10(从墙面抹灰至隔断共 10 个项目);四级编码自 001 始,根据各分部不同的清单项目分别编码列项;五级编码从 001 始,依次递增,比如同一个工程中墙面若采用一般抹灰,所用的砂浆种类,既有水泥砂浆,又有混合砂浆,则第五级编码应分别设置。

二、清单工程量计算有关问题说明

1. 墙面抹灰

(1)立面砂浆找平层项目适用于仅做找平层的立面抹灰。

(2)墙面抹石灰砂浆、水泥砂浆、混合砂浆、聚合物水泥砂浆、麻刀石灰浆、石膏灰浆等按墙面一般抹灰列项;墙面水刷石、斩假石、干粘石、假面砖等按墙面装饰抹灰列项。

(3)飘窗凸出外墙面增加的抹灰并入外墙工程量内。

(4)有吊顶天棚的内墙面抹灰,抹至吊顶以上部分在综合单价中考虑。

2. 柱(梁)面抹灰

(1)砂浆找平项目适用于仅做找平层的柱(梁)面抹灰。

(2)柱(梁)面抹石灰砂浆、水泥砂浆、混合砂浆、聚合物水泥砂浆、麻刀石灰浆、石膏灰浆等按柱(梁)面一般抹灰编码列项;柱(梁)面水刷石、斩假石、干粘石、假面砖等按柱(梁)面装饰抹灰编码列项。

3. 零星抹灰

(1)零星项目抹石灰砂浆、水泥砂浆、混合砂浆、聚合物水泥砂浆、麻刀石灰浆、石膏灰浆等按零星项目一般抹灰编码列项;水刷石、斩假石、干粘石、假面砖等按零星项目装饰抹灰编码列项。

（2）墙、柱（梁）面≤0.5m² 的少量分散的抹灰按零星抹灰项目编码列项。

4. 墙面块料面层

（1）在描述碎块项目的面层材料特征时可不用描述规格、颜色。

（2）石材、块料与粘结材料的结合面刷防渗材料的种类在防护层材料种类中描述。

（3）安装方式可描述为砂浆或粘结剂粘贴、挂贴、干挂等，不论哪种安装方式，都要详细描述与组价相关的内容。

5. 柱（梁）面镶贴块料

（1）在描述碎块项目的面层材料特征时可不用描述规格、颜色。

（2）石材、块料与粘接材料的结合面刷防渗材料的种类在防护层材料种类中描述。

（3）柱梁面干挂石材的钢骨架按墙面块料面层中相应项目编码列项。

6. 镶贴零星块料

（1）在描述碎块项目的面层材料特征时可不用描述规格、颜色。

（2）石材、块料与粘接材料的结合面刷防渗材料的种类在防护材料种类中描述。

（3）零星项目干挂石材的钢骨架按墙面块料面层中相应项目编码列项。

（4）墙柱面≤0.5m² 的少量分散的镶贴块料面层按镶贴零星块料中零星项目执行。

7. 幕墙工程

幕墙钢骨架按墙面块料面层中干挂石材钢骨架编码列项。

三、墙、柱面装饰与隔断、幕墙清单工程量计算规则

（一）墙面抹灰（编码:011201）

1. 墙面一般抹灰（项目编码: 011201001）

（1）项目特征:墙体类型;底层厚度、砂浆配合比;面层厚度、砂浆配合比;装饰面材料种类;分格缝宽度、材料种类。

（2）工程量计算规则:按设计图示尺寸以面积计算。扣除墙裙、门窗洞口及单个＞0.3m² 的孔洞面积,不扣除踢脚线、挂镜线和墙与构件交接处的面积,门窗洞口和孔洞的侧壁及顶面不增加面积。附墙柱、梁、垛、烟

囱侧壁并入相应的墙面面积内。

1)外墙抹灰面积按外墙垂直投影面积计算。

2)外墙裙抹灰面积按其长度乘以高度计算。

3)内墙抹灰面积按主墙间的净长乘以高度计算。

①无墙裙的,高度按室内楼地面至天棚底面计算。

②有墙裙的,高度按墙裙顶至天棚底面计算。

③有吊顶天棚抹灰,高度算至天棚底。

4)内墙裙抹灰面按内墙净长乘以高度计算。

(3)工作内容:基层清理;砂浆制作、运输;底层抹灰;抹面层;抹装饰面;勾分格缝。

2. 墙面装饰抹灰 (项目编码: 011201002)

(1)项目特征:墙体类型;底层厚度、砂浆配合比;面层厚度、砂浆配合比;装饰面材料种类;分格缝宽度、材料种类。

(2)工程量计算规则:按设计图示尺寸以面积计算。扣除墙裙、门窗洞口及单个>0.3m² 的孔洞面积,不扣除踢脚线、挂镜线和墙与构件交接处的面积,门窗洞口和孔洞的侧壁及顶面不增加面积。附墙柱、梁、垛、烟囱侧壁并入相应的墙面面积内。

1)外墙抹灰面积按外墙垂直投影面积计算。

2)外墙裙抹灰面积按其长度乘以高度计算。

3)内墙抹灰面积按主墙间的净长乘以高度计算。

①无墙裙的,高度按室内楼地面至天棚底面计算。

②有墙裙的,高度按墙裙顶至天棚底面计算。

③有吊顶天棚抹灰,高度算至天棚底。

4)内墙裙抹灰面按内墙净长乘以高度计算。

(3)工作内容:基层清理;砂浆制作、运输;底层抹灰;抹面层;抹装饰面;勾分格缝。

3. 墙面勾缝 (项目编码: 011201003)

(1)项目特征:勾缝类型;勾缝材料种类。

(2)工程量计算规则:按设计图示尺寸以面积计算。扣除墙裙、门窗洞口及单个>0.3m² 的孔洞面积,不扣除踢脚线、挂镜线和墙与构件交接处的面积,门窗洞口和孔洞的侧壁及顶面不增加面积。附墙柱、梁、垛、烟囱侧壁并入相应的墙面面积内。

1)外墙抹灰面积按外墙垂直投影面积计算。

2)外墙裙抹灰面积按其长度乘以高度计算。

3)内墙抹灰面积按主墙间的净长乘以高度计算。

①无墙裙的,高度按室内楼地面至天棚底面计算。

②有墙裙的,高度按墙裙顶至天棚底面计算。

③有吊顶天棚抹灰,高度算至天棚底。

4)内墙裙抹灰面按内墙净长乘以高度计算。

(3)工作内容:基层清理;砂浆制作、运输;勾缝。

4. 立面砂浆找平层 (项目编码:011201004)

(1)项目特征:基层类型;找平层砂浆厚度、配合比。

(2)工程量计算规则:按设计图示尺寸以面积计算。扣除墙裙、门窗洞口及单个>0.3m² 的孔洞面积,不扣除踢脚线、挂镜线和墙与构件交接处的面积,门窗洞口和孔洞的侧壁及顶面不增加面积。附墙柱、梁、垛、烟囱侧壁并入相应的墙面面积内。

1)外墙抹灰面积按外墙垂直投影面积计算。

2)外墙裙抹灰面积按其长度乘以高度计算。

3)内墙抹灰面积按主墙间的净长乘以高度计算。

①无墙裙的,高度按室内楼地面至天棚底面计算。

②有墙裙的,高度按墙裙顶至天棚底面计算。

③有吊顶天棚抹灰,高度算至天棚底。

4)内墙裙抹灰面按内墙净长乘以高度计算。

(3)工作内容:基层清理;砂浆制作、运输;抹灰找平。

(二)柱(梁)面抹灰(011202)

1. 柱、梁面一般抹灰 (项目编码:011202001)

(1)项目特征:柱(梁)体类型;底层厚度、砂浆配合比;面层厚度、砂浆配合比;装饰面材料种类;分格缝宽度、材料种类。

(2)工程量计算规则:柱面抹灰:按设计图示柱断面周长乘高度以面积计算;梁面抹灰:按设计图示梁断面周长乘长度以面积计算。

(3)工作内容:基层清理;砂浆制作、运输;底层抹灰;抹面层;勾分格缝。

2. 柱、梁面装饰抹灰 (项目编码:011202002)

(1)项目特征:柱(梁)体类型;底层厚度、砂浆配合比;面层厚度、砂浆配合比;装饰面材料种类;分格缝宽度、材料种类。

(2)工程量计算规则:柱面抹灰:按设计图示柱断面周长乘高度以面积计算;梁面抹灰:按设计图示梁断面周长乘长度以面积计算。

(3)工作内容:基层清理;砂浆制作、运输;底层抹灰;抹面层;勾分格缝。

3. 柱、梁面砂浆找平 (项目编码:011202003)

(1)项目特征:柱(梁)体类型;找平的砂浆厚度、配合比。

(2)工程量计算规则:柱面抹灰:按设计图示柱断面周长乘高度以面积计算;梁面抹灰:按设计图示梁断面周长乘长度以面积计算。

(3)工作内容:基层清理;砂浆制作、运输;抹灰找平。

4. 柱面勾缝 (项目编码:011202004)

(1)项目特征:勾缝类型;勾缝材料种类。

(2)工程量计算规则:按设计图示柱断面周长乘高度以面积计算。

(3)工作内容:基层清理;砂浆制作、运输;勾缝。

(三)零星抹灰(编码:011203)

1. 零星项目一般抹灰 (项目编码:011203001)

(1)项目特征:基层类型、部位;底层厚度、砂浆配合比;面层厚度、砂浆配合比;装饰面材料种类;分格缝宽度、材料种类。

(2)工程量计算规则:按设计图示尺寸以面积计算。

(3)工作内容:基层清理;砂浆制作、运输;底层抹灰;抹面层;抹装饰面;勾分格缝。

2. 零星项目装饰抹灰 (项目编码:011203002)

(1)项目特征:基层类型、部位;底层厚度、砂浆配合比;面层厚度、砂浆配合比;装饰面材料种类;分格缝宽度、材料种类。

(2)工程量计算规则:按设计图示尺寸以面积计算。

(3)工作内容:基层清理;砂浆制作、运输;底层抹灰;抹面层;抹装饰面;勾分格缝。

3. 零星项目砂浆找平 (项目编码:011203003)

(1)项目特征:基层类型、部位;找平的砂浆厚度、配合比。

(2)工程量计算规则:按设计图示尺寸以面积计算。

(3)工作内容:基层清理;砂浆制作、运输;抹灰找平。

(四)墙面块料面层(编码:011204)

1. 石材墙面 (项目编码: 011204001)

(1)项目特征:墙体类型;安装方式;面层材料品种、规格、颜色;缝宽、嵌缝材料种类;防护材料种类;磨光、酸洗、打蜡要求。

(2)工程量计算规则:按镶贴表面积计算。

(3)工作内容:基层清理;砂浆制作、运输;粘结层铺贴;面层安装;嵌缝;刷防护材料;磨光、酸洗、打蜡。

2. 碎拼石材墙面 (项目编码: 011204002)

(1)项目特征:墙体类型;安装方式;面层材料品种、规格、颜色;缝宽、嵌缝材料种类;防护材料种类;磨光、酸洗、打蜡要求。

(2)工程量计算规则:按镶贴表面积计算。

(3)工作内容:基层清理;砂浆制作、运输;粘结层铺贴;面层安装;嵌缝;刷防护材料;磨光、酸洗、打蜡。

3. 块料墙面 (项目编码: 011204003)

(1)项目特征:墙体类型;安装方式;面层材料品种、规格、颜色;缝宽、嵌缝材料种类;防护材料种类;磨光、酸洗、打蜡要求。

(2)工程量计算规则:按镶贴表面积计算。

(3)工作内容:基层清理;砂浆制作、运输;粘结层铺贴;面层安装;嵌缝;刷防护材料;磨光、酸洗、打蜡。

4. 干挂石材钢骨架 (项目编码: 011204004)

(1)项目特征:骨架种类、规格;防锈漆品种遍数。

(2)工程量计算规则:按设计图示以质量计算。

(3)工作内容:骨架制作、运输、安装;刷漆。

(五)柱(梁)面镶贴块料(编码:011205)

1. 石材柱面 (项目编码: 011205001)

(1)项目特征:柱截面类型、尺寸;安装方式;面层材料品种、规格、颜色;缝宽、嵌缝材料种类;防护材料种类;磨光、酸洗、打蜡要求。

(2)工程量计算规则:按镶贴表面积计算。

(3)工作内容:基层清理;砂浆制作、运输;粘结层铺贴;面层安装;嵌缝;刷防护材料;磨光、酸洗、打蜡。

2. 块料柱面 (项目编码: 011205002)

(1)项目特征:柱截面类型、尺寸;安装方式;面层材料品种、规格、颜色;缝宽、嵌缝材料种类;防护材料种类;磨光、酸洗、打蜡要求。

(2)工程量计算规则:按镶贴表面积计算。

(3)工作内容:基层清理;砂浆制作、运输;粘结层铺贴;面层安装;嵌缝;刷防护材料;磨光、酸洗、打蜡。

3. 拼碎块柱面 (项目编码: 011205003)

(1)项目特征:柱截面类型、尺寸;安装方式;面层材料品种、规格、颜色;缝宽、嵌缝材料种类;防护材料种类;磨光、酸洗、打蜡要求。

(2)工程量计算规则:按镶贴表面积计算。

(3)工作内容:基层清理;砂浆制作、运输;粘结层铺贴;面层安装;嵌缝;刷防护材料;磨光、酸洗、打蜡。

4. 石材梁面 (项目编码: 011205004)

(1)项目特征:安装方式;面层材料品种、规格、颜色;缝宽、嵌缝材料种类;防护材料种类;磨光、酸洗、打蜡要求。

(2)工程量计算规则:按镶贴表面积计算。

(3)工作内容:基层清理;砂浆制作、运输;粘结层铺贴;面层安装;嵌缝;刷防护材料;磨光、酸洗、打蜡。

5. 块料梁面 (项目编码: 011205005)

(1)项目特征:安装方式;面层材料品种、规格、颜色;缝宽、嵌缝材料种类;防护材料种类;磨光、酸洗、打蜡要求。

(2)工程量计算规则:按镶贴表面积计算。

(3)工作内容:基层清理;砂浆制作、运输;粘结层铺贴;面层安装;嵌缝;刷防护材料;磨光、酸洗、打蜡。

(六)镶贴零星块料(编码:011206)

石材零星项目(项目编码:011206001)、块料零星项目(项目编码:011206002)、拼碎块零星项目(项目编码:011206003)。

(1)项目特征:基层类型、部位;安装方式;面层材料品种、规格、颜色;缝宽、嵌缝材料种类;防护材料种类;磨光、酸洗、打蜡要求。

(2)工程量计算规则:按镶贴表面积计算。

(3)工作内容:基层清理;砂浆制作、运输;面层安装;嵌缝;刷防护材料;磨光、酸洗、打蜡。

(七)墙饰面(编码:011207)

1. 墙面装饰板 (项目编码: 011207001)

(1)项目特征:龙骨材料种类、规格、中距;隔离层材料种类、规格;基层材料种类、规格;面层材料品种、规格、颜色;压条材料种类、规格。

(2)工程量计算规则:按设计图示墙净长乘以净高以面积计算。扣除门窗洞口及单个>0.3m²的孔洞所占面积。

(3)工作内容:基层清理;龙骨制作、运输、安装;钉隔离层;基层铺钉;面层铺贴。

2. 墙面装饰浮雕 (项目编码: 011207002)

(1)项目特征:基层类型;浮雕材料种类;浮雕样式。

(2)工程量计算规则:按设计图示尺寸以面积计算。

(3)工作内容:基层清理;材料制作、运输;安装成型。

(八)柱(梁)饰面(编码:011208)

1. 柱 (梁) 面装饰 (项目编码: 011208001)

(1)项目特征:龙骨材料种类、规格、中距;隔离层材料种类;基层材料种类、规格;面层材料品种、规格、颜色;压条材料种类、规格。

(2)工程量计算规则:按设计图示饰面外围尺寸以面积计算。柱帽、柱墩并入相应柱饰面工程量内。

(3)工作内容:清理基层;龙骨制作、运输、安装;钉隔离层;基层铺钉;面层铺贴。

2. 成品装饰柱 (项目编码: 011208002)

(1)项目特征:柱截面、高度尺寸;柱材质。

(2)工程量计算规则:以根计量,按设计数量计算;以米计量,按设计长度计算。

(3)工作内容:柱运输、固定、安装。

(九)幕墙工程(编码:011209)

1. 带骨架幕墙 (项目编码: 011209001)

(1)项目特征:骨架材料种类、规格、中距;面层材料品种、规格、颜色;面层固定方式;隔离带、框边封闭材料品种、规格;嵌缝、塞口材料种类。

(2)工程量计算规则:按设计图示框外围尺寸以面积计算。与幕墙同种材质的窗所占面积不扣除。

(3)工作内容:骨架制作、运输、安装;面层安装;隔离带、框边封闭;嵌缝、塞口;清洗。

2. 全玻 (无框玻璃) 幕墙 (项目编码: 011209002)

(1)项目特征:玻璃品种、规格、颜色;粘结塞口材料种类;固定方式。

(2)工程量计算规则:按设计图示尺寸以面积计算。带肋全玻幕墙按展开面积计算。

(3)工作内容:幕墙安装;嵌缝、塞口;清洗。

(十)隔断(编码:011210)

1. 木隔断 (项目编码: 011210001)

(1)项目特征:骨架、边框材料种类、规格;隔板材料品种、规格、颜色;嵌缝、塞口材料品种;压条材料种类。

(2)工程量计算规则:按设计图示框外围尺寸以面积计算。不扣除单个≤0.3m² 的孔洞所占面积;浴厕门的材质与隔断相同时,门的面积并入隔断面积内。

(3)工作内容:骨架及边框制作、运输、安装;隔板制作、运输、安装;嵌缝、塞口;装钉压条。

2. 金属隔断 (项目编码: 011210002)

(1)项目特征:骨架、边框材料种类、规格;隔板材料品种、规格、颜色;嵌缝、塞口材料品种。

(2)工程量计算规则:按设计图示框外围尺寸以面积计算。不扣除单个≤0.3m² 的孔洞所占面积;浴厕门的材质与隔断相同时,门的面积并入隔断面积内。

(3)工作内容:骨架及边框制作、运输、安装;隔板制作、运输、安装;嵌缝、塞口。

3. 玻璃隔断 (项目编码: 011210003)

(1)项目特征:边框材料种类、规格;玻璃品种、规格、颜色;嵌缝、塞口材料品种。

(2)工程量计算规则:按设计图示框外围尺寸以面积计算。不扣除单个≤0.3m² 的孔洞所占面积。

(3)工作内容:边框制作、运输、安装;玻璃制作、运输、安装;嵌缝、塞口。

4. 塑料隔断 (项目编码: 011210004)

(1)项目特征:边框材料种类、规格;隔板材料品种、规格、颜色;嵌缝、塞口材料品种。

(2)工程量计算规则:按设计图示框外围尺寸以面积计算。不扣除单个≤0.3m²的孔洞所占面积。

（3）工作内容：骨架及边框制作、运输、安装；隔板制作、运输、安装；嵌缝、塞口。

5. 成品隔断（项目编码：011210005）

（1）项目特征：隔断材料品种、规格、颜色；配件品种、规格。

（2）工程量计算规则：以平方米计量，按设计图示框外围尺寸以面积计算；以间计量，按设计间的数量计算。

（3）工作内容：隔断运输、安装；嵌缝、塞口。

6. 其他隔断（项目编码：011210006）

（1）项目特征：骨架、边框材料种类、规格；隔板材料品种、规格、颜色；嵌缝、塞口材料品种。

（2）工程量计算规则：按设计图示框外围尺寸以面积计算。不扣除单个≤0.3m²的孔洞所占面积。

（3）工作内容：骨架及边框安装；隔板安装；嵌缝、塞口。

四、墙、柱面装饰与隔断、幕墙清单工程量计算实例

【例9-4】 某工程如图9-4所示，室内墙面抹1∶2水泥砂浆打底，1∶3石灰砂浆找平层，麻刀石灰浆面层，共20mm厚。室内墙裙采用1∶3水泥砂浆打底（19mm厚），1∶2.5水泥砂浆面层（6mm厚），计算室内墙面一般抹灰和室内墙裙工程量。

　　M：1000mm×2700mm　　共3个

　　C：1500mm×1800mm　　共4个

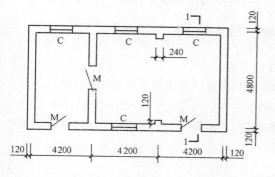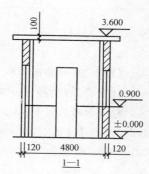

图9-4　某工程施工图

【解】 (1)墙面一般抹灰工程量计算如下:

室内墙面抹灰工程量＝主墙间净长度×墙面高度－门窗等的面积＋垛的侧面抹灰面积

$$室内墙面一般抹灰工程量＝[(4.20×3－0.24×2＋0.12×2)×2＋$$
$$(4.80－0.24)×4]×(3.60－0.10－$$
$$0.90)－1.00×(2.70－0.90)×4－1.50×$$
$$1.80×4＝93.7(m^2)$$

(2)室内墙裙抹灰工程量计算如下:

室内墙裙抹灰工程量＝主墙间净长度×墙裙高度－门窗所占面积＋垛的侧面抹灰面积

$$室内墙裙工程量＝[(4.20×3－0.24×2＋0.12×2)×2＋(4.80－$$
$$0.24)×4－1.00×4]×0.90＝35.06(m^2)$$

【例 9-5】 某变电室,外墙面尺寸如图 9-5 所示。M:1500mm×2000mm;C1:1500mm×1500mm;C2:1200mm×800mm;门窗侧面宽度100mm,外墙水泥砂浆粘贴外墙砖,计算其外墙面砖工程量。

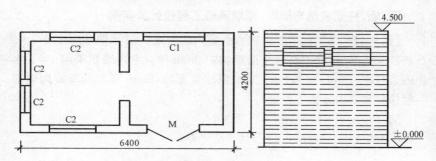

图 9-5　某变电室示意图

【解】 块料墙面工程量计算如下:

计算公式:块料墙面工程量＝按设计图示尺寸展开面积计算

$$外墙面砖工程量＝(6.4＋4.2)×2×4.5－1.50×2.00－1.50×1.50－$$
$$1.20×0.80×4＋[1.50＋2.00×2＋1.50×4＋(1.20＋0.80)×2×4]×$$
$$0.10＝89.06(m^2)$$

第四节 天棚工程

一、天棚工程工程量清单项目划分与编码

（1）清单项目划分。天棚工程清单项目划分见表9-5。

表9-5　　　　　　　　　　天棚工程清单项目划分

项目	分类
天棚抹灰	天棚抹灰
天棚吊顶	吊顶天棚、格栅吊顶、吊筒吊顶、藤条造型悬挂吊顶、装饰网架吊顶
采光天棚	采光天棚
天棚其他装饰	灯带（槽）、送风口、回风口

（2）清单项目编码。一级编码01；二级编码13（天棚工程）；三级编码自01~04（分别代表天棚抹灰、天棚吊顶、采光天棚、天棚其他装饰）；四级编码从001始，依次递增；第五级编码自001始，第三位数字依次递增，比如同一个工程中天棚抹灰有混合砂浆，还有水泥砂浆，则其编码为011301001001（天棚抹混合砂浆）、011301001002（天棚抹水泥砂浆）。

二、清单工程量计算有关问题说明

采光天棚骨架不包括在采光天棚中，应单独按《房屋建筑与装饰工程工程量计算规范》（GB 50854—2013）附录F相关项目编码列项。

三、天棚清单工程量计算规则

（一）天棚抹灰（编码：011301）

天棚抹灰（项目编码：011301001）

（1）项目特征：基层类型；抹灰厚度、材料种类；砂浆配合比。

（2）工程量计算规则：按设计图示尺寸以水平投影面积计算。不扣除间壁墙、垛、柱、附墙烟囱、检查口和管道所占的面积，带梁天棚的梁两侧抹灰面积并入天棚面积内，板式楼梯底面抹灰按斜面积计算，锯齿形楼梯底板抹灰按展开面积计算。

（3）工作内容：基层清理；底层抹灰；抹面层。

(二)天棚吊顶(编码:011302)

1. 吊顶天棚 (项目编码: 011302001)

(1)项目特征:吊顶形式、吊杆规格、高度;龙骨材料种类、规格、中距;基层材料种类、规格;面层材料品种、规格;压条材料种类、规格;嵌缝材料种类;防护材料种类。

(2)工程量计算规则:按设计图示尺寸以水平投影面积计算。天棚面中的灯槽及跌级、锯齿形、吊挂式、藻井式天棚面积不展开计算。不扣除间壁墙、检查口、附墙烟囱、柱垛和管道所占面积,扣除单个 $>0.3m^2$ 的孔洞、独立柱及与天棚相连的窗帘盒所占的面积。

(3)工作内容:基层清理、吊杆安装;龙骨安装;基层板铺贴;面层铺贴;嵌缝;刷防护材料。

2. 格栅吊顶 (项目编码: 011302002)

(1)项目特征:龙骨材料种类、规格、中距;基层材料种类、规格;面层材料品种、规格;防护材料种类。

(2)工程量计算规则:按设计图示尺寸以水平投影面积计算。

(3)工作内容:基层清理;安装龙骨;基层板铺贴;面层铺贴;刷防护材料。

3. 吊筒吊顶 (项目编码: 011302003)

(1)项目特征:吊筒形状、规格;吊筒材料种类;防护材料种类。

(2)工程量计算规则:按设计图示尺寸以水平投影面积计算。

(3)工作内容:基层清理;吊筒制作安装;刷防护材料。

4. 藤条造型悬挂吊顶 (项目编码: 011302004)

(1)项目特征:骨架材料种类、规格;面层材料品种、规格。

(2)工程量计算规则:按设计图示尺寸以水平投影面积计算。

(3)工作内容:基层清理;龙骨安装;铺贴面层。

5. 织物软雕吊顶 (项目编码: 011302005)

(1)项目特征:骨架材料种类、规格;面层材料品种、规格。

(2)工程量计算规则:按设计图示尺寸以水平投影面积计算。

(3)工作内容:基层清理;龙骨安装;铺贴面层。

6. 装饰网架吊顶 (项目编码: 011302006)

(1)项目特征:网架材料品种、规格。

(2)工程量计算规则:按设计图示尺寸以水平投影面积计算。

（3）工作内容：基层清理；网架制作安装。

（三）采光天棚（编码：011303）

采光天棚（项目编码：011303001）

（1）项目特征：骨架类型；固定类型、固定材料品种、规格；面层材料品种、规格；嵌缝、塞口材料种类。

（2）工程量计算规则：按框外围展开面积计算。

（3）工作内容：清理基层；面层制安；嵌缝、塞口；清洗。

（四）天棚其他装饰（编码：011304）

1. 灯带（槽）（项目编码：011304001）

（1）项目特征：灯带形式、尺寸；格栅片材料品种、规格；安装固定方式。

（2）工程量计算规则：按设计图示尺寸以框外围面积计算。

（3）工作内容：安装、固定。

2. 送风口、回风口（项目编码：011304002）

（1）项目特征：风口材料品种、规格；安装固定方式；防护材料种类。

（2）工程量计算规则：按设计图示数量计算。

（3）工作内容：安装、固定；刷防护材料。

四、天棚清单工程量计算实例

【例 9-6】　某工程，现浇井字梁天棚如图 9-6 所示，麻刀石灰浆面层，计算其工程量。

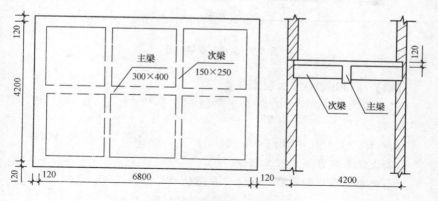

图 9-6　某工程现浇井字梁天棚

【解】　天棚抹灰工程量计算如下：

天棚抹灰工程量＝主墙间的净长度×主墙间的净宽度＋梁侧面面积

天棚抹灰工程量＝(6.80－0.24)×(4.20－0.24)＋(0.40－0.12)×

　　　　　　　　(6.80－0.24)×2＋(0.25－0.12)×(4.20－

　　　　　　　　0.24－0.15×2)×2×2－(0.25－0.12)×0.15×

　　　　　　　　4＝31.48(m²)

【例 9-7】　图 9-7 所示为室内天棚，试计算其工程量。

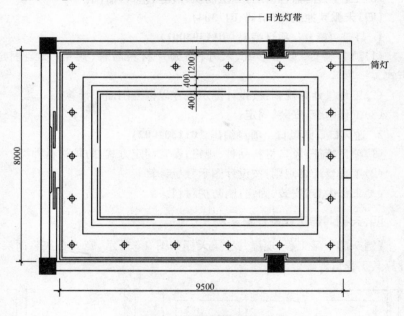

图 9-7　室内天棚平面图

【解】　(1)灯带分项工程工程量。

$L_{带}$:[8.0－2×(1.2＋0.4＋0.2)]×2＋[9.5－2×(1.2＋0.4＋0.2)]×

2＝20.6(m)

　　$S_1＝L_{带}×b＝20.6×0.4＝8.24(m²)$

　　(2)天棚吊顶分项工程工程量。

　　S_2:天棚水平投影面积－扣除部分面积＝8.0×9.5－8.24

　　　　　　　　　　　　　　　　　　＝67.76(m²)

第五节　门窗工程

一、门窗工程工程量清单项目划分与编码

(1)清单项目划分。门窗工程清单项目划分见表9-6。

表 9-6　　　　　　　　　　门窗工程清单项目划分

项目	分类
木门	木质门、木质门带套、木质连窗门、木质防火门、木门框、门锁安装
金属门	金属(塑钢)门、彩板门、钢质防火门、防盗门
金属卷帘(闸)门	金属卷帘(闸)门、防火卷帘(闸)门
厂库房大门、特种门	木板大门、钢木大门、全钢板大门、防护铁丝门、金属格栅门、钢制花饰大门、特种门
其他门	电子感应门、旋转门、电子对讲门、电动伸缩门、全玻自由门、镜面不锈钢饰面门、复合材料门
木窗	木质窗、木飘(凸)窗、木橱窗、木纱窗
金属窗	金属(塑钢、断桥)窗、金属防火窗、金属百叶窗、金属纱窗、金属格栅窗、金属(塑钢、断桥)橱窗、金属(塑钢、断桥)飘(凸)窗、彩板窗、复合材料窗
门窗套	木门窗套、木筒子板、饰面夹板筒子板、金属门窗套、石材门窗套、门窗木贴脸、成品木门窗套
窗台板	石材窗台板、金属窗台板、铝塑窗台板、木窗台板
窗帘、窗帘盒、轨	窗帘、木窗帘盒、饰面夹板、塑料窗帘盒、铝合金窗帘盒、窗帘轨

(2)清单项目编码。一级编码01;二级编码08(门窗工程);三级编码自01~10(从木门至窗帘、窗帘盒、轨);四级编码从001始,根据同一个全部项目中清单项目多少,四级编码的第三位数字依次递增,如木门项目中,从木质门至门锁安装四级编码从001~006;五级编码从001始,对洞口大小不同的同一类型门窗,其第五级编码应分别设置。

二、清单工程量计算有关问题说明

1. 木门

(1)木质门应区分镶板木门、企口木板门、实木装饰门、胶合板门、夹板装饰门、木纱门、全玻门(带木质扇框)、木质半玻门(带木质扇框)等项目,分别编码列项。

(2)木门五金应包括:折页、插销、门碰珠、弓背拉手、搭机、木螺丝、弹簧折页(自动门)、管子拉手(自由门、地弹门)、地弹簧(地弹门)、角铁、门轧头(地弹门、自由门)等。

(3)木质门带套计量按洞口尺寸以面积计算,不包括门套的面积,但门套应计算在综合单价中。

(4)以樘计量,项目特征必须描述洞口尺寸;以平方米计量,项目特征可不描述洞口尺寸。

(5)单独制作安装木门框按木门框项目编码列项。

2. 金属门

(1)金属门应区分金属平开门、金属推拉门、金属地弹门、全玻门(带金属扇框)、金属半玻门(带扇框)等项目,分别编码列项。

(2)铝合金门五金包括:地弹簧、门锁、拉手、门插、门铰、螺丝等。

(3)金属门五金包括L型执手插锁(双舌)、执手锁(单舌)、门轨头、地锁、防盗门机、门眼(猫眼)、门碰珠、电子锁(磁卡锁)、闭门器、装饰拉手等。

(4)以樘计量,项目特征必须描述洞口尺寸,没有洞口尺寸必须描述门框或扇外围尺寸,以平方米计量,项目特征可不描述洞口尺寸及框、扇的外围尺寸。

(5)以平方米计量,无设计图示洞口尺寸,按门框、扇外围以面积计算。

3. 金属卷帘 (闸) 门

以樘计量,项目特征必须描述洞口尺寸;以平方米计量,项目特征可不描述洞口尺寸。

4. 厂库房大门、特种门

(1)特种门应区分冷藏门、冷冻间门、保温门、变电室门、隔音门、防射线门、人防门、金库门等项目,分别编码列项。

(2)以樘计量,项目特征必须描述洞口尺寸,没有洞口尺寸必须描述门框或扇外围尺寸;以平方米计量,项目特征可不描述洞口尺寸及框、扇的外围尺寸。

(3)以平方米计量,无设计图示洞口尺寸,按门框、扇外围以面积计算。

5. 其他门

(1)以樘计量,项目特征必须描述洞口尺寸,没有洞口尺寸必须描述门框或扇外围尺寸;以平方米计量,项目特征可不描述洞口尺寸及框、扇的外围尺寸。

(2)以平方米计量,无设计图示洞口尺寸,按门框、扇外围以面积计算。

6. 木窗

(1)木质窗应区分木百叶窗、木组合窗、木天窗、木固定窗、木装饰空花窗等项目,分别编码列项。

(2)以樘计量,项目特征必须描述洞口尺寸,没有洞口尺寸必须描述窗框外围尺寸;以平方米计量,项目特征可不描述洞口尺寸及框的外围尺寸。

(3)以平方米计量,无设计图示洞口尺寸,按窗框外围以面积计算。

(4)木橱窗、木飘(凸)窗以樘计量,项目特征必须描述框截面及外围展开面积。

(5)木窗五金包括:折页、插销、风钩、木螺丝、滑轮滑轨(推拉窗)等。

7. 金属窗

(1)金属窗应区分金属组合窗、防盗窗等项目,分别编码列项。

(2)以樘计量,项目特征必须描述洞口尺寸,没有洞口尺寸必须描述窗框外围尺寸;以平方米计量,项目特征可不描述洞口尺寸及框的外围尺寸。

(3)以平方米计量,无设计图示洞口尺寸,按窗框外围以面积计算。

(4)金属橱窗、飘(凸)窗以樘计量,项目特征必须描述框外围展开面积。

(5)金属窗五金包括:折页、螺丝、执手、卡锁、铰拉、风撑、滑轮、滑轨、拉把、拉手、角码、牛角制等。

8. 门窗套

(1)以樘计量,项目特征必须描述洞口尺寸、门窗套展开宽度。

(2)以平方米计量,项目特征可不描述洞口尺寸、门窗套展开宽度。

(3)以米计量,项目特征必须描述门窗套展开宽度、筒子板及贴脸宽度。

(4)木门窗套适用于单独门窗套的制作、安装。

9. 窗帘、窗帘盒、轨

(1)窗帘若是双层,项目特征必须描述每层材质。

(2)窗帘以米计量,项目特征必须描述窗帘高度和宽。

三、门窗清单工程量计算规则

(一)木门(编码:010801)

1. 木质门 (项目编码:010801001)、木质门带套 (项目编码:010801002)、木质连窗门 (项目编码:010801003)、木质防火门 (项目编码:010801004)

(1)项目特征:门代号及洞口尺寸;镶嵌玻璃品种、厚度。

(2)工程量计算规则:以樘计量,按设计图示数量计算;以平方米计量,按设计图示洞口尺寸以面积计算。

(3)工作内容:门安装;玻璃安装;五金安装。

2. 木门框 (项目编码:010801005)

(1)项目特征:门代号及洞口尺寸;框截面尺寸;防护材料种类。

(2)工程量计算规则:以樘计量,按设计图示数量计算;以米计量,按设计图示框的中心线以延长米计算。

(3)工作内容:木门框制作、安装;运输;刷防护材料。

3. 门锁安装 (项目编码:010801006)

(1)项目特征:锁品种;锁规格。

(2)工程量计算规则:按设计图示数量计算。

(3)工作内容:安装。

(二)金属门(编码:010802)

1. 金属 (塑钢) 门 (项目编码:010802001)

(1)项目特征:门代号及洞口尺寸;门框或扇外围尺寸;门框、扇材质;玻璃品种、厚度。

(2)工程量计算规则:以樘计量,按设计图示数量计算;以平方米计量,按设计图示洞口尺寸以面积计算。

(3)工作内容:门安装;五金安装;玻璃安装。

2. 彩板门（项目编码：010802002）

(1)项目特征：门代号及洞口尺寸；门框或扇外围尺寸。

(2)工程量计算规则：以樘计量，按设计图示数量计算；以平方米计量，按设计图示洞口尺寸以面积计算。

(3)工作内容：门安装；五金安装；玻璃安装。

3. 钢质防火门（项目编码：010802003）

(1)项目特征：门代号及洞口尺寸；门框或扇外围尺寸；门框、扇材质。

(2)工程量计算规则：以樘计量，按设计图示数量计算；以平方米计量，按设计图示洞口尺寸以面积计算。

(3)工作内容：门安装；五金安装；玻璃安装。

4. 防盗门（项目编码：010802004）

(1)项目特征：门代号及洞口尺寸；门框或扇外围尺寸；门框、扇材质。

(2)工程量计算规则：以樘计量，按设计图示数量计算；以平方米计量，按设计图示洞口尺寸以面积计算。

(3)工作内容：门安装；五金安装。

（三）金属卷帘（闸）门（编码：010803）

金属卷帘（闸）门（项目编码：010803001）、防火卷帘（闸）门（项目编码：010803002）

(1)项目特征：门代号及洞口尺寸；门材质；启动装置品种、规格。

(2)工程量计算规则：以樘计量，按设计图示数量计算；以平方米计量，按设计图示洞口尺寸以面积计算。

(3)工作内容：门运输、安装；启动装置、活动小门、五金安装。

（四）厂库房大门、特种门（编码：010804）

1. 木板大门（项目编码：010804001）、钢木大门（项目编码：010804002）、全钢板大门（项目编码：010804003）

(1)项目特征：门代号及洞口尺寸；门框或扇外围尺寸；门框、扇材质；五金种类、规格；防护材料种类。

(2)工程量计算规则：以樘计量，按设计图示数量计算；以平方米计量，按设计图示洞口尺寸以面积计算。

(3)工作内容：门（骨架）制作、运输；门、五金配件安装；刷防护材料。

2. 防护铁丝门（项目编码：010804004）

(1)项目特征：门代号及洞口尺寸；门框或扇外围尺寸；门框、扇材质；

五金种类、规格;防护材料种类。

(2)工程量计算规则:以樘计量,按设计图示数量计算;以平方米计量,按设计图示门框或扇以面积计算。

(3)工作内容:门(骨架)制作、运输;门、五金配件安装;刷防护材料。

3. 金属格栅门 (项目编码: 010804005)

(1)项目特征:门代号及洞口尺寸;门框或扇外围尺寸;门框、扇材质;启动装置的品种、规格。

(2)工程量计算规则:以樘计量,按设计图示数量计算;以平方米计量,按设计图示洞口尺寸以面积计算。

(3)工作内容:门安装;启动装置、五金配件安装。

4. 钢制花饰大门 (项目编码: 010804006)

(1)项目特征:门代号及洞口尺寸;门框或扇外围尺寸;门框、扇材质。

(2)工程量计算规则:以樘计量,按设计图示数量计算;以平方米计量,按设计图示门框或扇以面积计算。

(3)工作内容:门安装;五金配件安装。

5. 特种门 (项目编码: 010804007)

(1)项目特征:门代号及洞口尺寸;门框或扇外围尺寸;门框、扇材质。

(2)工程量计算规则:以樘计量,按设计图示数量计算;以平方米计量,按设计图示洞口尺寸以面积计算。

(3)工作内容:门安装;五金配件安装。

(五)其他门(编码:010805)

1. 电子感应门 (项目编码: 010805001)、旋转门 (项目编码: 010805002)

(1)项目特征:门代号及洞口尺寸;门框或扇外围尺寸;门框、扇材质;玻璃品种、厚度;启动装置的品种、规格;电子配件品种、规格。

(2)工程量计算规则:以樘计量,按设计图示数量计算;以平方米计量,按设计图示洞口尺寸以面积计算。

(3)工作内容:门安装;启动装置、五金、电子配件安装。

2. 电子对讲门 (项目编码: 010805003)、电动伸缩门 (项目编码: 010805004)

(1)项目特征:门代号及洞口尺寸;门框或扇外围尺寸;门材质;玻璃品种、厚度;启动装置的品种、规格;电子配件品种、规格。

（2）工程量计算规则：以樘计量，按设计图示数量计算；以平方米计量，按设计图示洞口尺寸以面积计算。

（3）工作内容：门安装；启动装置、五金、电子配件安装。

3. 全玻自由门（项目编码：010805005）

（1）项目特征：门代号及洞口尺寸；门框或扇外围尺寸；框材质；玻璃品种、厚度。

（2）工程量计算规则：以樘计量，按设计图示数量计算；以平方米计量，按设计图示洞口尺寸以面积计算。

（3）工作内容：门安装；五金安装。

4. 镜面不锈钢饰面门（项目编码：010805006）、复合材料门（项目编码：010805007）

（1）项目特征：门代号及洞口尺寸；门框或扇外围尺寸；框、扇材质；玻璃品种、厚度。

（2）工程量计算规则：以樘计量，按设计图示数量计算；以平方米计量，按设计图示洞口尺寸以面积计算。

（3）工作内容：门安装；五金安装。

（六）木窗（编码：010806）

1. 木质窗（项目编码：010806001）

（1）项目特征：窗代号及洞口尺寸；玻璃品种、厚度。

（2）工程量计算规则：以樘计量，按设计图示数量计算；以平方米计量，按设计图示洞口尺寸以面积计算。

（3）工作内容：窗安装；五金、玻璃安装。

2. 木飘（凸）窗（项目编码：010806002）

（1）项目特征：窗代号及洞口尺寸；玻璃品种、厚度。

（2）工程量计算规则：以樘计量，按设计图示数量计算；以平方米计量，按设计图示尺寸以框外围展开面积计算。

（3）工作内容：窗安装；五金、玻璃安装。

3. 木橱窗（项目编码：010806003）

（1）项目特征：窗代号；框截面及外围展开面积；玻璃品种、厚度；防护材料种类。

（2）工程量计算规则：以樘计量，按设计图示数量计算；以平方米计量，按设计图示尺寸以框外围展开面积计算。

(3)工作内容:窗制作、运输、安装;五金、玻璃安装;刷防护材料。

4. 木纱窗(项目编码:010806004)

(1)项目特征:窗代号及框的外围尺寸;窗纱材料品种、规格。

(2)工程量计算规则:以樘计量,按设计图示数量计算;以平方米计量,按框的外围尺寸以面积计算。

(3)工作内容:窗安装;五金安装。

(七)金属窗(编码:010807)

1. 金属(塑钢、断桥)窗 (项目编码:010807001)、金属防火窗 (项目编码:010807002)

(1)项目特征:窗代号及洞口尺寸;框、扇材质;玻璃品种、厚度。

(2)工程量计算规则:以樘计量,按设计图示数量计算;以平方米计量,按设计图示洞口尺寸以面积计算。

(3)工作内容:窗安装;五金、玻璃安装。

2. 金属百叶窗 (项目编码:010807003)

(1)项目特征:窗代号及洞口尺寸;框、扇材质;玻璃品种、厚度。

(2)工程量计算规则:以樘计量,按设计图示数量计算;以平方米计量,按设计图示洞口尺寸以面积计算。

(3)工作内容:窗安装;五金安装。

3. 金属纱窗 (项目编码:010807004)

(1)项目特征:窗代号及框的外围尺寸;框材质;窗纱材料品种、规格。

(2)工程量计算规则:以樘计量,按设计图示数量计算;以平方米计量,按框的外围尺寸以面积计算。

(3)工作内容:窗安装;五金安装。

4. 金属格栅窗 (项目编码:010807005)

(1)项目特征:窗代号及洞口尺寸;框外围尺寸;框、扇材质。

(2)工程量计算规则:以樘计量,按设计图示数量计算;以平方米计量,按设计图示洞口尺寸以面积计算。

(3)工作内容:窗安装;五金安装。

5. 金属(塑钢、断桥)橱窗 (项目编码:010807006)

(1)项目特征:窗代号;框外围展开面积;框、扇材质;玻璃品种、厚度;防护材料种类。

(2)工程量计算规则:以樘计量,按设计图示数量计算;以平方米计量,按设计图示尺寸以框外围展开面积计算。

（3）工作内容：窗制作、运输、安装；五金、玻璃安装；刷防护材料。

6. 金属（塑钢、断桥）飘（凸）窗　（项目编码：010807007）

（1）项目特征：窗代号；框外围展开面积；框、扇材质；玻璃品种、厚度。

（2）工程量计算规则：以樘计量，按设计图示数量计算；以平方米计量,按设计图示尺寸以框外围展开面积计算。

（3）工作内容：窗安装；五金、玻璃安装。

7. 彩板窗　（项目编码：010807008）

（1）项目特征：窗代号及洞口尺寸；框外围尺寸；框、扇材质；玻璃品种、厚度。

（2）工程量计算规则：以樘计量，按设计图示数量计算；以平方米计量,按设计图示洞口尺寸或框外围以面积计算。

（3）工作内容：窗安装；五金、玻璃安装。

8. 复合材料窗　（项目编码：010807009）

（1）项目特征：窗代号及洞口尺寸；框外围尺寸；框、扇材质；玻璃品种、厚度。

（2）工程量计算规则：以樘计量，按设计图示数量计算；以平方米计量,按设计图示洞口尺寸或框外围以面积计算。

（3）工作内容：窗安装；五金、玻璃安装。

（八）门窗套（编码：010808）

1. 木门窗套　（项目编码：010808001）

（1）项目特征：窗代号及洞口尺寸；门窗套展开宽度；基层材料种类；面层材料品种、规格；线条品种、规格；防护材料种类。

（2）工程量计算规则：以樘计量，按设计图示数量计算；以平方米计量,按设计图示尺寸以展开面积计算；以米计量，按设计图示中心以延长米计算。

（3）工作内容：清理基层；立筋制作、安装；基层板安装；面层铺贴；线条安装；刷防护材料。

2. 木筒子板　（项目编码：010808002）、饰面夹板筒子板　（项目编码：010808003）

（1）项目特征：筒子板宽度；基层材料种类；面层材料品种、规格；线条品种、规格；防护材料种类。

(2)工程量计算规则:以樘计量,按设计图示数量计算;以平方米计量,按设计图示尺寸以展开面积计算;以米计量,按设计图示中心以延长米计算。

(3)工作内容:清理基层;立筋制作、安装;基层板安装;面层铺贴;线条安装;刷防护材料。

3. 金属门窗套 (项目编码: 010808004)

(1)项目特征:窗代号及洞口尺寸;门窗套展开宽度;基层材料种类;面层材料品种、规格;防护材料种类。

(2)工程量计算规则:以樘计量,按设计图示数量计算;以平方米计量,按设计图示尺寸以展开面积计算;以米计量,按设计图示中心以延长米计算。

(3)工作内容:清理基层;立筋制作、安装;基层板安装;面层铺贴;刷防护材料。

4. 石材门窗套 (项目编码: 010808005)

(1)项目特征:窗代号及洞口尺寸;门窗套展开宽度;粘结层厚度、砂浆配合比;面层材料品种、规格;线条品种、规格。

(2)工程量计算规则:以樘计量,按设计图示数量计算;以平方米计量,按设计图示尺寸以展开面积计算;以米计量,按设计图示中心以延长米计算。

(3)工作内容:清理基层;立筋制作、安装;基层抹灰;面层铺贴;线条安装。

5. 门窗木贴脸 (项目编码: 010808006)

(1)项目特征:门窗代号及洞口尺寸;贴脸板宽度;防护材料种类。

(2)工程量计算规则:以樘计量,按设计图示数量计算;以米计量,按设计图示尺寸以延长米计算。

(3)工作内容:安装。

6. 成品木门窗套 (项目编码: 010808007)

(1)项目特征:门窗代号及洞口尺寸;门窗套展开宽度;门窗套材料品种、规格。

(2)工程量计算规则:以樘计量,按设计图示数量计算;以平方米计量,按设计图示尺寸以展开面积计算;以米计量,按设计图示中心以延长米计算。

(3)工作内容:清理基层;立筋制作、安装;板安装。

(九)窗台板(编码:010809)

1. 木窗台板 (项目编码: 010809001)、铝塑窗台板 (项目编码: 010809002)、金属窗台板 (项目编码: 010809003)

(1)项目特征:基层材料种类;窗台面板材质、规格、颜色;防护材料种类。

(2)工程量计算规则:按设计图示尺寸以展开面积计算。

(3)工作内容:基层清理;基层制作、安装;窗台板制作、安装;刷防护材料。

2. 石材窗台板 (项目编码: 010809004)

(1)项目特征:粘结层厚度、砂浆配合比;窗台板材质、规格、颜色。

(2)工程量计算规则:按设计图示尺寸以展开面积计算。

(3)工作内容:基层清理;抹找平层;窗台板制作、安装。

(十)窗帘、窗帘盒、轨(编码:010810)

1. 窗帘 (项目编码: 010810001)

(1)项目特征:窗帘材质;窗帘高度、宽度;窗帘层数;带幔要求。

(2)工程量计算规则:以米计量,按设计图示尺寸以成活后长度计算;以平方米计量,按图示尺寸以成活后展开面积计算。

(3)工作内容:制作、运输;安装。

2. 木窗帘盒 (项目编码: 010810002)、饰面夹板、塑料窗帘盒 (项目编码: 010810003)、铝合金窗帘盒 (项目编码: 010810004)

(1)项目特征:窗帘盒材质、规格;防护材料种类。

(2)工程量计算规则:按设计图示尺寸以长度计算。

(3)工作内容:制作、运输、安装;刷防护材料。

3. 窗帘轨 (项目编码: 010810005)

(1)项目特征:窗帘轨材质、规格;轨的数量;防护材料种类。

(2)工程量计算规则:按设计图示尺寸以长度计算。

(3)工作内容:制作、运输、安装;刷防护材料。

四、门窗清单工程量计算实例

【例 9-8】 某办公用房连窗门,不带纱扇,刷底油一遍,门上安装普通门锁,设计洞口尺寸如图 9-8 所示,共 12 樘,计算连窗门工程量。

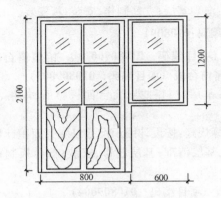

图 9-8　某办公用房连窗门设计洞口尺寸

【解】　连窗门工程量计算如下:

计算公式:连窗门工程量=设计图示数量

或　　　　　　　　　　　　　=设计图示洞口面积×樘数

连窗门工程量=12(樘)

或　　　　　　　　=0.8×2.1+0.6×1.2=2.4(m²)

第六节　油漆、涂料、裱糊工程

一、油漆、涂料、裱糊工程量清单项目划分与编码

(1)清单项目划分。油漆、涂料、裱糊工程清单项目划分见表 9-7。

表 9-7　　　　　　　　油漆、涂料、裱糊工程清单项目划分

项目	分　类
门油漆	木门油漆、金属门油漆
窗油漆	木窗油漆、金属窗油漆
木扶手及其他板条、线条油漆	木扶手油漆,窗帘盒油漆,封檐板、顺水板油漆,挂衣板、黑板框油漆,挂镜线、窗帘棍、单独木线油漆

项目	分　类
木材面油漆	木护墙、木墙裙油漆，窗台板、筒子板、盖板、门窗套、踢脚线油漆，清水板条天棚、檐口油漆，木方格吊顶天棚油漆，吸声板墙面、天棚面油漆，暖气罩油漆，其他木材面，木间壁、木隔断油漆，玻璃间壁露明墙筋油漆，木栅栏、木栏杆(带扶手)油漆，衣柜、壁柜油漆，梁柱饰面油漆，零星木装修油漆，木地板油漆，木地板烫硬蜡面
金属面油漆	金属面油漆
抹灰面油漆	抹灰面油漆、抹灰线条油漆、满刮腻子
喷刷涂料	墙面喷刷涂料，天棚喷刷涂料，空花格、栏杆刷涂料，线条刷涂料，金属构件刷防火涂料，木材构件喷刷防火涂料
裱糊	墙纸裱糊、织锦缎裱糊

(2)清单项目编码。一级编码 01；二级编码 14(油漆、涂料、裱糊工程)；三级编码自 01～08(包括门窗油漆、木材面油漆、金属面油漆等八个分部)；四级编码从 001 始，根据每个分部内包含的清单项目多少，依次递增；五级编码自 001 始，依次递增。

二、清单工程量计算有关问题说明

1. 门油漆

(1)木门油漆应区分木大门、单层木门、双层(一玻一纱)木门、双层(单裁口)木门、全玻自由门、半玻自由门、装饰门及有框门或无框门等项目，分别编码列项。

(2)金属门油漆应区分平开门、推拉门、钢制防火门等项目，分别编码列项。

(3)以平方米计量，项目特征可不必描述洞口尺寸。

2. 窗油漆

(1)木窗油漆应区分单层木门、双层(一玻一纱)木窗、双层框扇(单裁口)木窗、双层框三层(二玻一纱)木窗、单层组合窗、双层组合窗、木百叶窗、木推拉窗等项目，分别编码列项。

(2)金属窗油漆应区分平开窗、推拉窗、固定窗、组合窗、金属隔栅窗等项目，分别编码列项。

(3)以平方米计量，项目特征可不必描述洞口尺寸。

3. 木扶手及其他板条、线条油漆

木扶手应区分带托板与不带托板，分别编码列项，若是木栏杆带扶

手,木扶手不应单独列项,应包含在木栏杆油漆中。

三、油漆、涂料、裱糊工程清单工程量计算规则

(一)门油漆(编码:011401)

1. 木门油漆 (项目编码: 011401001)

(1)项目特征:门类型;门代号及洞口尺寸;腻子种类;刮腻子遍数;防护材料种类;油漆品种、刷漆遍数。

(2)工程量计算规则:以樘计量,按设计图示数量计算;以平方米计量,按设计图示洞口尺寸以面积计算。

(3)工作内容:基层清理;刮腻子;刷防护材料、油漆。

2. 金属门油漆 (项目编码: 011401002)

(1)项目特征:门类型;门代号及洞口尺寸;腻子种类;刮腻子遍数;防护材料种类;油漆品种、刷漆遍数。

(2)工程量计算规则:以樘计量,按设计图示数量计算;以平方米计量,按设计图示洞口尺寸以面积计算。

(3)工作内容:除锈、基层清理;刮腻子;刷防护材料、油漆。

(二)窗油漆(编码:011402)

1. 木窗油漆 (项目编码: 011402001)

(1)项目特征:窗类型;窗代号及洞口尺寸;腻子种类;刮腻子遍数;防护材料种类;油漆品种、刷漆遍数。

(2)工程量计算规则:以樘计量,按设计图示数量计算;以平方米计量,按设计图示洞口尺寸以面积计算。

(3)工作内容:基层清理;刮腻子;刷防护材料、油漆。

2. 金属窗油漆 (项目编码: 011402002)

(1)项目特征:窗类型;窗代号及洞口尺寸;腻子种类;刮腻子遍数;防护材料种类;油漆品种、刷漆遍数。

(2)工程量计算规则:以樘计量,按设计图示数量计算;以平方米计量,按设计图示洞口尺寸以面积计算。

(3)工作内容:除锈、基层清理;刮腻子;刷防护材料、油漆。

(三)木扶手及其他板条、线条油漆(编码:011403)

木扶手油漆(项目编码:011403001),窗帘盒油漆(项目编码:011403002),封檐板、顺水板油漆(项目编码:011403003),挂衣板、黑板框油漆(项目编码:011403004),挂镜线、窗帘棍、单独木线油漆(项目编码:

011403005)。

(1)项目特征:断面尺寸;腻子种类;刮腻子遍数;防护材料种类;油漆品种、刷漆遍数。

(2)工程量计算规则:按设计图示尺寸以长度计算。

(3)工作内容:基层清理;刮腻子;刷防护材料、油漆。

(四)木材面油漆(编码:011404)

1. 木护墙、木墙裙油漆 (项目编码:011404001),窗台板、筒子板、盖板、门窗套、踢脚线油漆 (项目编码:011404002),清水板条天棚、檐口油漆 (项目编码:011404003),木方格吊顶天棚油漆 (项目编码:011404004), 吸声板墙面、天棚面油漆 (项目编码:011404005),暖气罩油漆 (项目编码:011404006),其他木材面 (项目编码:011404007)

(1)项目特征:腻子种类;刮腻子遍数;防护材料种类;油漆品种、刷漆遍数。

(2)工程量计算规则:按设计图示尺寸以面积计算。

(3)工作内容:基层清理;刮腻子;刷防护材料、油漆。

2. 木间壁、木隔断油漆 (项目编码:011404008),玻璃间壁露明墙筋油漆 (项目编码:011404009),木栅栏、木栏杆 (带扶手) 油漆 (项目编码:011404010)

(1)项目特征:腻子种类;刮腻子遍数;防护材料种类;油漆品种、刷漆遍数。

(2)工程量计算规则:按设计图示尺寸以单面外围面积计算。

(3)工作内容:基层清理;刮腻子;刷防护材料、油漆。

3. 衣柜、壁柜油漆 (项目编码:011404011)、梁柱饰面油漆 (项目编码:011404012)、零星木装修油漆 (项目编码:011404013)

(1)项目特征:腻子种类;刮腻子遍数;防护材料种类;油漆品种、刷漆遍数。

(2)工程量计算规则:按设计图示尺寸以油漆部分展开面积计算。

(3)工作内容:基层清理;刮腻子;刷防护材料、油漆。

4. 木地板油漆 (项目编码:011404014)

(1)项目特征:腻子种类;刮腻子遍数;防护材料种类;油漆品种、刷漆遍数。

(2)工程量计算规则:按设计图示尺寸以面积计算。空洞、空圈、暖气包槽、壁龛的开口部分并入相应的工程量内。

(3)工作内容:基层清理;刮腻子;刷防护材料、油漆。

5. 木地板烫硬蜡面 (项目编码: 011404015)

(1)项目特征:硬蜡品种;面层处理要求。

(2)工程量计算规则:按设计图示尺寸以面积计算。空洞、空圈、暖气包槽、壁龛的开口部分并入相应的工程量内。

(3)工作内容:基层清理;烫蜡。

(五)金属面油漆(编码:011405)

金属面油漆(项目编码:011405001)

(1)项目特征:构件名称;腻子种类;刮腻子要求;防护材料种类;油漆品种、刷漆遍数。

(2)工程量计算规则:以吨计量,按设计图示尺寸以质量计算;以平方米计量,按设计展开面积计算。

(3)工作内容:基层清理;刮腻子;刷防护材料、油漆。

(六)抹灰面油漆(编码:011406)

1. 抹灰面油漆 (项目编码: 011406001)

(1)项目特征:基层类型;腻子种类;刮腻子遍数;防护材料种类;油漆品种、刷漆遍数;部位。

(2)工程量计算规则:按设计图示尺寸以面积计算。

(3)工作内容:基层清理;刮腻子;刷防护材料、油漆。

2. 抹灰线条油漆 (项目编码: 011406002)

(1)项目特征:线条宽度、道数;腻子种类;刮腻子遍数;防护材料种类;油漆品种、刷漆遍数。

(2)工程量计算规则:按设计图示尺寸以长度计算。

(3)工作内容:基层清理;刮腻子;刷防护材料、油漆。

3. 满刮腻子 (项目编码: 011406003)

(1)项目特征:基层类型;腻子种类;刮腻子遍数。

(2)工程量计算规则:按设计图示尺寸以面积计算。

(3)工作内容:基层清理;刮腻子。

(七)喷刷涂料(编码:011407)

1. 墙面喷刷涂料 (项目编码: 011407001)、天棚喷刷涂料 (项目编码: 011407002)

(1)项目特征:基层类型;喷刷涂料部位;腻子种类;刮腻子要求;涂料

品种、喷刷遍数。

（2）工程量计算规则：按设计图示尺寸以面积计算。

（3）工作内容：基层清理；刮腻子；刷、喷涂料。

2. 空花格、栏杆刷涂料（项目编码：011407003）

（1）项目特征：腻子种类；刮腻子遍数；涂料品种、刷喷遍数。

（2）工程量计算规则：按设计图示尺寸以单面外围面积计算。

（3）工作内容：基层清理；刮腻子；刷、喷涂料。

3. 线条刷涂料（项目编码：011407004）

（1）项目特征：基层清理；线条宽度；刮腻子遍数；刷防护材料、油漆。

（2）工程量计算规则：按设计图示尺寸以长度计算。

（3）工作内容：基层清理；刮腻子；刷、喷涂料。

4. 金属构件刷防火涂料（项目编码：011407005）

（1）项目特征：喷刷防火涂料构件名称；防火等级要求；涂料品种、喷刷遍数。

（2）工程量计算规则：以吨计量，按设计图示尺寸以质量计算；以平方米计量，按设计展开面积计算。

（3）工作内容：基层清理；刷防护材料、油漆。

5. 木材构件喷刷防火涂料（项目编码：011407006）

（1）项目特征：喷刷防火涂料构件名称；防火等级要求；涂料品种、喷刷遍数。

（2）工程量计算规则：以平方米计量，按设计图示尺寸以面积计算。

（3）工作内容：基层清理；刷防火材料。

（八）裱糊（编码：011408）

墙纸裱糊（项目编码：011408001）、织锦缎裱糊（项目编码：011408002）

（1）项目特征：基层类型；裱糊部位；腻子种类；刮腻子遍数；粘结材料种类；防护材料种类；面层材料品种、规格、颜色。

（2）工程量计算规则：按设计图示尺寸以面积计算。

（3）工作内容：基层清理；刮腻子；面层铺粘；刷防护材料。

四、油漆、涂料、裱糊工程清单工程量计算实例

【例 9-9】 试计算图 9-9 所示房间内墙裙油漆的工程量。已知墙裙高 1.5m，窗台高 1.0m，窗洞侧油漆宽 100mm。

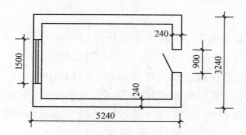

图 9-9　某房间内墙裙油漆面积示意图

【解】　墙裙油漆工程量＝长×高－$\sum$ 应扣除面积＋$\sum$ 应增加面积

内墙裙油漆工程量＝$[(5.24-0.24\times2)\times2+(3.24-0.24\times2)\times$
$2]\times1.5-[1.5\times(1.5-1.0)+0.9\times1.5]+$
$(1.5-1.0)\times0.10\times2$
＝$20.56(\text{m}^2)$

【例 9-10】　某工程如图 9-10 所示,内墙抹灰面贴对花墙纸;挂镜线刷底油一遍,调和漆两遍;挂镜线以上及天棚刷仿瓷涂料两遍。试计算其工程量。

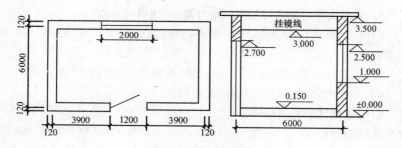

图 9-10　某工程剖面图

【解】　(1)墙纸裱糊工程量。

墙壁面贴对花墙纸工程量＝净长度×净高－门窗洞＋垛及门窗侧面

墙面贴对花墙纸工程量＝$(9.00-0.24+6.00-0.24)\times2\times(3.00-$
$0.15)-1.20\times(2.70-0.15)-2.00\times$
$(2.50-1.00)+[1.20+(2.70-0.15)\times$
$2+(2.00+1.50)\times2]\times0.12=78.3(\text{m}^2)$

(2)挂镜线油漆工程量。

挂镜线油漆工程量＝设计图示长度

挂镜线油漆工程量＝(9.00－0.24＋6.00－0.24)×2＝29.04(m)

(3)刷喷涂料工程量。

天棚刷喷涂料工程量＝主墙间净长度×主墙间净宽度＋梁侧面面积

室内墙面刷喷涂料工程量＝设计图示尺寸面积

仿瓷涂料工程量＝(9.00－0.24＋6.00－0.24)×2×(3.50－3.00)＋
$$(9.00－0.24)×(6.00－0.24)$$
$$＝64.98(m^2)$$

【例 9-11】　某室内装修,室内净尺寸为 4.56m×3.96m,四周一砖墙上设有 1200mm×1200mm 单层空腹钢窗 3 樘(框宽 40mm,居中立樘),1800mm×2500mm 单层全玻门 1 樘(框宽 90mm,门框靠外侧立樘),门均为外开。木墙裙高 1.2m,木方格吊顶天棚,以上项目均刷调和漆。试计算相应项目油漆工程量。

【解】　单层空腹钢窗刷油工程量:3 樘。

单层全玻门刷油工程量:1 樘。

木墙裙高 1.2m,应扣除在 1.2m 范围内的门窗洞口。门向外开,应计算洞口侧壁,窗下墙一般高 900mm,则在墙裙高 1.2m 的范围内,窗洞口应扣高度为 300mm。

墙裙长(扣门洞):(4.56＋3.96)×2－1.80＝15.24(m)

应扣窗洞口面积:1.20×0.3×3＝1.08(m²)

窗洞侧壁宽度为:(0.24－0.04)/2＝0.10(m)

应增窗洞口侧壁面积:(1.20＋0.3×2)×0.1×3＝0.54(m²)

门洞侧壁宽度为:0.24－0.09＝0.15(m)

应增门洞口侧壁面积:1.2×2×0.15＝0.36(m²)

墙裙实际油漆面积为:15.24×1.2－1.08＋0.54＋0.36＝18.11(m²)

方格吊顶天棚面积:4.56×3.96＝18.06(m²)

第七节　其他装饰工程

一、其他装饰工程工程量清单项目划分与编码

(1)清单项目划分。其他装饰工程清单项目划分见表 9-8。

表 9-8　　　　　　　　　　　　其他装饰工程清单项目划分

项目	分类
柜类、货架	柜台、酒柜、衣柜、存包柜、鞋柜、书柜、厨房壁柜、木壁柜、厨房低柜、厨房吊柜、矮柜、吧台背柜、酒吧吊柜、酒吧台、展台、收银台、试衣间、货架、书架、服务台
压条、装饰线	金属装饰线、木质装饰线、石材装饰线、石膏装饰线、镜面玻璃线、铝塑装饰线、塑料装饰线、GRC 装饰线条
扶手、栏杆、栏板装饰	金属扶手、栏杆、栏板、硬木扶手、栏杆、栏板,塑料扶手、栏杆、栏板,GRC 栏杆、扶手,金属靠墙扶手、硬木靠墙扶手,塑料靠墙扶手,玻璃栏板
暖气罩	饰面板暖气罩、塑料板暖气罩、金属暖气罩
浴厕配件	洗漱台、晒衣架、帘子杆、浴缸拉手、卫生间扶手、毛巾杆(架)、毛巾环、卫生纸盒、肥皂盒、镜面玻璃、镜箱
雨篷、旗杆	雨篷吊挂饰面、金属旗杆、玻璃雨篷
招牌、灯箱	平面、箱式招牌,竖式标箱,灯箱,信报箱
美术字	泡沫塑料字、有机玻璃字、木质字、金属字、吸塑字

(2)清单项目编码。一级编码为 01;二级编码为 15(其他装饰工程);三级编码自 01~08(从柜类、货架至美术字);四级编码从 001 始,依次递增;五级编码从 001 始,依次递增。

二、其他装饰工程清单工程量计算规则

(一)柜类、货架(编码:011501)

柜台(项目编码:011501001)、酒柜(项目编码:011501002)、衣柜(项目编码:011501003)、存包柜(项目编码:011501004)、鞋柜(项目编码:011501005)、书柜(项目编码:011501006)、厨房壁柜(项目编码:011501007)、木壁柜(项目编码:011501008)、厨房低柜(项目编码:011501009)、厨房吊柜(项目编码:011501010)、矮柜(项目编码:011501011)、吧台背柜(项目编码:011501012)、酒吧吊柜(项目编码:011501013)、酒吧台(项目编码:011501014)、展台(项目编码:

011501015)、收银台(项目编码:011501016)、试衣间(项目编码:
011501017)、货架(项目编码:011501018)、书架(项目编码:011501019)、
服务台(项目编码:011501020)

(1)项目特征:台柜规格;材料种类、规格;五金种类、规格;防护材料
种类;油漆品种、刷漆遍数。

(2)工程量计算规则:以个计量,按设计图示数量计量;以米计量,按
设计图示尺寸以延长米计算;以立方米计量,按设计图示尺寸以体积
计算。

(3)工作内容:台柜制作、运输、安装(安放);刷防护材料、油漆;五金
件安装。

(二)压条、装饰线(编码:011502)

**1. 金属装饰线 (项目编码: 011502001)、木质装饰线 (项目编码:
011502002)、石材装饰线 (项目编码: 011502003)、石膏装饰线 (项
目编码: 011502004)**

(1)项目特征:基层类型;线条材料品种、规格、颜色;防护材料种类。

(2)工程量计算规则:按设计图示尺寸以长度计算。

(3)工作内容:线条制作、安装;刷防护材料。

**2. 镜面玻璃线 (项目编码: 011502005)、铝塑装饰线 (项目编码:
011502006)、塑料装饰线 (项目编码: 011502007)**

(1)项目特征:基层类型;线条材料品种、规格、颜色;防护材料种类。

(2)工程量计算规则:按设计图示尺寸以长度计算。

(3)工作内容:线条制作、安装;刷防护材料。

3. GRC 装饰线条 (项目编码: 011502008)

(1)项目特征:基层类型;线条规格;线条安装部位;填充材料种类。

(2)工程量计算规则:按设计图示尺寸以长度计算。

(3)工作内容:线条制作、安装。

(三)扶手、栏杆、栏板装饰(编码:011503)

**1. 金属扶手、栏杆、栏板 (项目编码: 011503001),硬木扶手、栏
杆、栏板 (项目编码: 011503002),塑料扶手、栏杆、栏板 (项目编
码: 011503003)**

(1)项目特征:扶手材料种类、规格;栏杆材料种类、规格;栏板材料种
类、规格、颜色;固定配件种类;防护材料种类。

(2)工程量计算规则:按设计图示尺寸以扶手中心线长度(包括弯头长度)计算。

(3)工作内容:制作;运输;安装;刷防护材料。

2. GRC栏杆、扶手 (项目编码:011503004)

(1)项目特征:栏杆的规格;安装间距;扶手类型规格;填充材料种类。

(2)工程量计算规则:按设计图示尺寸以扶手中心线长度(包括弯头长度)计算。

(3)工作内容:制作;运输;安装;刷防护材料。

3. 金属靠墙扶手 (项目编码:011503005)、硬木靠墙扶手 (项目编码:011503006)、塑料靠墙扶手 (项目编码:011503007)

(1)项目特征:扶手材料种类、规格;固定配件种类;防护材料种类。

(2)工程量计算规则:按设计图示尺寸以扶手中心线长度(包括弯头长度)计算。

(3)工作内容:制作;运输;安装;刷防护材料。

4. 玻璃栏板 (项目编码:011503008)

(1)项目特征:栏杆玻璃的种类、规格、颜色;固定方式;固定配件种类。

(2)工程量计算规则:按设计图示尺寸以扶手中心线长度(包括弯头长度)计算。

(3)工作内容:制作;运输;安装;刷防护材料。

(四)暖气罩(编码:011504)

饰面板暖气罩(项目编码:011504001)、塑料板暖气罩(项目编码:011504002)、金属暖气罩(项目编码:011504003)。

(1)项目特征:暖气罩材质;防护材料种类。

(2)工程量计算规则:按设计图示尺寸以垂直投影面积(不展开)计算。

(3)工作内容:暖气罩制作、运输、安装;刷防护材料。

(五)浴厕配件(编码:011505)

1. 洗漱台 (项目编码:011505001)

(1)项目特征:材料品种、规格、颜色;支架、配件品种、规格。

(2)工程量计算规则:按设计图示尺寸以台面外接矩形面积计算。不扣除孔洞、挖弯、削角所占面积,挡板、吊沿板面积并入台面面积内;按设计图示数量计算。

（3）工作内容：台面及支架运输、安装；杆、环、盒、配件安装；刷油漆。

2. 晒衣架（项目编码：011505002）、帘子杆（项目编码：011505003）、浴缸拉手（项目编码：011505004）、卫生间扶手（项目编码：011505005）

（1）项目特征：材料品种、规格、颜色；支架、配件品种、规格。

（2）工程量计算规则：按设计图示数量计算。

（3）工作内容：台面及支架运输、安装；杆、环、盒、配件安装；刷油漆。

3. 毛巾杆（架）（项目编码：011505006）、毛巾环（项目编码：011505007）、卫生纸盒（项目编码：011505008）、肥皂盒（项目编码：011505009）

（1）项目特征：材料品种、规格、颜色；支架、配件品种、规格。

（2）工程量计算规则：按设计图示数量计算。

（3）工作内容：台面及支架制作、运输、安装；杆、环、盒、配件安装；刷油漆。

4. 镜面玻璃（项目编码：011505010）

（1）项目特征：镜面玻璃品种、规格；框材质、断面尺寸；基层材料种类；防护材料种类。

（2）工程量计算规则：按设计图示尺寸以边框外围面积计算。

（3）工作内容：基层安装；玻璃及框制作、运输、安装。

5. 镜箱（项目编码：011505011）

（1）项目特征：箱体材质、规格；玻璃品种、规格；基层材料种类；防护材料种类；油漆品种、刷漆遍数。

（2）工程量计算规则：按设计图示数量计算。

（3）工作内容：基层安装；箱体制作、运输、安装；玻璃安装；刷防护材料、油漆。

（六）雨篷、旗杆（011506）

1. 雨篷吊挂饰面（项目编码：011506001）

（1）项目特征：基层类型；龙骨材料种类、规格、中距；面层材料品种、规格；吊顶（天棚）材料、品种、规格；嵌缝材料种类；防护材料种类。

（2）工程量计算规则：按设计图示尺寸以水平投影面积计算。

（3）工作内容：底层抹灰；龙骨基层安装；面层安装；刷防护材料、

油漆。

2. 金属旗杆 (项目编码: 011506002)

(1)项目特征:旗杆材料、种类、规格;旗杆高度;基础材料种类;基座材料种类;基座面层材料、种类、规格。

(2)工程量计算规则:按设计图示数量计算。

(3)工作内容:土石挖、填、运;基础混凝土浇筑;旗杆制作、安装;旗杆台座制作、饰面。

3. 玻璃雨篷 (项目编码: 011506003)

(1)项目特征:玻璃雨篷固定方式;龙骨材料种类、规格、中距;玻璃材料品种、规格;嵌缝材料种类;防护材料种类。

(2)工程量计算规则:按设计图示尺寸以水平投影面积计算。

(3)工作内容:龙骨基层安装;面层安装;刷防护材料、油漆。

(七)招牌、灯箱(编码:011507)

1. 平面、箱式招牌 (项目编码: 011507001)

(1)项目特征:箱体规格;基层材料种类;面层材料种类;防护材料种类。

(2)工程量计算规则:按设计图示尺寸以正立面边框外围面积计算。复杂形的凸凹造型部分不增加面积。

(3)工作内容:基层安装;箱体及支架制作、运输、安装;面层制作、安装;刷防护材料、油漆。

2. 竖式标箱 (项目编码: 011507002)

(1)项目特征:箱体规格;基层材料种类;面层材料种类;防护材料种类。

(2)工程量计算规则:按设计图示数量计算。

(3)工作内容:基层安装;箱体及支架制作、运输、安装;面层制作、安装;刷防护材料、油漆。

3. 灯箱 (项目编码: 011507003)

(1)项目特征:箱体规格;基层材料种类;面层材料种类;防护材料种类。

(2)工程量计算规则:按设计图示数量计算。

(3)工作内容:基层安装;箱体及支架制作、运输、安装;面层制作、安装;刷防护材料、油漆。

4. 信报箱（项目编码：011507004）

（1）项目特征：箱体规格；基层材料种类；面层材料种类；保护材料种类；户数。

（2）工程量计算规则：按设计图示数量计算

（3）工作内容：基层安装；箱体及支架制作、运输、安装；面层制作、安装；刷防护材料、油漆。

（八）美术字（编码：011508）

泡沫塑料字（项目编码：011508001）、有机玻璃字（项目编码：011508002）、木质字（项目编码：011508003）、金属字（项目编码：011508004）、吸塑字（项目编码：011508005）

（1）项目特征：基层类型；镂字材料品种、颜色；字体规格；固定方式；油漆品种、刷漆遍数。

（2）工程量计算规则：按设计图示数量计算。

（3）工作内容：字制作、运输、安装；刷油漆。

三、其他装饰工程清单工程量计算实例

【例 9-12】　如图 9-11 所示，五层建筑的楼梯，扶手为不锈钢管的直线型（其他）栏杆，栏杆扶手伸入平台 150mm，试计算栏杆扶手工程量。

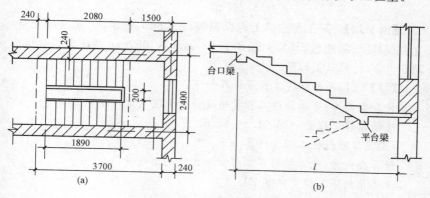

图 9-11　五层建筑楼梯设计图

（a）平面；（b）剖面

【解】　楼梯扶手（栏杆）工程量均按中心线延米计算。

工程量＝每层水平投影长度×$(n-1)$×1.15 系数＋顶层水平扶手长度

$=[1.89+0.15×2(伸入长度)+0.2(井宽)]×2×(5-1)×$

$　1.15+(2.4-0.24-0.2)÷2$

$=22.97(m)$

【例 9-13】 平墙式暖气罩尺寸如图 9-12 所示,共 18 个,计算其工程量。

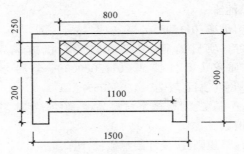

图 9-12 平墙式暖气罩

【解】 饰面板暖气罩工程量=垂直投影面积

饰面板暖气罩工程量=$(1.5×0.9-1.10×0.20-0.80×0.25)×18$

$　　　　　　　　　=16.74(m^2)$

【例 9-14】 某工程檐口上方设招牌,长 28m,高 1.5m,钢结构龙骨,九夹板基层,铝塑板面层,上嵌 8 个 1000mm×1000mm 泡沫塑料有机玻璃面大字,计算其工程量。

【解】 (1)平面招牌工程量计算如下:

计算公式为:平面招牌工程量=设计净长度×设计净宽度

平面招牌工程量=$28×1.5=42(m^2)$

(2)泡沫塑料字工程量计算如下:

计算公式为:泡沫塑料字工程量=设计图示数量

泡沫塑料字工程量=8(个)

(3)有机玻璃字工程量计算如下:

计算公式为:有机玻璃字工程量=设计图示数量

有机玻璃字工程量=8(个)

第八节 拆除工程

一、拆除工程工程量清单项目划分与编码

(1)清单项目划分。拆除工程清单项目划分见表9-9。

表9-9 拆除工程清单项目划分

项 目	分 类
砖砌体拆除	砖砌体拆除
混凝土及钢筋混凝土构件拆除	混凝土构件拆除、钢筋混凝土构件拆除
木构件拆除	木构件拆除
抹灰层拆除	平面抹灰层拆除、立面抹灰层拆除、天棚抹灰层拆除
块料面层拆除	平面块料拆除、立面块料拆除
龙骨及饰面拆除	楼地面龙骨及饰面拆除、墙柱面龙骨及饰面拆除、天棚面龙骨及饰面拆除
屋面拆除	刚性层拆除、防水层拆除
铲除油漆涂料裱糊面	铲除油漆面、铲除涂料面、铲除裱糊面
栏杆栏板、轻质隔断隔墙拆除	栏杆、栏板拆除,隔断隔墙拆除
门窗拆除	木门窗拆除、金属门窗拆除
金属构件拆除	钢梁拆除,钢柱拆除,钢网架拆除,钢支撑、钢墙架拆除,其他金属构件拆除
管道及卫生洁具拆除	管道拆除、卫生洁具拆除
灯具、玻璃拆除	灯具拆除、玻璃拆除
其他构件拆除	暖气罩拆除、柜体拆除、窗台板拆除、筒子板拆除、窗帘盒拆除、窗帘轨拆除
开孔(打洞)	开孔(打洞)

(2)清单项目编码。一级编码为01;二级编码为16(拆除工程);三级编码自01~15[从砖砌体拆除至开孔(打洞)];四级编码从001始,依次递

增;五级编码从 001 始,依次递增。

二、清单工程量计算有关问题说明

1. 砖砌体拆除

(1)砌体名称指墙、柱、水池等。

(2)砌体表面的附着物种类指抹灰层、块料层、龙骨及装饰面层等。

(3)以米计量,如砖地沟、砖明沟等必须描述拆除部位的截面尺寸;以立方米计量,截面尺寸则不必描述。

2. 混凝土及钢筋混凝土构件拆除

(1)以立方米作为计量单位时,可不描述构件的规格尺寸;以平方米作为计量单位时,则应描述构件的厚度;以米作为计量单位时,则必须描述构件的规格尺寸。

(2)构件表面的附着物种类指抹灰层、块料层、龙骨及装饰面层等。

3. 木构件拆除

(1)拆除木构件应按木梁、木柱、木楼梯、木屋架、承重木楼板等分别在构件名称中描述。

(2)以立方米作为计量单位时,可不描述构件的规格尺寸,以平方米作为计量单位时,则应描述构件的厚度,以米作为计量单位时,则必须描述构件的规格尺寸。

(3)构件表面的附着物种类指抹灰层、块料层、龙骨及装饰面层等。

4. 抹灰层拆除

(1)单独拆除抹灰层应按抹灰层拆除中的项目编码列项。

(2)抹灰层种类可描述为一般抹灰或装饰抹灰。

5. 块料面层拆除

(1)如仅拆除块料层,拆除的基层类型不用描述。

(2)拆除的基层类型的描述指砂浆层、防水层、干挂或挂贴所采用的钢骨架层等。

6. 龙骨及饰面拆除

(1)基层类型的描述指砂浆层、防水层等。

(2)如仅拆除龙骨及饰面,拆除的基层类型不用描述。

(3)如只拆除饰面,不用描述龙骨材料种类。

7. 铲除油漆涂料裱糊面

(1)单独铲除油漆涂料裱糊面的工程按铲除油漆涂料裱糊面中的项

目编码列项。

(2)铲除部位名称的描述指墙面、柱面、天棚、门窗等。

(3)按米计量,必须描述铲除部位的截面尺寸;以平方米计量时,则不用描述铲除部位的截面尺寸。

8. 栏杆栏板、轻质隔断隔墙拆除

以平方米计量,不用描述栏杆(板)的高度。

9. 门窗拆除

门窗拆除以平方米计量,不用描述门窗的洞口尺寸。室内高度指室内楼地面至门窗的上边框。

10. 灯具、玻璃拆除

拆除部位的描述指门窗玻璃、隔断玻璃、墙玻璃、家具玻璃等。

11. 其他构件拆除

双轨窗帘轨拆除按双轨长度分别计算工程量。

12. 开孔(打洞)

(1)部位可描述为墙面或楼板。

(2)打洞部位材质可描述为页岩砖或空心砖或钢筋混凝土等。

三、拆除工程清单工程量计算规则

(一)砖砌体拆除(编码:011601)

砖砌体拆除(项目编码:011601001)

(1)项目特征:砌体名称;砌体材质;拆除高度;拆除砌体的截面尺寸;砌体表面的附着物种类。

(2)工程量计算规则:以立方米计量,按拆除的体积计算;以米计量,按拆除的延长米计算。

(3)工作内容:拆除;控制扬尘;清理;建渣场内、外运输。

(二)混凝土及钢筋混凝土构件拆除(编码:011602)

混凝土构件拆除(项目编码:011602001)、钢筋混凝土构件拆除(项目编码:011602002)。

(1)项目特征:构件名称;拆除构件的厚度或规格尺寸;构件表面的附着物种类。

(2)工程量计算规则:以立方米计量,按拆除构件的混凝土体积计算;以平方米计量.按拆除部位的面积计算;以米计量,按拆除部位的延长米计算。

(3)工作内容:拆除;控制扬尘;清理;建渣场内、外运输。

(三)木构件拆除(编码:011603)

木构件拆除(项目编码:011603001)

(1)项目特征:构件名称;拆除构件的厚度或规格尺寸;构件表面的附着物种类。

(2)工程量计算规则:以立方米计量,按拆除构件的体积计算;以平方米计量,按拆除面积计算;以米计量,按拆除延长米计算。

(3)工作内容:拆除;控制扬尘;清理;建渣场内、外运输。

(四)抹灰层拆除(编码:011604)

平面抹灰层拆除(项目编码:011604001)、立面抹灰层拆除(项目编码:011604002)、天棚抹灰面拆除(项目编码:011604003)

(1)项目特征:拆除部位;抹灰层种类。

(2)工程量计算规则:按拆除部位的面积计算。

(3)工作内容:拆除;控制扬尘;清理;建渣场内、外运输。

(五)块料面层拆除(编码:011605)

平面块料拆除(项目编码:011605001)、立面块料拆除(项目编码:011605002)

(1)项目特征:拆除的基层类型;饰面材料种类。

(2)工程量计算规则:按拆除面积计算。

(3)工作内容:拆除;控制扬尘;清理;建渣场内、外运输。

(六)龙骨及饰面拆除(编码:011606)

楼地面龙骨及饰面拆除(项目编码:011606001)、墙柱面龙骨及饰面拆除(项目编码:011606002)、天棚面龙骨及饰面拆除(项目编码:011606003)

(1)项目特征:拆除的基层类型;龙骨及饰面种类。

(2)工程量计算规则:按拆除面积计算。

(3)工作内容:拆除;控制扬尘;清理;建渣场内、外运输。

(七)屋面拆除(编码:011607)

1. 刚性层拆除 (项目编码:011607001)

(1)项目特征:刚性层厚度。

(2)工程量计算规则:接铲除部位的面积计算。

(3)工作内容:铲除;控制扬尘;清理;建渣场内、外运输。

2. 防水层拆除（项目编码：011607002）

(1)项目特征:防水层种类。

(2)工程量计算规则:按铲除部位的面积计算。

(3)工作内容:铲除;控制扬尘;清理;建渣场内、外运输。

(八)铲除油漆涂料裱糊面(编码:011608)

铲除油漆面(项目编码:011608001)、铲除涂料面(项目编码:011608002)、铲除裱糊面(项目编码:011608003)

(1)项目特征:铲除部位名称;铲除部位的截面尺寸。

(2)工程量计算规则:以平方米计量,按铲除部位的面积计算;以米计量,按铲除部位的延长米计算。

(3)工作内容:铲除;控制扬尘;清理;建渣场内、外运输。

(九)栏杆栏板、轻质隔断隔墙拆除(编码:011609)

1. 栏杆、栏板拆除（项目编码：011609001）

(1)项目特征:栏杆(板)的高度;栏杆、栏板种类。

(2)工程量计算规则:以平方米计量,按拆除部位的面积计算;以米计量,按拆除的延长米计算。

(3)工作内容:拆除;控制扬尘;清理;建渣场内、外运输。

2. 隔断隔墙拆除（项目编码：011609002）

(1)项目特征:拆除隔墙的骨架种类;拆除隔墙的饰面种类。

(2)工程量计算规则:按拆除部位的面积计算。

(3)工作内容:拆除;控制扬尘;清理;建渣场内、外运输。

(十)门窗拆除(编码:011610)

木门窗拆除(项目编码:011610001)、金属门窗拆除(项目编码:011610002)

(1)项目特征:室内高度;门窗洞口尺寸。

(2)工程量计算规则:以平方米计量,按拆除面积计算;以樘计量.按拆除樘数计算。

(3)工作内容:拆除;控制扬尘;清理;建渣场内、外运输。

(十一)金属构件拆除(编码:011611)

1. 钢梁拆除（项目编码：011611001）、钢柱拆除（项目编码：011611002）

(1)项目特征:构件名称;拆除构件的规格尺寸。

(2)工程量计算规则:以吨计量,按拆除构件的质量计算;以米计量,按拆除延长米计算。

(3)工作内容:拆除;控制扬尘;清理;建渣场内、外运输。

2. 钢网架拆除 (项目编码: 011611003)

(1)项目特征:构件名称;拆除构件的规格尺寸。

(2)工程量计算规则:按拆除构件的质量计算。

(3)工作内容:拆除;控制扬尘;清理;建渣场内、外运输。

3. 钢支撑、钢墙架拆除 (项目编码: 011611004)、其他金属构件拆除 (项目编码: 011611005)

(1)项目特征:构件名称;拆除构件的规格尺寸。

(2)工程量计算规则:以吨计量,按拆除构件的质量计算;以米计量,按拆除延长米计算。

(3)工作内容:拆除;控制扬尘;清理;建渣场内、外运输。

(十二)管道及卫生洁具拆除(编码:011612)

1. 管道拆除 (项目编码: 011612001)

(1)项目特征:管道种类、材质;管道上的附着物种类。

(2)工程量计算规则:按拆除管道的延长米计算。

(3)工作内容:拆除;控制扬尘;清理;建渣场内、外运输。

2. 卫生洁具拆除 (项目编码: 011612002)

(1)项目特征:卫生洁具种类。

(2)工程量计算规则:按拆除的数量计算。

(3)工作内容:拆除;控制扬尘;清理;建渣场内、外运输。

(十三)灯具、玻璃拆除(编码:011613)

1. 灯具拆除 (项目编码: 011613001)

(1)项目特征:拆除灯具高度;灯具种类。

(2)工程量计算规则:按拆除的数量计算。

(3)工作内容:拆除;控制扬尘;清理;建渣场内、外运输。

2. 玻璃拆除 (项目编码: 011613002)

(1)项目特征:玻璃厚度;拆除部位。

(2)工程量计算规则:按拆除的面积计算。

(3)工作内容:拆除;控制扬尘;清理;建渣场内、外运输。

(十四)其他构件拆除(编码:011614)

1. 暖气罩拆除 (项目编码: 011614001)

(1)项目特征:暖气罩材质。

(2)工程量计算规则:以个为单位计量,按拆除个数计算;以米为单位计量,按拆除延长米计算。

(3)工作内容:拆除;控制扬尘;清理;建渣场内、外运输。

2. 柜体拆除 (项目编码: 011614002)

(1)项目特征:柜体材质;柜体尺寸:长、宽、高。

(2)工程量计算规则:以个为单位计量,按拆除个数计算;以米为单位计量,按拆除延长米计算。

(3)工作内容:拆除;控制扬尘;清理;建渣场内、外运输。

3. 窗台板拆除 (项目编码: 011614003)

(1)项目特征:窗台板平面尺寸。

(2)工程量计算规则:以块计量,按拆除数量计算;以米计量,按拆除的延长米计算。

(3)工作内容:拆除;控制扬尘;清理;建渣场内、外运输。

4. 筒子板拆除 (项目编码: 011614004)

(1)项目特征:筒子板的平面尺寸。

(2)工程量计算规则:以块计量,按拆除数量计算;以米计量,按拆除的延长米计算。

(3)工作内容:拆除;控制扬尘;清理;建渣场内、外运输。

5. 窗帘盒拆除 (项目编码: 011614005)

(1)项目特征:窗帘盒的平面尺寸。

(2)工程量计算规则:按拆除的延长米计算。

(3)工作内容:拆除;控制扬尘;清理;建渣场内、外运输。

6. 窗帘轨拆除 (项目编码: 011614006)

(1)项目特征:窗帘轨的材质。

(2)工程量计算规则:按拆除的延长米计算。

(3)工作内容:拆除;控制扬尘;清理;建渣场内、外运输。

(十五)开孔(打洞)(编码:011615)

开孔(打洞)(项目编码:011615001)

(1)项目特征:部位;打洞部位材质;洞尺寸。

(2)工程量计算规则:按数量计算。

(3)工作内容:拆除;控制扬尘;清理;建渣场内、外运输。

第九节　措施项目

一、措施项目工程量清单项目划分与编码

(1)清单项目划分。措施项目清单项目划分见表 9-10。

表 9-10　　　　　　　　　　　措施项目清单项目划分

项　　目	分　　类
脚手架工程	综合脚手架、外脚手架、里脚手架、悬空脚手架、挑脚手架、满堂脚手架、整体提升架、外装饰吊篮
混凝土模板及支架(撑)	基础,矩形柱,构造柱,异形柱,基础梁,矩形梁,异形梁,圈梁,过梁,弧形、拱形梁,直形墙,弧形墙,短肢剪力墙,电梯井壁,有梁板,无梁板,平板,拱板,薄壳板,空心板,其他板,栏板,天沟、檐沟,雨篷、悬挑板,阳台板,楼梯,其他现浇构件,电缆沟、地沟,台阶,扶手,散水,后浇带,化粪池,检查井
垂直运输	垂直运输
超高施工增加	超高施工增加
大型机械设备进出场及安拆	大型机械设备进出场及安拆
施工排水、降水	成井,排水、降水
安全文明施工及其他措施项目	安全文明施工,夜间施工,非夜间施工照明,二次搬运,冬雨季施工,地上、地下设施、建筑物的临时保护设施,已完工程及设备保护

(2)清单项目编码。一级编码为 01;二级编码为 17(项目措施);三级编码自 01~07(从脚手架工程至安全文明施工及其他措施项目);四级编码从 001 始,依次递增;五级编码从 001 始,依次递增。

二、清单工程量计算有关问题说明

1. 脚手架工程

(1)使用综合脚手架时,不再使用外脚手架、里脚手架等单项脚手架;综合脚手架适用于能够按"建筑面积计算规则"计算建筑面积的建筑工程脚手架,不适用于房屋加层、构筑物及附属工程脚手架。

(2)同一建筑物有不同檐高时,按建筑物竖向切面分别按不同檐高编列清单项目。

(3)整体提升架已包括 2m 高的防护架体设施。

(4)脚手架材质可以不描述,但应注明由投标人根据工程实际情况按照国家现行标准《建筑施工扣件式钢管脚手架安全技术规范》(JGJ 130)、《建筑施工附着升降脚手架管理暂行规定》(建筑[2000]230 号)等规范自行确定。

2. 混凝土模板及支架(撑)

(1)原槽浇灌的混凝土基础,不计算模板。

(2)混凝土模板及支撑(架)项目,只适用于以平方米计量,按模板与混凝土构件的接触面积计算。以立方米计量的模板及支撑(支架),按混凝土及钢筋混凝土实体项目执行,其综合单价中应包含模板及支撑(支架)。

(3)采用清水模板时.应在特征中注明。

(4)若现浇混凝土梁、板支撑高度超过 3.6m 时,项目特征应描述支撑高度。

3. 垂直运输

(1)建筑物的檐口高度是指设计室外地坪至檐口滴水的高度(平屋顶系指屋面板底高度),突出主体建筑物屋顶的电梯机房、楼梯出口间、水箱间、瞭望塔、排烟机房等不计入檐口高度。

(2)垂直运输指施工工程在合理工期内所需垂直运输机械。

(3)同一建筑物有不同檐高时,按建筑物的不同檐高做纵向分割,分别计算建筑面积,以不同檐高分别编码列项。

4. 超高施工增加

(1)单层建筑物檐口高度超过 20m,多层建筑物超过 6 层时,可按超高部分的建筑面积计算超高施工增加。计算层数时,地下室不计入层数。

(2)同一建筑物有不同檐高时,可按不同高度的建筑面积分别计算建筑面积,以不同檐高分别编码列项。

5. 施工排水、降水

相应专项设计不具备时,可按暂估量计算。

6. 安全文明施工及其他措施项目

所列项目应根据工程实际情况计算措施项目费用,需分摊的应合理计算摊销费用。

三、措施项目清单工程量计算规则

(一)脚手架工程(编码:011701)

1. 综合脚手架(项目编码:011701001)

(1)项目特征:建筑结构形式;檐口高度。

(2)工程量计算规则:按建筑面积计算。

(3)工作内容:场内、场外材料搬运;搭、拆脚手架、斜道、上料平台;安全网的铺设;选择附墙点与主体连接;测试电动装置、安全锁等;拆除脚手架后材料的堆放。

2. 外脚手架(项目编码:011701002)、**里脚手架**(项目编码:011701003)

(1)项目特征:搭设方式;搭设高度;脚手架材质。

(2)工程量计算规则:按所服务对象的垂直投影面积计算。

(3)工作内容:场内、场外材料搬运;搭、拆脚手架、斜道、上料平台;安全网的铺设;拆除脚手架后材料的堆放。

3. 悬空脚手架(项目编码:011701004)

(1)项目特征:搭设方式;悬挑宽度;脚手架材质。

(2)工程量计算规则:按搭设的水平投影面积计算。

(3)工作内容:场内、场外材料搬运;搭、拆脚手架、斜道、上料平台;安全网的铺设;拆除脚手架后材料的堆放。

4. 挑脚手架(项目编码:011701005)

(1)项目特征:搭设方式;悬挑宽度;脚手架材质。

(2)工程量计算规则:按搭设长度乘以搭设层数以延长米计算。

(3)工作内容:场内、场外材料搬运;搭、拆脚手架、斜道、上料平台;安全网的铺设;拆除脚手架后材料的堆放。

5. 满堂脚手架(项目编码:011701006)

(1)项目特征:搭设方式;搭设高度;脚手架材质。

(2)工程量计算规则:按搭设的水平投影面积计算。

(3)工作内容:场内、场外材料搬运;搭、拆脚手架、斜道、上料平台;安全网的铺设;拆除脚手架后材料的堆放。

6. 整体提升架(项目编码: 011701007)

(1)项目特征:搭设方式及启动装置;搭设高度。

(2)工程量计算规则:按所服务对象的垂直投影面积计算。

(3)工作内容:场内、场外材料搬运;选择附墙点与主体连接;搭、拆脚手架、斜道、上料平台;安全网的铺设;测试电动装置、安全锁等;拆除脚手架后材料的堆放。

7. 外装饰吊篮(项目编码: 011701008)

(1)项目特征:升降方式及启动装置;搭设高度及吊篮型号。

(2)工程量计算规则:按所服务对象的垂直投影面积计算。

(3)工作内容:场内、场外材料搬运;吊篮的安装;测试电动装置、安全锁、平衡控制器等;吊篮的拆卸。

(二)混凝土模板及支架(撑)(编码:011702)

1. 基础(项目编码:011702001)

(1)项目特征:基础类型。

(2)工程量计算规则:按模板与现浇混凝土构件的接触面积计算。

(3)工作内容:模板制作;模板安装、拆除、整理堆放及场内外运输;清理模板粘结物及模内杂物、刷隔离剂等。

2. 矩形柱(项目编码:011702002)、构造柱(项目编码:011702003)

(1)项目特征:无。

(2)工程量计算规则:按模板与现浇混凝土构件的接触面积计算。

1)现浇框架分别按梁、板、柱有关规定计算;附墙柱、暗梁、暗柱并入墙内工程量内计算。

2)柱、梁、墙、板相互连接的重叠部分,均不计算模板面积。

3)构造柱按图示外露部分计算模板面积

(3)工作内容:模板制作;模板安装、拆除、整理堆放及场内外运输;清理模板粘结物及模内杂物、刷隔离剂等

3. 异形柱(项目编码:011702004)

(1)项目特征:柱截面形状。

(2)工程量计算规则:按模板与现浇混凝土构件的接触面积计算。

1)现浇框架分别按梁、板、柱有关规定计算;附墙柱、暗梁、暗柱并入墙内工程量内计算。

2)柱、梁、墙、板相互连接的重叠部分,均不计算模板面积。

(3)工作内容:模板制作;模板安装、拆除、整理堆放及场内外运输;清理模板粘结物及模内杂物、刷隔离剂等。

4. 基础梁(项目编码:**011702005**)

(1)项目特征:梁截面形状。

(2)工程量计算规则:按模板与现浇混凝土构件的接触面积计算。

1)现浇框架分别按梁、板、柱有关规定计算;附墙柱、暗梁、暗柱并入墙内工程量内计算。

2)柱、梁、墙、板相互连接的重叠部分,均不计算模板面积。

(3)工作内容:模板制作;模板安装、拆除、整理堆放及场内外运输;清理模板粘结物及模内杂物、刷隔离剂等。

5. 矩形梁(项目编码:**011702006**)

(1)项目特征:支撑高度。

(2)工程量计算规则:按模板与现浇混凝土构件的接触面积计算。

1)现浇框架分别按梁、板、柱有关规定计算;附墙柱、暗梁、暗柱并入墙内工程量内计算。

2)柱、梁、墙、板相互连接的重叠部分,均不计算模板面积。

(3)工作内容:模板制作;模板安装、拆除、整理堆放及场内外运输;清理模板粘结物及模内杂物、刷隔离剂等。

6. 异形梁(项目编码:**011702007**)

(1)项目特征:梁截面形状;支撑高度。

(2)工程量计算规则:按模板与现浇混凝土构件的接触面积计算。

1)现浇框架分别按梁、板、柱有关规定计算;附墙柱、暗梁、暗柱并入墙内工程量内计算。

2)柱、梁、墙、板相互连接的重叠部分,均不计算模板面积。

(3)工作内容:模板制作;模板安装、拆除、整理堆放及场内外运输;清理模板粘结物及模内杂物、刷隔离剂等。

7. 圈梁(项目编码:**011702008**)、**过梁**(项目编码:**011702009**)

(1)项目特征:无。

(2)工程量计算规则:按模板与现浇混凝土构件的接触面积计算。

　　1)现浇框架分别按梁、板、柱有关规定计算;附墙柱、暗梁、暗柱并入墙内工程量内计算。

　　2)柱、梁、墙、板相互连接的重叠部分,均不计算模板面积。

　　(3)工作内容:模板制作;模板安装、拆除、整理堆放及场内外运输;清理模板粘结物及模内杂物、刷隔离剂等。

　　8. 弧形、拱形梁(项目编码:**011702010**)

　　(1)项目特征:梁截面形状;支撑高度。

　　(2)工程量计算规则:按模板与现浇混凝土构件的接触面积计算。

　　1)现浇框架分别按梁、板、柱有关规定计算;附墙柱、暗梁、暗柱并入墙内工程量内计算。

　　2)柱、梁、墙、板相互连接的重叠部分,均不计算模板面积。

　　(3)工作内容:模板制作;模板安装、拆除、整理堆放及场内外运输;清理模板粘结物及模内杂物、刷隔离剂等。

　　9. 直形墙(**项目编码:011702011**),**弧形墙**(**项目编码:011702012**),**短肢剪力墙、电梯井壁**(**项目编码:011702013**)

　　(1)项目特征:无。

　　(2)工程量计算规则:按模板与现浇混凝土构件的接触面积计算。

　　1)现浇钢筋混凝土墙、板单孔面积≤0.3m²的孔洞不予扣除,洞侧壁模板亦不增加;单孔面积>0.3m²时应予扣除,洞侧壁模板面积并入墙、板工程量内计算。

　　2)现浇框架分别按梁、板、柱有关规定计算;附墙柱、暗梁、暗柱并入墙内工程量内计算。

　　3)柱、梁、墙、板相互连接的重叠部分,均不计算模板面积。

　　(3)工作内容:模板制作;模板安装、拆除、整理堆放及场内外运输;清理模板粘结物及模内杂物、刷隔离剂等。

　　10. 有梁板(**项目编码:011702014**)、**无梁板**(**项目编码:011702015**)、**平板**(**项目编码:011702016**)、**拱板**(**项目编码:011702017**)、**薄壳板**(**项目编码:011702018**)、**空心板**(**项目编码:011702019**)、**其他板**(**项目编码:011702020**)

　　(1)项目特征:支撑高度。

　　(2)工程量计算规则:按模板与现浇混凝土构件的接触面积计算。

　　1)现浇钢筋混凝土墙、板单孔面积≤0.3m²的孔洞不予扣除,洞侧壁模板亦不增加;单孔面积>0.3m² 时应予扣除,洞侧壁模板面积并入墙、板工程量内计算。

2)现浇框架分别按梁、板、柱有关规定计算;附墙柱、暗梁、暗柱并入墙内工程量内计算。

3)柱、梁、墙、板相互连接的重叠部分,均不计算模板面积。

(3)工作内容:模板制作;模板安装、拆除、整理堆放及场内外运输;清理模板粘结物及模内杂物、刷隔离剂等。

11. 栏板(项目编码:**011702021**)

(1)项目特征:无。

(2)工程量计算规则:按模板与现浇混凝土构件的接触面积计算。

1)现浇钢筋混凝土墙、板单孔面积≤0.3m² 的孔洞不予扣除,洞侧壁模板亦不增加;单孔面积>0.3m² 时应予扣除,洞侧壁模板面积并入墙、板工程量内计算。

2)现浇框架分别按梁、板、柱有关规定计算;附墙柱、暗梁、暗柱并入墙内工程量内计算。

3)柱、梁、墙、板相互连接的重叠部分,均不计算模板面积。

(3)工作内容:模板制作;模板安装、拆除、整理堆放及场内外运输;清理模板粘结物及模内杂物、刷隔离剂等。

12. 天沟、檐沟(项目编码:**011702022**)

(1)项目特征:构件类型。

(2)工程量计算规则:按模板与现浇混凝土构件的接触面积计算。

(3)工作内容:模板制作;模板安装、拆除、整理堆放及场内外运输;清理模板粘结物及模内杂物、刷隔离剂等。

13. 雨篷、悬挑板、阳台板(项目编码:**011702023**)

(1)项目特征:构件类型;板厚度。

(2)工程量计算规则:按图示外挑部分尺寸的水平投影面积计算,挑出墙外的悬臂梁及板边不另计算。

(3)工作内容:模板制作;模板安装、拆除、整理堆放及场内外运输;清理模板粘结物及模内杂物、刷隔离剂等。

14. 楼梯(项目编码:**011702024**)

(1)项目特征:类型。

(2)工程量计算规则:按楼梯(包括休息平台、平台梁、斜梁和楼层板的连接梁)的水平投影面积计算,不扣除宽度≤500mm 的楼梯井所占面积,楼梯踏步、踏步板、平台梁等侧面模板不另计算,伸入墙内部分亦不增加。

(3)工作内容:模板制作;模板安装、拆除、整理堆放及场内外运输;清理模板粘结物及模内杂物、刷隔离剂等。

15. 其他现浇构件(项目编码: **011702025**)

(1)项目特征:构件类型。

(2)工程量计算规则:按模板与现浇混凝土构件的接触面积计算。

(3)工作内容:模板制作;模板安装、拆除、整理堆放及场内外运输;清理模板粘结物及模内杂物、刷隔离剂等。

16. 电缆沟、地沟(项目编码: **011702026**)

(1)项目特征:沟类型;沟截面。

(2)工程量计算规则:按模板与电缆沟、地沟接触的面积计算。

(3)工作内容:模板制作;模板安装、拆除、整理堆放及场内外运输;清理模板粘结物及模内杂物、刷隔离剂等。

17. 台阶(项目编码: **011702027**)

(1)项目特征:台阶踏步宽。

(2)工程量计算规则:按图示台阶水平投影面积计算,台阶端头两侧不另计算模板面积。架空式混凝土台阶,按现浇楼梯计算。

(3)工作内容:模板制作;模板安装、拆除、整理堆放及场内外运输;清理模板粘结物及模内杂物、刷隔离剂等。

18. 扶手(项目编码: **011702028**)

(1)项目特征:扶手断面尺寸。

(2)工程量计算规则:按模板与扶手的接触面积计算。

(3)工作内容:模板制作;模板安装、拆除、整理堆放及场内外运输;清理模板粘结物及模内杂物、刷隔离剂等。

19. 散水(项目编码: **011702029**)

(1)项目特征:无。

(2)工程量计算规则:按模板与散水的接触面积计算。

(3)工作内容:模板制作;模板安装、拆除、整理堆放及场内外运输;清理模板粘结物及模内杂物、刷隔离剂等。

20. 后浇带(项目编码: **011702030**)

(1)项目特征:后浇带部位。

(2)工程量计算规则:按模板与后浇带的接触面积计算。

(3)工作内容:模板制作;模板安装、拆除、整理堆放及场内外运输;清理模板粘结物及模内杂物、刷隔离剂等。

21. 化粪池(项目编码: 011702031)

(1)项目特征:化粪池部位;化粪池规格。

(2)工程量计算规则:按模板与混凝土接触面积计算。

(3)工作内容:模板制作;模板安装、拆除、整理堆放及场内外运输;清理模板粘结物及模内杂物、刷隔离剂等。

22. 检查井(项目编码: 011702032)

(1)项目特征:检查井部位;检查井规格。

(2)工程量计算规则:按模板与混凝土接触面积计算。

(3)工作内容:模板制作;模板安装、拆除、整理堆放及场内外运输;清理模板粘结物及模内杂物、刷隔离剂等。

(三)垂直运输(编码:011703)

垂直运输(项目编码:011703001)

(1)项目特征:建筑物建筑类型及结构形式;地下室建筑面积;建筑物檐口高度、层数。

(2)工程量计算规则:按建筑面积计算;按施工工期日历天数计算。

(3)工作内容:垂直运输机械的固定装置、基础制作、安装;行走式垂直运输机械轨道的铺设、拆除、摊销。

(四)超高施工增加(编码:011704)

超高施工增加(项目编码:011704001)

(1)项目特征:建筑物建筑类型及结构形式;建筑物檐口高度、层数;单层建筑物檐口高度超过 20m,多层建筑物超过 6 层部分的建筑面积。

(2)工程量计算规则:按建筑物超高部分的建筑面积计算。

(3)工作内容:建筑物超高引起的人工工效降低以及由于人工工效降低引起的机械降效;高层施工用水加压水泵的安装、拆除及工作台班;通信联络设备的使用及摊销。

(五)大型机械设备进出场及安拆(编码:011705)

大型机械设备进出场及安拆(项目编码:011705001)

(1)项目特征:机械设备名称;机械设备规格型号。

(2)工程量计算规则:按使用机械设备的数量计算。

（3）工作内容：安拆费包括施工机械、设备在现场进行安装拆卸所需人工、材料、机械和试运转费用以及机械辅助设施的折旧、搭设、拆除等费用；进出场费包括施工机械、设备整体或分体自停放地点运至施工现场或由一施工地点运至另一施工地点所发生的运输、装卸、辅助材料等费用。

（六）施工排水、降水（编码：011706）

1. 成井（项目编码：011706001）

（1）项目特征：成井方式；地层情况；成井直径；井（滤）管类型、直径。

（2）工程量计算规则：按设计图示尺寸以钻孔深度计算。

（3）工作内容：准备钻孔机械、埋设护筒、钻机就位；泥浆制作、固壁；成孔、出渣、清孔等；对接上、下井管（滤管），焊接，安放，下滤料，洗井，连接试抽等。

2. 排水、降水（项目编码：011706002）

（1）项目特征：机械规格型号；降排水管规格。

（2）工程量计算规则：按排、降水日历天数计算。

（3）工作内容：管道安装、拆除，场内搬运等；抽水、值班、降水设备维修等。

（七）安全文明施工（编码：011707）

1. 安全文明施工（项目编码：011707001）

工作内容及包含范围：

环境保护：现场施工机械设备降低噪声、防扰民措施；水泥和其他易飞扬细颗粒建筑材料密闭存放或采取覆盖措施等；工程防扬尘洒水；土石方、建渣外运车辆防护措施等；现场污染源的控制、生活垃圾清理外运、场地排水排污措施；其他环境保护措施；文明施工："五牌一图"；现场围挡的墙面美化（包括内外粉刷、刷白、标语等）、压顶装饰；现场厕所便槽刷白、贴面砖，水泥砂浆地面或地砖，建筑物内临时便溺设施；其他施工现场临时设施的装饰装修、美化措施；现场生活卫生设施；符合卫生要求的饮水设备、淋浴、消毒等设施；生活用洁净燃料；防煤气中毒、防蚊虫叮咬等措施；施工现场操作场地的硬化；现场绿化、治安综合治理；现场配备医药保健器材、物品和急救人员培训；现场工人的防暑降温、电风扇、空调等设备及用电；其他文明施工措施；安全施工：安全资料、特殊作业专项方案的编制，安全施工标志的购置及安全宣传；"三宝"（安全帽、安全带、安全网）、"四口"（楼梯口、电梯井口、通道口、预留洞口）、"五临边"（阳台围边、楼板围边、屋面围边、槽坑围边、卸料平台两侧）、水平防护架、垂直防护架、外架封闭等防护；施工安全用电，包括配电箱三级配电、两级保护装置要求、外电防护措施；起重机、塔吊等起重设备（含井架、门架）及外用电梯的安全防护措施（含警示标志）及卸料平台的临边防护、层间安全门、防护棚等设施；建筑工地起重机械的检验检测；施工机具防护棚及其围栏的安全保护设施；施工安全防护通道；工人的安全防护用品、用具购置；消防设施与消防器材的配置；电气保护、安全照明设施；其他安全防护措施；临时设施：施工现场采用彩色、定型钢板，砖、混凝土砌块等围挡的安砌、维修、拆除；施工现场临时建筑物、构筑物的搭设、维修、拆除，如临时宿舍、办公室、食堂、厨房、厕所、诊疗所、临时文化福利用房、临时仓库、加工场、搅拌台、临时简易水塔、水池等；施工现场临时设施的搭设、维修、拆除，如临时供水管道、临时供电管线、小型临时设施等；施工现场规定范围内临时简易道路铺设，临时排水沟、排水设施安砌、维修、拆除；其他临时设施搭设、维修、拆除。

2. 夜间施工（项目编码：**011707002**）

工作内容及包含范围：夜间固定照明灯具和临时可移动照明灯具的设置、拆除；夜间施工时，施工现场交通标志、安全标牌、警示灯等的设置、移动、拆除；包括夜间照明设备及照明用电、施工人员夜班补助、夜间施工劳动效率降低等。

3. 非夜间施工照明（项目编码：**011707003**）

工作内容及包含范围：为保证工程施工正常进行，在地下室等特殊施工部位施工时所采用的照明设备的安拆、维护及照明用电等。

4. 二次搬运（项目编码：**011707004**）

工作内容及包含范围：由于施工场地条件限制而发生的材料、成品、半成品等一次运输不能到达堆放地点，必须进行的二次或多次搬运。

5. 冬雨季施工（项目编码：**011707005**）

工作内容及包含范围：冬雨（风）季施工时增加的临时设施（防寒保温、防雨、防风设施）的搭设、拆除；冬雨（风）季施工时，对砌体、混凝土等采用的特殊加温、保温和养护措施；冬雨（风）季施工时，施工现场的防滑处理、对影响施工的雨雪的清除；包括冬雨（风）季施工时增加的临时设施、施工人员的劳动保护用品、冬雨（风）季施工劳动效率降低等。

6. 地上、地下设施、建筑物的临时保护设施（项目编码：**011707006**）

工作内容及包含范围：在工程施工过程中，对已建成的地上、地下设施和建筑物进行的遮盖、封闭、隔离等必要保护措施。

7. 已完工程及设备保护（项目编码：**011707007**）

工作内容及包含范围：对已完工程及设备采取的覆盖、包裹、封闭、隔离等必要保护措施。

第十章 装饰装修工程施工图预算编制与审查

第一节 装饰装修工程施工图预算概述

一、一般规定

(1)装饰装修工程施工图预算是施工图设计阶段合理确定和有效控制工程造价的重要依据。

(2)装饰装修工程施工图预算的编制应由相应专业资质的单位和造价专业人员完成。编制单位应在施工图预算成果文件上加盖公章和资质专用章,对成果文件质量承担相应责任;注册造价工程师和造价员应在施工图预算文件上签署执业(从业)印章,并承担相应责任。

(3)对于大型或复杂的装饰装修工程,应委托多个单位共同承担其施工图预算文件编制时,委托单位应指定主体承担单位,由主体承担单位负责具体编制工作的总体规划、标准的统一、编制工作的部署、资料的汇总等综合性工作,其他各单位负责其所承担的各个单项、单位工程施工图预算文件的编制。装饰装修工程施工图预算应按照设计文件和项目所在地的人工、材料和机械等要素的市场价格水平进行编制,应充分考虑工程其他因素对工程造价的影响;并应确定合理的预备费,力求能够使投资额度得以科学合理地确定,以保证工程的顺利进行。

(4)建设项目施工图预算应按照设计文件和项目所在地的人工、材料和机械等要素的市场价格水平进行编制,应充分考虑项目其他因素对工程造价的影响;并应确定合理的预备费,力求能够使投资额度得以科学合理地确定,以保证项目的顺利进行。

(5)装饰装修工程施工图预算由总预算、综合预算和单位工程预算组成。装饰装修工程总预算由综合预算汇总而成。综合预算由组成本单项工程的各单位工程预算汇总。单位工程预算包括建筑工程预算和设备及安装工程预算。

(6)施工图总预算应控制在已批准的设计总概算投资范围以内。

　　(7)施工图预算总投资包含建筑工程费、设备及工器具购置费、安装工程费、工程建设其他费用、预备费、建设期贷款利息、固定资产投资方向调节税及铺底流动资金。

　　(8)施工图预算的编制应保证编制依据的合法性、全面性和有效性，以及预算编制成果文件的准确性、完整性。

　　(9)施工图预算应考虑施工现场实际情况，并结合拟建建设项目合理的施工组织设计进行编制。

二、施工图预算编制依据

　　建设项目施工图预算的编制依据主要有以下方面：

　　(1)国家、行业、地方政府发布的计价依据、有关法律法规或规定；

　　(2)建设项目有关文件、合同、协议等；

　　(3)批准的设计概算；

　　(4)批准的施工图设计图纸及相关标准图集和规范；

　　(5)相应预算定额和地区单位估价表；

　　(6)合理的施工组织设计和施工方案等文件；

　　(7)项目有关的设备、材料供应合同、价格及相关说明书；

　　(8)项目所在地区有关的气候、水文、地质地貌等的自然条件；

　　(9)项目的技术复杂程度，以及新技术、专利使用情况等；

　　(10)项目所在地区有关的经济、人文等社会条件。

第二节　装饰装修工程施工图预算文件组成

　　施工图预算根据建设工程实际情况可采用三级预算编制或二级预算编制形式。当装饰装修工程项目有多个单项工程时，应采用三级预算编制形式，三级预算编制形式由建设项目施工图总预算、单项工程综合预算、单位工程施工图预算组成。当装饰装修工程项目只有一个单项工程时，应采用二级预算编制形式，二级预算编制形式由建设工程施工图总预算和单位工程施工图预算组成。

一、三级预算编制形式工程预算文件的组成

　　(1)封面、签署页及目录；

　　(2)编制说明；

　　(3)总预算表；

(4)综合预算表;

(5)单位工程预算表;

(6)附件。

二、二级预算编制形式工程预算文件的组成

(1)封面、签署页及目录;

(2)编制说明;

(3)总预算表;

(4)单位工程预算表;

(5)附件。

第三节　装饰装修工程施工图预算编制方法

一、单位工程预算编制

单位工程预算的编制应根据施工图设计文件、预算定额(或综合单价)以及人工、材料及施工机械台班等价格资料进行编制。其主要编制方法有单价法和实物量法,其中单价法分为定额单价法和工程量清单单价法。

1. 定额单价法

定额单价法是用事先编制好的分项工程的单位估价表来编制施工图预算的方法。

定额单价法编制施工图预算的基本步骤如下:

(1)编制前的准备工作。编制施工图预算的过程是具体确定装饰装修工程预算造价的过程。编制施工图预算,不仅应严格遵守国家计价法规、政策,严格按图纸计量,还应考虑施工现场条件因素,是一项复杂而细致的工作,也是一项政策性和技术性都很强的工作,因此,必须事前做好充分准备。准备工作主要包括两个方面:一是组织准备;二是资料的收集和现场情况的调查。

(2)熟悉图纸和预算定额以及单位估价表。图纸是编制施工图预算的基本依据。熟悉图纸不但要弄清图纸的内容,还应对图纸进行审核:图纸间相关尺寸是否有误,设备与材料表上的规格、数量是否与图示相符,详图、说明、尺寸和其他符号是否正确等,若发现错误应及时纠正。另外,还要熟悉标准图以及设计更改通知(或类似文件),这些都是图纸的组成部分,不可遗漏。通过对图纸的熟悉,要了解工程的性质、系统的组成、设

备和材料的规格型号和品种,以及有无新材料、新工艺的采用。

预算定额和单位估价表是编制施工图预算的计价标准,对其适用范围及定额系数等都要充分了解,做到心中有数,这样才能使预算编制准确、迅速。

(3)了解施工组织设计和施工现场情况。编制施工图预算前,应了解施工组织设计中影响工程造价的有关内容,以便能正确计算工程量和正确套用或确定某些分项工程的基价。这对于正确计算工程造价、提高施工图预算质量,具有重要意义。

(4)划分工程项目和计算工程量。

1)划分工程项目。划分的工程项目必须和定额规定的项目一致,这样才能正确地套用定额。不能重复列项计算,也不能漏项少算。

2)计算并整理工程量。必须按现行国家计量规范规定的工程量计算规则进行计算,该扣除部分要扣除,不该扣除的部分不能扣除。当按照工程项目装饰工程量全部计算完以后,要对工程项目和工程量进行整理,即合并同类项和按序排列,为套用定额、计算分部分项和进行工料分析打下基础。

(5)套单价(计算定额基价),即将定额子项中的基价填于预算表单价栏内,并将单价乘以工程量得出合价,将结果填入合价栏。

(6)工料分析。工料分析即按分项工程项目,依据定额或单位估价表,计算人工和各种材料的实物耗量,并将主要材料汇总成表。工料分析的方法是首先从定额项目表中分别将各分项工程消耗的每项材料和人工的定额消耗量查出;再分别乘以该工程项目的工程量,得到分项工程工料消耗量,最后将各分项工程工料消耗量加以汇总,得出单位工程人工、材料的消耗数量。

(7)计算主材费(未计价材料费)。因为许多定额项目基价为不完全价格,即未包括主材费用在内。计算所在地定额基价(基价合计)之后,还应计算出主材费,以便计算工程造价。

(8)按费用定额取费,即按有关规定计取措施项目费和其他项目费,以及按相关取费规定计取规费和税金等。

(9)计算汇总工程造价。将分部分项工程费、措施项目费、其他项目费、规费和税金相加即为工程预算造价。

2. 工程量清单单价法

工程量清单单价法是指招标人按照设计图纸和国家统一的工程量计算规则提供工程数量,采用综合单价的形式计算工程造价的方法。该综合单价是指完成一个规定计量单位的分部分项工程清单项目或措施清单项目所需的人工费、材料费、施工机具使用费和企业管理费与利润,以及一定范围内的风险费用。

3. 实物量法

实物量法是依据施工图纸和预算定额的项目划分及工程量计算规则,先计算出分部分项工程量,然后套用预算定额(实物量定额)来编制施工图预算的方法。实物量法的优点是能比较及时地反映各种材料、人工、机械的当时当地市场单价计入预算价格,不需调价,反映当时当地的工程价格水平。

二、综合预算和总预算编制

(1)综合预算造价由组成该单项工程的各个单位工程预算造价汇总而成。

(2)总预算造价由组成该装饰装修工程项目的各个单项工程综合预算以及经计算的工程建设其他费、预备费、建设期贷款利息、固定资产投资方向调节税汇总而成。

三、建筑工程预算编制

(1)建筑工程预算费用内容及组成,应符合《建筑安装工程费用项目组成》(建标〔2013〕44号)的有关规定。

(2)建筑工程预算采用"建筑工程预算表",按构成单位工程的分部分项工程编制,根据设计施工图纸计算各分部分项工程量,按工程所在省(自治区、直辖市)或行业颁发的预算定额或单位估价表,以及建筑安装工程费用定额进行编制。

四、安装工程预算编制

(1)安装工程预算费用组成应符合《建筑安装工程费用项目组成》(建标〔2013〕44号)的有关规定(参见本书第六章相关内容)。

(2)安装工程预算采用设备及安装工程预算表,按构成单位工程的分部分项工程编制,根据设计施工图计算各分部分项工程工程量,按工程所在省(省治区、直辖市)或行业颁发的预算定额或单位估价表,以及建筑安装工程费用定额进行编制计算。

五、调整预算编制

(1)工程预算批准后,一般情况下不得调整。由于重大设计变更、政策性调整及不可抗力等原因造成的可以调整。

（2）调整预算编制深度与要求、文件组成及表格形式同原施工图预算。调整预算还应对工程预算调整的原因做详尽分析说明，所调整的内容在调整预算总说明中要逐项与原批准预算对比，并编制调整前后预算对比表，分析主要变更原因。在上报调整预算时，应同时提供有关文件和调整依据。

第四节 装饰装修工程施工图预算工料分析

在装饰装修工程造价中，人工费、材料费占很大比重，因此，进行工料分析，合理地调配劳动力，正确管理和使用材料，是降低工程造价的重要措施之一。

工料分析，是指确定完成一个装饰装修工程项目所需要消耗的各种劳动力、各种种类和规格的装饰材料的数量。其内容主要包括分部分项工程工料分析、单位装饰装修工程工料分析和有关文字说明。

一、装饰装修工程施工图预算工料分析的作用

人工、材料消耗量的分析是装饰装修工程预算的主要组成部分。它是装饰装修工程劳动计划、材料供应计划和开展班组经济核算的基础，是下达任务、进行两算对比的依据。其作用主要表现在以下几个方面：

（1）工料分析可使企业的计划和劳动工资部门更好地编制、安排工程生产和劳动力调配计划。

（2）工料分析是签发施工任务单、考核工料消耗和各项经济活动分析的依据。

（3）工料分析可使企业的材料供应部门更好地编制材料采购、订货、加工和供应计划，及进行备料和组织材料进入施工现场。

（4）工料分析是进行"两算"对比的依据。

（5）工料分析是甲、乙双方进行钢材、木材、水泥、沥青和玻璃等五材的核销及材料结算工作的主要依据。

（6）通过工料分析，施工队可较准确地向工人班组下达任务，限额领料，考核人工和材料节约情况，以及对班组进行经济核算。

（7）工料分析是建设单位及施工企业进行招标投标的重要基础资料。

（8）工料分析是确定指导价材料用量，调整指导价材料差价的依据。

由此可见，工料分析工作，对加强企业经营管理、合理地进行经济核

算和两算对比等具有十分重要的意义。

二、装饰装修工程施工图预算工料分析的方法、步骤

1. 工料分析的方法

工料分析就是按照分部分项工程项目,以所算工程量和已经填好的预算表为依据,根据定额编号从预算定额手册中查出各分项工程定额计量单位人工、材料的数量,并以此计算出相应分项工程所需各工种人工和各种材料的消耗量,最后汇总计算出该装饰装修工程所需各工种人工、各种不同规格材料的总消耗量。

2. 工料分析的步骤

和其他单位工程一样,装饰装修工程的工料分析,一般可按下列步骤进行:

(1)根据预算表中注明的各分项工程的定额编号,从预算定额中查出定额单位的分项工程所需人工、材料消耗量。

(2)根据所计算出的各分项工程的人工、材料消耗量,按工种、材料规格进行分析汇总,计算出分部工程所需相应的人工、材料的消耗量。计算公式为

$$分部工程人工消耗总量 = \sum(分项工程量 \times 工时消耗定额)$$

$$分部工程材料消耗总量 = \sum(分项工程量 \times 材料消耗定额)$$

(3)将分部工程相应的人工、材料消耗量进行汇总,即可计算出该装饰装修工程所需各种人工、不同种类不同规格材料的总消耗量,填入工料分析汇总表。

应当指出,随着新型建筑材料的不断涌现,材料种类日趋增多,装饰装修工程施工所涉及的部门或单位也越来越多,而装饰装修工程最突出的特点,就是分部工程间在材料需要上差别很大。因此,为了不影响施工进度,在进行工料分析时,应对装饰装修工程所需材料、成品、半成品,按不同品种、规格以分部工程为单位分别进行汇总,使有关单位或部门能及时提供装饰装修工程施工中所需的各种材料、成品或半成品。

三、装饰装修工程施工图预算工料分析应注意的问题

1. 按配合比组成的材料消耗的计算

在装饰装修工程中,涉及以配合比给出的材料消耗量。例如,墙面工程、柱面工程、楼地面工程、铝合金工程和屋面工程等。因此,部分地区在装饰装修工程预算定额中,已将按配合比组成的材料(如砂浆类)中的各

组成部分逐一列了出来,直接从定额中就可查得,这就为工料分析创造了有利条件,减少了工料分析的工作量。

但有些地区在装饰装修工程预算定额中,仍然以配合比的方式给出了半成品的定额消耗量,所以在工料分析时,就必须根据定额中规定的配合比、相应半成品数量,通过计算求出各组成部分的用量。

【例 10-1】 某装饰装修工程拼碎花岗岩地面面层的工程量 500m²,试求该分项工程砂浆中各组成材料的需用量。

【解】 (1)根据该分项工程项目,从某省的装饰装修工程预算定额中查出完成定额计量单位每 100m² 拼碎花岗岩地面面层所需要的砂浆消耗量为:素水泥浆 0.201m³,1:2 水泥砂浆 2.020m³,水泥白石子浆 0.510m³。

(2)从砂浆配合比表中查出上述砂浆每立方米的材料用量如表 10-1 所示。

表 10-1 　　　　　花岗岩地面所需每立方米砂浆材料用量

材料名称	素水泥浆	1:2 水泥砂浆	1:1.5 水泥白石子浆
42.5 级水泥(kg)	1509	609	983
白石子(kg)			1273
砂(m³)		0.95	
水(m³)	0.52	0.30	0.30

(3)计算定额单位相应材料需用量和整个地面面层的消耗量,如表 10-2 所示。

表 10-2 　　　　　　500m² 花岗岩地面所需砂浆材料

工程量	425# 水泥/kg	白石子/kg	砂/m³	水/m³
定额单位(100m²)	2034.82	649.23	1.92	0.864
整个地面(500m²)	10174.1	3246.15	9.6	4.32

2. 铝合金项目计算

部分地区现行装饰装修工程预算定额中的铝合金项目,已包括了铝合金项目的制作和安装。因此,如果承包单位只承包每立方米制作工程,在进行铝合金项目的工料分析时,应将铝合金项目的安装部分扣除。

【例 10-2】 某单位只承包单扇无上亮地弹门的制作,试计算每 100m² 工料消耗量。

【解】　由某地区装饰装修工程预算定额查得单扇无上亮铝合金地弹门项目和相应安装项目的每 $100m^2$ 的工料用量,以及计算后的制作部分工料用量,如表 10-3 所示。

表 10-3　　　　　　　　　　$100m^2$ 铝合金地弹门工料分析

工料用称		单　位	制作安装	安　装	制　作
人工	技　工	工　日	180	90	90
	普　工	工　日	18	9	9
材料	1∶2 水泥砂浆	m^2	0.165	0.165	
	铝合金型材	kg	794.76		794.76
	玻璃	m^2	103.00	103.00	
	连接固定件	个	660.00	404.00	256.00
	镀件螺钉	百套	10.65	4.04	6.61
	射钉	套	660.00	404.00	256.00
	毛条	m	206.47	156.76	49.71
	地弹簧	个	51.49		51.49
	门锁	把	51.49		51.49
	拉手	对	51.49		51.49

第五节　建设工程施工图预算审查

一、施工图预算审查的作用

(1)对降低工程造价具有现实意义。

(2)有利于节约工程建设资金。

(3)有利于发挥领导层、银行的监督作用。

(4)有利于积累和分析各项技术经济指标。

二、施工图预算审查的内容

(1)审查施工图预算的重点:工程量计算是否准确;分部、分项单价套用是否正确;各项取费标准是否符合现行规定等方面。

(2)装饰工程工程量审核重点:

1)内墙抹灰的工程量是否按墙面的净高和净宽计算,有无重算或漏算。

2)抹灰厚度,如设计规定与定额取定不同时,在不增减抹灰遍数的情况下,一般按每增减 1mm 定额调整。

3)油漆、喷涂的操作方法和颜色不同时,均不调整。如设计要求的涂刷遍数与定额规定不同时,可按"每增加一遍"定额项目进行调整。

(3)审查定额或单价的套用:

1)预算中所列各分项工程单价是否与预算定额的预算单价相符;其名称、规格、计量单位和所包括的工程内容是否与预算定额一致。

2)有单价换算时应审查换算的分项工程是否符合定额规定及换算是否正确。

3)对补充定额和单位计价表的使用应审查补充定额是否符合编制原则,单位计价表计算是否正确。

(4)审查其他有关费用。其他有关费用包括的内容各地不同,具体审查时应注意是否符合当地规定和定额的要求。

利润和税金的审查,重点应放在计取基础和费率是否符合当地有关部门的现行规定、有无多算或重算方面。

三、施工图预算审查的方法

(1)逐项审查法。逐项审查法又称全面审查法,即按定额顺序或施工顺序,对各分项工程中的工程细目逐项全面详细审查的一种方法。其优点是全面、细致,审查质量高、效果好。缺点是工作量大,时间较长。这种方法适合于一些工程量较小、工艺比较简单的工程。

(2)标准预算审查法。标准预算审查法就是对利用标准图纸或通用图纸施工的工程,先集中力量编制标准预算,以此为准来审查工程预算的一种方法。按标准设计图纸或通用图纸施工的工程,一般上部结构和做法相同,只是根据现场施工条件或地质情况不同,仅对基础部分做局部改变。凡这样的工程,以标准预算为准,对局部修改部分单独审查即可,不需逐一详细审查。该方法的优点是时间短、效果好、易定案。其缺点是适用范围小,仅适用于采用标准图纸的工程。

(3)分组计算审查法。分组计算审查法就是把预算中有关项目按类别划分若干组,利用同组中的一组数据审查分项工程量的一种方法。这种方法首先将若干分部分项工程按相邻且有一定内在联系的项目进行编组,利用同组分项工程间具有相同或相近计算基数的关系,审查一个分项工程数量,由此判断同组中其他几个分项工程的准确程度。该方法特点是审查速度快、工作量小。

(4)对比审查法。对比审查法是当工程条件相同时,用已完工程的预算或未完但已经过审查修正的工程预算对比审查拟建工程的同类工程预算的一种方法。

(5)"筛选"审查法。"筛选法"是能较快发现问题的一种方法。建筑工程虽面积和高度不同,但其各分部分项工程的单位建筑面积指标变化却不大。将这样的分部分项工程加以汇集、优选,找出其单位建筑面积工程量、单价、用工的基本数值,归纳为工程量、价格、用工三个单方基本指标,并注明基本指标的适用范围。这些基本指标用来筛分各分部分项工程,对不符合条件的应进行详细审查,若审查对象的预算标准与基本指标的标准不符,就应对其进行调整。"筛选法"的优点是简单易懂,便于掌握,审查速度快,便于发现问题。但问题出现的原因尚需继续审查。该方法适用于审查住宅工程或不具备全面审查条件的工程。

(6)重点审查法。重点审查法就是抓住工程预算中的重点进行审核的方法。审查的重点一般是工程量大或者造价较高的各种工程、补充定额、计取的各项费用(计取基础、取费标准)等。重点审查法的优点是突出重点、审查时间短、效果好。

四、施工图预算审查的步骤

(1)做好审查前的准备工作。

1)熟悉施工图纸。施工图纸是编制预算分项工程数量的重要依据,必须全面熟悉了解。一是核对所有的图纸,清点无误后,依次识读;二是参加技术交底,解决图纸中的疑难问题,直至完全掌握图纸。

2)了解预算包括的范围。根据预算编制说明,了解预算包括的工程内容。例如,配套设施、室外管线、道路以及会审图纸后的设计变更等。

3)弄清编制预算采用的单位工程估价表。任何单位估价表或预算定额都有一定的适用范围。根据工程性质,搜集熟悉相应的单价、定额资料,特别是市场材料单价和取费标准等。

(2)选择合适的审查方法,按相应内容审查。由于工程规模、繁简程度不同,施工企业情况也不同,所编工程预算繁简和质量也不同,因此需针对情况选择相应的审查方法进行审核。

(3)综合整理审查资料,编制调整预算。经过审查,如发现有差错,需要进行增加或核减的,经与编制单位逐项核实,统一意见后,修正原施工图预算,汇总核增减量。

第十一章 《全统装饰定额》*的应用与换算

第一节 《全统装饰定额》的应用

一、《全统装饰定额》的总说明

（一）《全统装饰定额》的主要内容

《全统装饰定额》内容包括：总说明，楼地面工程，墙、柱面工程，天棚工程，门窗工程，油漆、涂料、裱糊工程，其他工程，装饰装修脚手架及项目成品保护费，垂直运输及超高增加费等各章的说明，工程量计算规则，消耗量定额表以及附表、附录等。

（二）《全统装饰定额》的总说明有关规定

《全统装饰定额》的总说明主要说明了以下问题：

1. 定额性质

该定额是完成规定计量单位装饰装修分项工程所需的人工、材料、施工机械台班消耗量的计量标准。

2. 定额用途

可与《建设工程工程量清单计价规范》配合使用，是编制装饰装修工程单位估价表，招标控制价（标底）、施工图预算、确定工程造价的依据，是编制装饰装修工程概算定额（指标）、估算指标的基础；是编制企业定额、投标报价的参考。

3. 适用范围

该定额适用于新建、扩建和改建工程的装饰装修。

4. 定额依据

该定额依据国家有关现行产品标准、设计规范、施工质量验收规范、

---

* 《全统装饰定额》指由中华人民共和国建设部批准发布的《全国统一建筑装饰装修工程消耗量定额》，后同。

技术操作规程和安全操作规程编制,并参考了有关地区标准和有代表性的工程设计、施工资料和其他资料。

5. 定额前提条件

该定额是按照正常施工条件、目前多数企业具备的机械装备程度、施工中常用的施工方法、施工工艺和劳动组织,以及合理工期进行编制。

6. 定额人工、材料、机械台班消耗量的确定背景

(1)人工消耗量的确定。人工不分工种、技术等级,以综合工日表示。内容包括基本用工、辅助用工、超运距用工、人工幅度差。

(2)材料消耗量的确定。

1)采用的装饰装修材料、半成品、成品均按符合国家质量标准和相应设计要求的合格产品考虑;

2)定额中的材料消耗量包括施工中消耗的主要材料、辅助材料和零星材料等,并计算了相应的施工场内运输和施工操作的损耗;

3)用量很少、占材料费比重很小的零星材料合并为其他材料费,以材料费的百分比表示;

4)施工工具用具性消耗材料,未列出定额消耗量,在建筑安装工程费用定额中工具用具使用费内考虑;

5)主要材料、半成品、成品损耗率见《全统装饰定额》附录。

(3)机械台班消耗量的确定。

1)机械台班消耗量是按照正常合理的机械配备、机械施工工效测算确定的;

2)机械原值在2000元以内、使用年限在2年以内的、不构成固定资产的低值易耗的小型机械,未列入定额,作为工具用具在建筑安装工程费用定额中考虑。

7. 关于脚手架

该定额均已综合了搭拆3.6m以内简易脚手架用工及脚手架摊销材料,3.6m以上需搭设的装饰装修脚手架按定额第七章装饰装修脚手架工程相应子目执行。

8. 关于木材

该定额中木材不分板材与方材,均以××(指硬木、杉木或松木)锯材取定。即经过加工的称锯材,未经加工的称圆木。木种分类规定如下:

第一、二类:红松、水桐木、樟木松、白松(云杉、冷杉)、杉木、杨木、柳木、椴木。

第三、四类：青松、黄花松、秋子木、马尾松、东北榆木、柏木、苦楝木、梓木、黄菠萝、椿木、楠木、柚木、枥木(柞木)、檀木、荔木、麻栗木(麻栎、青刚)、桦木、荷木、水曲柳、华北榆木、榉木、橡木、枫木、核桃木、樱桃木。

9. 关于定额调整

该定额所采用的材料、半成品、成品的品种、规格型号与设计不符时，可按各章规定调整。如定额中以饰面夹板、实木(以锯材取定)、装饰线条表示的，其材质包括榉木、橡木、柚木、枫木、核桃木、樱桃木、桦木、水曲柳等；部分列有榉木或者橡木、枫木的项目，如实际使用的材质与取定的不符时，可以换算，但其消耗量不变。

10. 有关配套使用定额

该定额与《全国统一建筑工程基础定额》相同的项目，均以该定额项目为准，该定额未列项目(如找平层、垫层等)，则按《全国统一建筑工程基础定额》相应项目执行。卫生洁具、装饰灯具、给排水、电气等安装工程按《全国统一安装工程预算定额》相应项目执行。

该定额中的工作内容已说明了主要的施工工序，次要工序虽未说明，但均以包括在内。

定额中注有"××以内"或"××以下"，均包括××本身；"××以外"或"××以上"，均不包括××本身。

各章说明主要阐明各章定额子目的有关使用方法、定额换算及注意事项等。

各章工程量计算规则主要说明各章定额子目的工程量计算方法。

各章消耗量定额表列出了各定额子目完成规定计量单位工程量所需的综合人工工日数、各种材料消耗量、有关施工机械台班消耗量等。

二、《地区装饰装修工程预算定额》与《全统装饰定额》的关系

《全统装饰定额》列出了分部分项工程子目定额计量单位的人工、材料、机械台班的消耗量，但未列出综合人工工日单价，材料预算价格，机械台班单价。在编制预算时，再去收集综合人工工日单价、材料预算价格、机械台班单价，则比较麻烦。因此，各地可根据当地工日单价、各种材料单价、各种机械台班价格，结合定额中的人工、材料、机械台班的消耗量，计算得出定额各分项工程子目定额计量单位的定额子目单价，形成单位估价表，与定额子目的人工、材料、机械台班消耗量一起组成地区装饰装修工程预算定额表。《地区装饰装修工程预算定额》定额子目表格一般形式见表11-1。

表 11-1 　　《地区装饰装修工程预算定额》定额子目表格一般形式

定额编号		1-001	1-002	1-003
项　　目				
基价/元				
其中	人工费/元			
	材料费/元			
	机械费/元			

名　称	单　位	单　价	数　　量		
人工工日	工日				
材料1	kg				
材料2	m²				
材料3	m³				
…					
机械1	台班				
机械2	台班				
…					

《地区装饰装修工程预算定额》一般应包括总说明、各章说明、各分部分项工程子目预算定额表、附表及附录等。

三、《全统装饰定额》的应用方式

1. 直接套用定额

当施工图纸设计的装饰装修工程项目内容、材料、做法,与相应定额子目所规定的项目内容完全相同时,则该项目就按定额规定,直接套用定额,确定综合人工工日、材料消耗量和机械台班数量。

2. 按定额规定项目执行

施工图纸设计的某些工程项目内容,定额中没有列出相应或相近子目名称,这种情况往往定额有所交代,应按定额规定的子目执行。比如,铝合金门窗制作、安装项目,不分现场或施工企业附属加工厂制作,均执行全国统一消耗量定额;在暖气罩分项工程中,规定半凹半凸式暖气罩按明式定额子目执行。

3. 定额换算

若施工图纸设计的工程项目内容(包括构造、材料、做法等)与定额相应子目规定内容不完全符合时,如果定额允许换算或调整,则应在规定范围内进行换算或调整后,确定项目综合工日、材料消耗、机械台班用量。

4. 套用补充定额

施工图纸中某些设计项目内容完全与定额不符,即设计采用了新结构、新材料、新工艺等,定额子目还未列入相应子目,也无类似定额子目可供套用。在这种情况下,应编制补充定额,经建设方认同,或报请工程造价管理部门审批后执行。

5. 定额的交叉使用

(1)装饰装修工程中需做卫生洁具、装饰灯具、给排水及电气管道等安装工程,均按《全国统一安装工程预算定额》的有关项目执行。

(2)2002年消耗量定额与《全国统一建筑工程基础定额》相同的项目,均以2002年消耗量定额为准;消耗量定额中未列项目(如找平层、垫层等),则按《全国统一建筑工程基础定额》相应项目执行。

第二节 《全统装饰定额》的调整与换算

一、定额调整与换算的条件和基本公式

1. 定额换算的条件

定额的换算或调整是指使用装饰预算定额中规定的内容和设计图纸要求和内容取得一致的过程,在换算或调整时需同时满足两个条件:

(1)定额子目规定内容与工程项目内容部分不相符,而不是完全不相符,这是能否换算的第一个条件。

(2)第二个条件是定额规定允许换算。

定额换算的实质就是按定额规定的换算范围、内容和方法,对某些项目的工程材料含量及其人工、机械台班等有关内容所进行的调整工作。

定额是否允许换算应按定额说明,这些说明主要包括在定额"总说明"、各分部工程(章)的"说明"及各分项工程定额表的"附注"中,此外,还有定额管理部门关于定额应用问题的解释。

2. 定额换算的基本公式

定额换算就是以工程项目内容为准,将与该项目相近的原定额子目

规定的内容进行调整或换算,即把原定额子目中有而工程项目不要的那部分内容去掉,并把工程项目中要求而原子目中没有的内容加进去,这样就使原定额子目变换成完全与工程项目一致,再套用换算后的定额项目,求得项目的人工、材料、机械台班消耗量。

上述换算的基本思路可用数学表达式描述如下:

换算后消耗量＝定额消耗量－应换出数量＋应换入数量。

二、定额调整与换算的规定

1. 楼地面工程定额换算规定

楼梯踢脚线按相应定额乘以 1.15 系数。

2. 墙柱面工程定额换算规定

(1)凡定额注明的砂浆种类、配合比、饰面材料及型材的型号规格与设计不同时,可按设计要求调整,但人工和机械含量不变。

(2)抹灰砂浆厚度,如设计砂浆厚度与定额取定不同时,除定额有注明厚度的项目可以换算外,其他一律不作调整。

(3)女儿墙(包括泛水、挑砖)、阳台栏板(不扣除花格所占孔洞面积)内侧抹灰,按垂直投影面积乘以系数 1.10,带压顶者乘系数 1.30,按墙面定额执行。

(4)圆弧形、锯齿形、复杂不规则的墙面抹灰或镶贴块料面层,按相应子目人工乘以系数 1.15,材料乘以系数 1.05。

(5)离缝镶贴面砖的定额子目,其面砖消耗量分别按缝宽 5mm、10mm 和 20mm 考虑,如灰缝不同或灰缝超过 20mm 以上者,其块料及灰缝材料(水泥砂浆 1:1)用量允许调整,其他不变。

(6)木龙骨基层定额是按双向计算的,如设计为单向时,材料、人工用量乘以系数 0.55。

(7)墙、柱面工程定额中,木材种类除注明者外,均以一、二类木种为准,如采用三、四类木种时,人工及机械乘以系数 1.30。

(8)玻璃幕墙设计有平开、推拉窗者,仍执行幕墙定额,但窗型材、窗五金相应增加,其他不变。

(9)弧形幕墙,人工乘 1.10 系数,材料弯弧费另行计算。

(10)隔墙(间壁)、隔断(护壁)、幕墙等,定额中龙骨间距、规格如与设计不同时,定额用量允许调整。

(11)除定额已列有柱帽、柱墩的项目外,其他项目的柱帽、柱墩工程量按设计图示尺寸以展开面积计算,并入相应柱面积内,每个柱帽或柱墩另增人工:抹灰 0.25 工日,块料 0.38 工日,饰面 0.5 工日。

3. 天棚工程定额换算

(1)天棚的种类、间距、规格和基层、面层材料的型号、规格是按常用材料和常用做法考虑的,如设计要求不同时,材料可以调整,但人工、机械不变。

(2)天棚分平面天棚和跌级天棚,跌级天棚面层人工乘系数 1.10。

(3)天棚轻钢龙骨、铝合金龙骨定额是按双层编制的,如设计为单层结构时(大、中龙骨底面在同一平面上),套用定额时,人工乘 0.85 系数。

(4)板式楼梯底面的装饰工程量按水平投影面积乘以 0.15 系数计算,梁式楼梯底面积按展开面积计算。

4. 门窗工程量定额换算

(1)铝合金地弹门制作型材(框料)按 101.6mm×44.5mm、厚 1.5mm 方管制定,单扇平开门、双扇平开窗按 38 系列制定,推拉窗按 90 系列(厚 1.5mm)制定。如实际采用的型材断面及厚度与定额取定规格不符者,可按图示尺寸长度乘以线密度加 6% 的施工损耗计算型材重量。

(2)电动伸缩门含量不同时,其伸缩门及钢轨允许换算。

(3)定额中,窗帘盒展开宽度 430mm,宽度不同时,材料用量允许调整。

(4)无框全玻门项目、门夹、地弹簧、门拉手设计用量与定额不同时允许调整。

(5)门窗套项目采用夹板代替木筋者,扣减定额枋木锯材用量,增加夹板用量(损耗 5%)。

5. 油漆、涂料、裱糊工程定额换算

(1)油漆、涂料定额中规定的喷、涂、刷的遍数如与设计不同时,可按每增加一遍相应定额子目执行。

(2)定额中的单层木门刷油是按双面刷油考虑的,如采用单面刷油,其定额含量乘以 0.49 系数计算。

(3)油漆、涂料工程,定额已综合了同一平面上的分色及门窗内外分色所需的工料,如需做美术、艺术图案者,可另行计算,其余工料含量均不得调整。

(4)木楼梯(不包括底面)油漆,按水平投影面积乘以 2.3 系数,执行木地板相应子目。

6. 其他工程定额换算

(1)在其他分部工程中,定额项目在实际施工中使用的材料品种、规格与定额取定不同时,可以换算,但人工、机械含量不变。

(2)装饰线条以墙面上直线安装为准,如天棚安装直线形、圆弧形或其他图案者,按以下规定计算:

1)天棚面安装直线装饰线条,人工乘以 1.34 系数;

2)天棚面安装圆弧装饰线条,人工乘以 1.6 系数,材料乘 1.10 系数;

3)墙面安装圆弧装饰线条,人工乘以 1.2 系数,材料乘 1.10 系数;

4)装饰线条做艺术图案者,人工乘以 1.8 系数,材料乘 1.10 系数;

(3)墙面拆除按单面考虑,如拆除双面装饰板,定额基价乘以系数 1.20。

7. 装饰装修脚手架及项目成品保护费项目定额换算

(1)室内凡计算了满堂脚手架者,其内墙面粉饰不再计算粉饰脚手架,只按每 100m² 墙面垂直投影面积增加改架工 1.28 工日。

(2)利用主体外脚手架改变其步高作外墙装饰架时,每 100m² 墙面垂直投影面积增加改架工 1.28 工日。

第十二章 装饰装修工程招标与投标

第一节 概 述

改革开放以来,随着人们物质生活水平的不断提高,人们对其工作、生活及娱乐的环境有了更高的要求,普通装饰已远远不能满足人们的需要。尤其是一些宾馆、饭店、商场以及文化娱乐场所等的内外装饰标准要求更高,而一般建筑工程施工单位很难达到业主(建设单位)的要求,在这种形势下,专门从事高级室内外装饰装修工程的施工企业应运而生。目前,装饰装修工程已发展成为一个独立的新型行业。但是,尽管装饰装修工程作为一个独立的跨行业、跨部门的行业而独立于建筑安装工程之外,但其任务的承揽仍采用招标投标的方式,即也将投标竞争机制引入到装饰装修工程任务的发包与承包中。

装饰装修工程投标报价和其他建筑工程投标报价一样,是我国建筑工程招标投标制度的重要组成部分。在建筑市场中,招标方(业主、建设单位)通过招标选定施工承包单位,投标方(承包商、施工单位)通过投标承揽工程任务,从而使工程项目这个商品在市场经济中通过有序的招标、投标形式达到等价交换的目的。建筑工程采用招标投标制是国际上通用的做法。

装饰装修工程招标与投标的程度和其他建筑工程基本相同:招标→投标→开标→评标定标→签订承包合同。

一、装饰装修工程招标

1. 招标概念

装饰装修工程招标是指招标单位对拟进行的装饰装修工程由自己或所委托的咨询公司或代理部门等,编制招标文件,按规定程序组织有关装饰公司投标,择优选定承包单位(或承包商)的一系列工作的总称。

2. 招标形式

(1)全过程招标。装饰装修工程全过程招标就是对该工程从装饰装修工程设计开始,包括材料供应直到装饰装修工程施工等实行全面招标。

全过程招标往往要求投标单位的技术力量较强和较全面,因为它不仅要求投标单位具有装饰装修工程施工的能力,而且要求其具有较高的装饰装修工程设计水平。采用这种承包方式限制了那些仅仅承担装饰装修工程设计或装饰装修工程施工的单位。为了得到工程项目,这些单位可以联合起来进行投标,但一般规定,必须明确其中一家为总包单位来组织投标与承包,并且承担相应的风险及法律责任。

(2)装饰装修工程设计招标。装饰装修工程设计招标是指对装饰装修工程设计任务进行招标。它要求投标单位对给定的工程项目根据其装饰内容进行设计,从中选定设计美观大方、装饰材料能够得到、造价合理的投标者承包。

(3)装饰装修工程施工招标。装饰装修工程施工招标是指将装饰装修工程任务发包给装饰装修工程公司进行施工的招标。装饰装修工程施工招标的任务及其范围可根据需装饰的内容及其要求而变化,招标的范围也不同。有些项目只进行部分装饰内容招标,如某些宾馆只对其门厅及大厅进行装饰装修工程施工招标,而客房等用土建施工单位进行施工即可。另外,有些装饰项目是包工包料,而有些装饰项目是只包工不包料。因此,在装饰装修工程项目招标及投标中,招标单位应明确规定其招标内容及其范围,招标单位也应认真注意此项。

二、装饰装修工程招标的方式

当装饰装修工程招标的内容及其范围确定之后,即可编制招标文件进行招标。具体的招标方式有公开招标与邀请招标或议标。

1. 公开招标

业主利用各种新闻媒体发布招标广告,使得所有感兴趣的承包商都有一个平等竞争的机会,业主也有较大的选择余地,有利于降低工程造价。但由于参加竞争的承包商可能很多,业主要加强对承包商的资格预审,认真评标。其特点是招标单位有充分的选择余地,它能执行一个完整的招标程序。但这种方式比较费时,且花费也较大。

2. 邀请招标

邀请招标,即招标单位通过信函等形式向有一定知名度、具有承担能力的若干家装饰装修工程承包单位或承包商发出邀请投标通知,用投标或议标协商方式确定中标单位的方法。这种方式的特点是招标单位对投标单位比较熟悉,具有一定的信任度。承包合同签订后在施工中发生争议的问题较少,另外其招标费用及时间耗费也较小。目前这种招标方式应用的比较多。

3. 议标

议标(又称指定性招标或非竞争性招标)。业主直接邀请或指定一个承包商,最多不超过两个承包商对招标工程协商谈判。这种方式适用于工程造价较低、工期紧、专业性强或保密性要求高的工程,可以节省时间,迅速达成协议,但无法获得有竞争力的报价。

三、装饰装修工程招标的特点

随着我国改革开放的不断深入,装饰装修工程作为一个独立的行业不断发展和成熟起来,但其历史毕竟还是很短,尤其将招标这种机制引入到装饰装修工程和任务承发包中的时间更短,因此,在其招标投标中确实还存在着一些亟待解决的问题,同时也体现了装饰装修工程本身所具有的一些特点。具体表现为以下几点:

(1)装饰装修工程招标与投标中采用邀请招标或议标的比较多。采用议标的招标方式有其有利的一面,即双方比较熟悉,互相信任,但也有其不足,主要是具有一定的局限性,限制了一些新成立的装饰公司的承包中标机会,也使得一些熟悉的“老牌”装饰公司只靠关系承揽施工任务而不注重其经营管理水平的提高,招标单位也由此漏过造价较低的标。

(2)装饰装修工程招标投标的管理难度较大。装饰装修工程作为一个独立的新兴行业的时间较短,随着装饰装修工程市场的不断扩大,各部门、各行业都成立装饰公司,这样其隶属关系呈现多样化特点,由此就产生了其管理的复杂化、多头化,造成了其招标投标的管理难度大,甚至很难统一管理。

(3)装饰装修工程报价变化大。为了适应装饰装修工程预算的需要,各省、市都编制了相应的预算定额,这也为编制装饰装修工程报价书或标底提供了一定的依据,但由于在投标报价阶段其图纸达到预算所需的精度,而相应的概算、估算指标还没有制定出来,所以只能根据预算定额进行综合确定,其报价的准确程度就要受到影响。另外各装饰公司根据各自积累的资料制定了本单位的综合定额,依此编制的报价也将是相差较大。再者,由于装饰材料的发展日新月异,定额不可能将各种新材料的价格及时收集进去,况且各装饰公司所采购材料的渠道不同,即使用同一材料,其价差也较大。

四、装饰装修工程招标投标制

招标投标是国际上长期通用的建筑工程承发包方式,与合同制、监理制等一起成为工程建设的国际惯例。在我国社会主义市场经济条件下,招标投标活动是双方当事人依法坚持公平、等价、有偿、讲求信用原则的经济活动,是在政府的管理和监督下,使招标投标双方进入建筑市场进行公平交易、平等竞争、合理进行的一项重要工作。

由于我国的经济制度基础是生产资料公有制,整个经济体制正处于向完善社会主义市场经济体制过渡的时期。因此,我国的招标投标制与世界其他国家相比,具有以下特点:

(1)具有中国特色的招标范围和管理机构。世界上许多国家一般都规定政府、国营机构投资的工程必须招标。我国政府工程、公有制企业的工程也不例外,实行强制招标。私人工程、外商投资工程等则由业主自行决定发包方式。我国政府大力提倡属于竞争性招标性质的公开招标和邀请招标,严格限制让标。

(2)全国性法规和地方性法规互为补充的招标投标法规体系。《中华人民共和国建筑法》已在1998年3月开始执行,为建筑工程招标投标提供了法律依据。1992年建设部颁布的《工程建设施工招标投标管理办法》以及1997年修订发布的《建筑工程招标投标示范文本》对招标投标做出了原则性的规定。全国大部分省、市、自治区也颁布了《建筑市场管理条例》,将招标投标列入为建筑市场管理条例中的重要内容。此外,不少省、市、自治区也发布了招标投标的地方性法规和规章,从而逐步形成了以"建筑法"为龙头、条例为基础、部门规章和规范性文件为补充的完整法律法规体系,并以法律法规为准绳,依法约束招标投标程序、方法及市场各主体行为,依法监督招标投标活动,减少和杜绝行政权力机关的不正当干预及组织者、管理者的随意性,实现招标投标的公开、公平、公正宗旨。

(3)以招标控制价(标底)为中心的投标报价体系。招标控制价(标底)是业主对招标工程的施工造价确定出的一个费用标准,作为衡量、评审承包商送交的投标报价的尺度以及择优选择承包商的依据。

设立招标控制价(标底)是结合我国目前建筑市场发展状况和国情而采取的做法。招标控制价(标底)的上下有一个浮动范围,投标报价在其浮动范围内为有效,超出浮动范围的投标报价为无效。采取这些措施的目的是为了防止盲目压价,保护招标投标双方的合法权益,保证工程质量。

(4)以百分制为主体的评标定标方法。百分制评标方法是设立造价、质量、工期、信誉等若干指标,赋予每项指标一定的分值,逐项打分,得分最高者中标。百分制评标法最大的优点是量化,减少人为因素的干扰。

评标主要由业主和评标专家完成。评标专家由技术、经济专家组成,在评标前一天从评标专家网里随机抽取。评标专家必须公平、公正地进行评标,否则将取消评标资格。

(5)工程交易中心和招标投标代理咨询机构的逐步建立和发展。从1995年起,我国在一些大中城市陆续建立起管理招标投标市场的工程交易中心,从而形成建筑工程招标投标市场,是建筑市场的重要组成部分。

工程交易中心的主要功能有服务功能、管理功能、中介功能、协调功能。工程交易中心的建立遵循统一、开放、竞争、有序的原则,加大市场经济的比重,增加透明度和竞争性,减少行政指令和议标工程过多现象的出现,体现市场关系的平等竞争,简化办事程序,避免不正之风。

招标投标是一种复杂的竞争性贸易方式,是一种严肃的法律行为。因此,发展招标投标代理咨询机构如工程咨询公司、招标投标代理公司、工程造价测量公司、专业法律事务所等有利于规范市场交易行为,提高招标投标的质量。

五、招标投标应具备的条件

采用招标方法,择优选用承包商的工程,必须依照"建筑法"及其他有关的法规和文件,对业主、承包商的资质进行严格审查,以确保科学、合理地组织项目招标和施工工作。

1. 工程施工招标的条件

(1)经国家或地区批准的工程建设计划。

(2)设计文件,主要指施工图以及相应的施工图(概)预算书已批准。

(3)工程资金、材料、设备均已落实,能保证工程在预期的工期内连续施工。

(4)施工前期工作已完成或落实,对于装饰装修工程来源的土建、水、暖、电的施工已基本完成。

(5)招标工程招标控制价(标底)已编制完成。

2. 业主应具备的条件

(1)必须是法人或依法人成立的其他组织。

(2)具备与工程规模相适应的基建管理人员和经济技术管理人员。

(3)具备对承包商进行资格评审的能力。

(4)有组织编制招标文件的能力。

(5)有组织开标、评标、定标的能力。

不具备上述资格和能力的建设单位,应强制其委托有法人资格并经资质审核领取等级证书和营业执照的招标投标代理咨询机构代理其招标。

3. 承包商应具备的条件

(1)必须持有营业执照,具备法人资格。

(2)具备经评审获取的技术等级证,并在技术等级标准规定的范围内从事施工活动,不得越级承担任务。

(3)跨地区承包任务时,必须有省(市)有关部门的担保,或所在地区地市以上建委的批准书,并在施工地区注册取得临时施工执照。

第二节　装饰装修工程投标报价

一、投标的概念

装饰装修工程中的投标是指承包商根据业主的招标条件和要求,结合企业自身的承包能力,以投标报价的形式争取获得承包工程项目的过程。

装饰装修工程投标是装饰装修工程承包单位或承包商在通过资格预审以后,购买招标文件,据以编制并报送标函,通过竞争承担装饰装修工程设计、施工等任务的一系列工作的总称。

装饰装修工程投标的实质就是争夺装饰装修工程的承包权。根据平等参与竞争的原则,凡具有营业执照,经过资格认证的装饰装修工程承包单位或承包商均可以参加投标。装饰装修工程的招标与投标应是法人之间的经济活动,应接受有关法律的保证和监督,不应受地区和部门的限制。

1. 投标报价的含义

装饰装修工程投标报价是装饰装修工程投标工作的重要环节。投标报价是指承包商根据业主招标文件的要求和所提供的装饰装修工程施工图纸,依据相关概(预)算定额(或单位估价表)和有关费率标准,结合本企业自身的技术和管理水平,向业主提出的投标价格。

投标报价是承包商对工程项目的自主定价,体现了企业的自主定价权。承包商可以根据企业的实际状况和掌握的市场信息,充分利用自身的优势,确定出能与其他对手竞争的工程报价。

我国施工工程的投标价格是建筑产品价格的市场成交价格形式。从现行体制看,它属于浮动价格体制。对于同一工程,不同的承包商或同一个承包商在不同的情况下,对工程施工成本、企业的盈利以及风险进行具体测算后,考虑企业情况并结合市场变化,可以作出不同的报价。

2. 投标报价的依据

报价是进行装饰装修工程投标的核心,在中标概率中占有举足轻重的地位。业主把承包商的报价作为主要标准来选择中标者。所以要编制出合理的、竞争力强的报价,除必须具备广博的知识和丰富的经验,掌握国内外大量的有关技术经济资料之外,还必须依据下列条件:

(1)招标文件。招标文件是编制投标报价的主要依据之一。其内容主要包括装饰装修工程综合说明、技术质量要求、工期要求、装饰装修工程及材料的特殊要求、工程价款与结算、附图附表内容、招标有关事项说明及其他有关要求等。

(2)装饰装修工程施工图纸和说明书。这些资料表明了工程结构、内容、有关尺寸和设备名称、规格、数量等。它们是计算或复核工程量、编制报价的重要依据。

(3)装饰装修工程(概)预算定额或单位估价表及新材料、新产品的补充预算价格表。它规定了分项工程的划分和使用定额的方法,还规定了工程量计算规则。

(4)装饰装修工程取费规定。它包括各项取费标准,政府部门下达的其他费用文件。

(5)装饰装修工程的施工方案及做法。它规定了工程的施工方法、主要施工技术、组织措施、保证质量与安全的方法等。这些资料对于正确计算工程量、选套有关定额、计取各种费用等有着重要的关系。

(6)收集和积累的既往类似工程(概)预算、工程造价和工程技术经济资料。注意平时积累企业参加投标的资料和其他企业的相关资料,认真整理、总结经验和教训,发现一些具有普遍指导意义的规律性东西,为投标报价提供重要的参考依据。

二、投标报价的原则

1. 报价要以国家的政策法规和有关规定为依据

要编制比较准确的投标报价,就要结合企业的优势和特点,认真计算工程量,执行有关定额和计费标准,在国家政策规定的范围内进行报价的编制。

2. 研究招标文件中双方的经济责任

主要研究分析弄清招标文件中双方的经济责任,特别是对暂设工程、材料供应及有争议之处更应弄清,对工期要求和质量标准应予重视和充分掌握。如果某些条件是承包商不具备或不能达到的,就不必盲目投标。

3. 报价要针对性强,计算简明

增强报价的准确性,提高中标率和经济效益,必须抓住主要问题,根据企业的自身情况、装饰装修工程的特殊要求、竞争环境和对手特点,决定报价的决策和要采取的策略。报价计算要根据承包方式做到"细算粗报"。如固定总价承包(即所确定的工程总造价不变的承包方式)应考虑工程直接费和间接费及其他费用的调整和一定的保险系数,如为单价承包(即工程项目的各分项工程单价不变,工程总造价根据实际完成的工程量乘以各分项工程单价来确定的承包方式),则工程量只需大致估算,而各分项工程单价则要仔细计算,分析确定。

4. 以现行的(概)预算编制方法为基础全面考虑

装饰装修工程的投标报价与装饰装修工程的(概)预算不同,前者是后者的调查,后者是前者的基础。按照(概)预算方法确定各种费用得出的价格,只能作为承包商报价的基础标价,而不是实际的投标报价。投标报价应在掌握(概)预算的编制方法基础上,充分考虑和计算将来实际中可能出现的一切费用以及企业的各种情况。

5. 报价要反映企业的管理水平和经营水平

报价必须建立在企业的自我成本的测算基础上,按照企业自行制定的符合企业实际情况的企业定额来调整或计算。企业定额要确保在投标上获得有竞争力的价格优势,就必须反映企业自身的技术和管理及经营水平,具有切实性和先进性。

三、投标报价班子的组成

承包商通过业主的资格预审购买到全套招标文件之后,即应根据工程大小、要求组成一个经验丰富、决策有力的报价班子,实际全面规划,有步骤地开展投标报价活动。

投标报价是一项涉及诸多因素的综合性工作。因此,报价班子应由以下人员构成。

(1)具有丰富和装饰装修工程经验、熟悉施工和工程估价的工程师。

(2)具有丰富经验的装饰装修工程设计工程师。

（3）熟悉各类招标文件和各种合同条件（即合同条款）、对招标投标过程有一定经验的法律专业人员。

（4）精通业务的经济师。

（5）熟悉物质供应的人员。

（6）其他有关人员。

投标报价班子平时应广泛收集市场情报和信息，研究与报价相关的定额数据，采用现代化的计算手段和方法。

第三节　装饰装修工程招标与投标程序

一、招标投标范围

凡是新建、扩建工程和对原有房屋等建筑物进行装饰装修的工程，均应实行招标与投标。这里所称装饰装修是指建筑物、构筑物内、外空间为达到一定的环境质量要求，使用装饰材料，对建筑物、构筑物的外部和内部进行装饰处理的工程建设活动。

二、招标投标阶段

一般装饰装修工程的招标投标分为装饰装修方案招标投标和装饰装修招标投标两个阶段；简易和小型装修工程可根据招标人的需要，直接进行装饰装修施工招标和投标。

三、招标与投标程序

1. 招标程序

装饰装修工程招标程序根据其工程内容的不同而有所变化，本节主要以装饰装修工程施工招标为主介绍其招标程序。实行装饰装修工程施工招标必须符合一定的条件，具体地说主要包括以下几点：装饰装修工程项目已经经主管部门批准，并具备或筹集到所需资金；有经过审核批准的装饰装修工程设计图纸及概（预）算文件；已做好装饰装修工程施工前期的准备工作；装饰装修工程所需材料及设备的加工订货已基本落实等。

当上述装饰装修工程的招标基本条件落实后，即可进行招标，其程序如图 12-1 所示。

（1）编制招标文件和制定评标及定标办法。具备施工招标条件的工程项目，由建设单位向主管部门提出招标申请，经审查批准后即应准备招标文件。

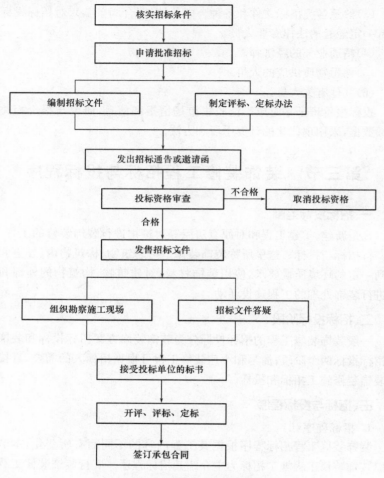

图 12-1 装饰装修工程招标程序

招标文件一般由建设单位自行准备,也可委托有关咨询公司代办。招标文件是投标单位编制标书的主要依据。

评标是对投标单位所送的投标资料进行审查、评比和分析的过程,是整个招标投标工作中的重要一环。所以,为了使评标贯彻公正、平等、经济合理和技术先进的原则,在准备招标文件时就应制定相应的评标、定标办法。

(2)发出招标公告或招标通知书。类似建设工程招标方式,装饰装修工程招标也采取公开招标、邀请招标及指定招标等方式,根据其采用的招标方式不同,可采取通过报刊、广播、电视等公开发表招标广告或直接向有承担能力的装饰公司发招标邀请等。目前采用较为普遍的是除非特别约定装饰单位施工外,一般由承担土建施工的单位直属的装饰公司来承担装饰施工任务的方式,实际上是一种邀请招标方式。

(3)审查投标单位资格。对投标单位资格审查的目的是为了使装饰装修工程能够按建设单位的要求顺利进行,它是招标单位的正当权利。审查条件要按有关主管部门的规定或由招标单位事先确定,以保证参加投标单位具有承包能力。审查资格的主要内容有:施工单位的信誉,着重考虑该单位过去承建工程中执行合同情况,进行社会信誉调查;具体承包该工程的施工队伍素质;过去承包过类似工程的情况调查等。

(4)向审查合格的投标单位分发或出售招标文件及其附件。经审查合格的装饰装修工程公司应在规定的时间内向招标单位购买招标文件及其附件。如有变动,招标单位应及时将变动情况通告投标单位。

(5)组织投标单位勘察施工现场和解答招标文件中的疑问。在此阶段也有可能减少误差。一般应由招标单位召开各投标单位、设计单位及主管部门参加的招标会议,介绍工作情况,明确招标的有关内容,对招标文件进行必要的补充修正,并明确规定各投标单位送标的时间、地点、方式、内容要求和印鉴等。

(6)按约定的时间、地点和方式接受标书。

(7)开标、定标及发出中标通知书。在招标领导小组的主持下,招标主管部门、投标单位及建设银行等部门参加,当众公开标底、启封标书(如有),宣布各投标单位的标价、工期、质量和主要技术组织措施。然后选前三四家或更多家进行评议。通过综合分析择优选择中标单位,发出中标通知书。

(8)招标单位与中标单位签订工程承包合同。中标单位接到中标通知书后,在规定的时间内与招标单位签订工程承包合同。

2. 投标程序

投标程序大致可以划分为三个阶段:

(1)第一阶段主要是进行参加投标的准备工作,包括获取招标信息,办理业主对承包商的资格预审,购买译读招标文件等。

(2)第二阶段主要是研究如何投标成功,包括组织投标班子,分析招标文件,调查投标环境,选择咨询单位,核算工程量,研究竞争环境和对手。

(3)第三阶段主要是编制投标文书,包括制定施工规划,编制投标文件,然后是投送标书。

装饰装修工程投标。具体投标程序如图 12-2 所示。其具体步骤为:

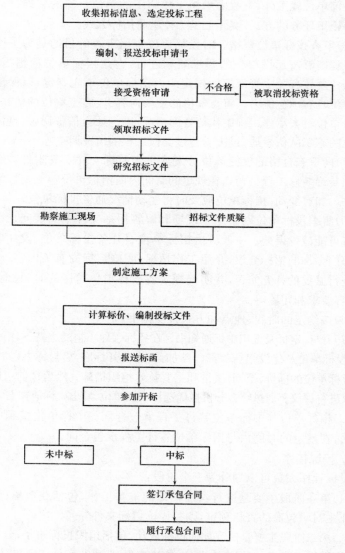

图 12-2 装饰装修工程投标程序

（1）根据招标公告等要求编制投标申请书。当看到招标公告或接到招标通知书时，建筑装饰施工单位的投标机构应对其进行综合分析研究。通过研究认为该工程值得投标，并具有一定的中标可能性时即编制投标申请书，并提出投标方案，安排投标工作程序。

（2）按招标单位规定的日期和地点报送投标申请书并核准登记。投标单位必须严格按照招标单位规定的日期和地点报送投标申请书，以便及早开展标前准备工作。

（3）接受招标单位对本企业的投标资格审查。当企业确定参加投标时，应提交资格预审资料，接受招标单位对本企业的投标资格审查。预审资料一般包括：经批准的营业执照和证明文件；企业参加投标的代理人资格证书；企业人力、物力、财力状况表；企业过去承担工程中执行合同情况；企业对类似装饰装修工程的施工经验等。

（4）研究招标文件，做好投标的各项准备工作。招标文件是投标单位进行投标报价的主要依据。要认真研究招标文件的内容和要求，研究合同主要条款，熟悉投标单位须知等。勘察施工现场，在研究招标文件的基础上制定施工方案。

（5）计算标价，编制投标文件。核实、计算工程量，进行报价计算、分析、决策，最后按招标文件的要求编制投标文件。

（6）报送标函、参加开标。标函经单位法人代表盖章并密封后，在规定的时间内报送招标单位，并在规定的时间、地点参加开标，如中标，则在规定的时间内与招标单位签订工程承包合同；未中标，则总结经验。

四、开标、评标和决标

1. 开标

开标是在招标人主持下，按照招标文件规定的日期、地点向到会的各投标人和邀请参加的有关人员，当众启封投标书并予宣读，同时宣布标底。开标时邀请当地公证部门的代表到会公证。

2. 评标

评标是在开标以后，由专门的评标机构对各投标人报价、工期、施工方案、保证质量措施、社会信誉和优惠条件进行综合评议。它通常以报价、工期、施工质量水平等三项为主要指标，其中报价一项又占重要地位。

评议应力求定性与定量分析相结合，公证无私地择优选标。

3. 决标

决标是根据评标评议的结果，决定中标人，也称定标。一经决标，招标人应立即发出中标通知,向落标人退回投标保证金及证书;并将评标、决标的情况报告向有关上级主管部门报送、备案。

第四节　招标与投标文件

一、招标文件

(一)招标文件内容

当招标申请批准后,招标单位就要准备招标文件。装饰装修工程招标文件是招标单位或其委托的咨询公司编制的进行工程招标的纲领性、实施性文件,是各投标单位进行投标的主要依据。招标文件主要有以下内容:

(1)装饰装修工程招标的综合说明。它包括:招标工程的名称、地址、装饰装修工程范围、项目;招标方式和现场条件;对投标单位的资质要求等。

(2)施工图纸及说明书。

(3)合同主要条款。它包括:承包范围及方式;工期、质量要求,技术要求;材料、设备供应方式;工程价款结算办法等。

(4)对装饰装修工程和装饰材料的特殊要求。

(5)投标须知。它包括:解释招标文件和勘察现场的日期;投送标书的起止时间、地址;开标日期、地址。

另外,有些招标文件还列出工程量清单,作为投标单位计算报价和招标单位评价的依据。

(二)标底

1. 标底编制原则

标底的确定,除要以装饰装修工程概(预)算造价为依据外,还应考虑因满足装饰装修工程特殊要求所需的措施费、材料调价发生的费用,以及不可预见费等。因此,标底的确定一般应按照以下要求进行:

(1)应控制在概算或修正概算以内。

(2)要体现装饰装修工程的合理价格,并考虑工期、质量标准因素。

(3)既要努力降低造价,又要考虑投标企业基本合理的经济利益,调动双方的积极性。

2. 标底的确定

标底是由建设单位或委托招标代理单位编制的,标底用以作为审核投标报价的依据和评标、定标的尺度。

标底的计算应以设计图纸、当地现行的装饰装修工程概（预）算定额或地区单位估价表等资料为依据。制定标底是招标工作的关键环节。标底是由招标单位或其委托的工程咨询公司等根据设计图纸和有关的装饰装修工程概（预）算定额、取费率标准等计算出的拟招标工程的造价估算，并经当地建设主管部门和建设银行复核。标底的制定要求在招标文件发出之前完成。标底是进行招标和审标工作的主要依据之一，在开标前要严格保密，如有泄露，对责任者要严格处理，直至给以经济、法律制裁。

（三）招标控制价编制

1. 一般规定

招标控制价是招标人根据国家或省级、行业建设主管部门颁发的有关计价依据和办法，按设计施工图纸计算的，对招标工程限定的最高工程造价。国有资金投资的工程建设项目必须实行工程量清单招标，并必须编制招标控制价。

（1）招标控制价的作用

1）我国对国有资金投资项目的投资控制实行的是投资概算审批制度，国有资金投资的工程原则上不能超过批准的投资概算。因此，在工程招标发包时，当编制的招标控制价超过批准的概算，招标人应当将其报原概算审批部门重新审核。

2）国有资金投资的工程进行招标，根据《中华人民共和国招标投标法》的规定，招标人可以设标底。当招标人不设标底时，为有利于客观、合理的评审投标报价和避免哄抬标价，造成国有资产流失，招标人必须编制招标控制价。

3）国有资金投资的工程，招标人编制并公布的招标控制价相当于招标人的采购预算，同时要求其不能超过批准的概算，因此，招标控制价是招标人在工程招标时能接受投标人报价的最高限价。

（2）招标控制价的编制人员

招标控制价应由具有编制能力的招标人编制，当招标人不具有编制招标控制价的能力时，可委托具有相应资质的工程造价咨询人编制。工程造价咨询人接受招标人委托编制招标控制价，不得再就同一工程接受投标人委托编制投标报价。

所谓具有相应工程造价咨询资质的工程造价咨询人是指根据《工程

造价咨询企业管理办法》(建设部令第 149 号)的规定,依法取得工程造价
咨询企业资质,并在其资质许可的范围内接受招标人的委托,编制招标控
制价的工程造价咨询企业。即取得甲级工程造价咨询资质的咨询人可承
担各类建设项目的招标控制价编制,取得乙级(包括乙级暂定)工程造价
咨询资质的咨询人,则只能承担 5000 万元以下的招标控制价的编制。

(3)其他规定

1)招标控制价的作用决定了招标控制价不同于标底,无须保密。为
体现招标的公平、公正,防止招标人有意抬高或压低工程造价,招标人应
在招标文件中如实公布招标控制价,不得对所编制的招标控制价进行上
浮或下调。招标人在招标文件中公布招标控制价时,应公布招标控制价
各组成部分的详细内容,不得只公布招标控制价总价。

2)招标人应将招标控制价及有关资料报送工程所在地或有该工程管
辖权的行业管理部门工程造价管理机构备查。

2. 招标控制价编制与复核

(1)招标控制价编制依据

招标控制价的编制应根据下列依据进行:

1)《计价规范》;

2)国家或省级、行业建设主管部门颁发的计价定额和计价办法;

3)建设工程设计文件及相关资料;

4)拟定的招标文件及招标工程量清单;

5)与建设项目相关的标准、规范、技术资料;

6)施工现场情况、工程特点及常规施工方案;

7)工程造价管理机构发布的工程造价信息,当工程造价信息没有发
布时,参照市场价;

8)其他的相关资料。

按上述依据进行招标控制价编制,应注意以下事项:

1)使用的计价标准、计价政策应是国家或省、自治区、直辖市建设行
政主管部门或行业建设主管部门颁布的计价定额和计价方法;

2)采用的材料价格应是工程造价管理机构通过工程造价信息发布的
材料单价,工程造价信息未发布材料单价的材料,其材料价格应通过市场
调查确定;

3)国家或省、自治区、直辖市建设行政主管部门或行业建设主管部门

对工程造价计价中费用或费用标准有规定的,应按规定执行。

(2)招标控制价的编制

1)综合单价中应包括招标文件中划分的应由投标人承担的风险范围及其费用。招标文件中没有明确的,如是工程造价咨询人编制,应提请招标人明确;如是招标人编制,应予明确。

2)分部分项工程和措施项目中的单价项目,应根据拟定的招标文件和招标工程量清单项目中的特征描述及有关要求确定综合单价计算。招标文件中提供了暂估单价的材料,按暂估的单价计入综合单价。

3)措施项目中的总价项目应根据拟定的招标文件和常规施工方案采用综合单价计价。措施项目中的安全文明施工费必须按国家或省级、行业建设主管部门的规定计算,不得作为竞争性费用。

4)其他项目费应按下列规定计价:

①暂列金额。暂列金额应按招标工程量清单中列出的金额填写。

②暂估价。暂估价包括材料暂估单价、工程设备暂估单价和专业工程暂估价。暂估价中的材料、工程设备单价应根据招标工程量清单列出的单价计入综合单价。

③计日工。计日工包括计日工人工、材料和施工机械。在编制招标控制价时,对计日工中的人工单价和施工机械台班单价应按省级、行业建设主管部门或其授权的工程造价管理机构公布的单价计算;材料应按工程造价管理机构发布的工程造价信息中的材料单价计算,工程造价信息未发布材料单价的材料,其价格应按市场调查确定的单价计算。

④总承包服务费。招标人编制招标控制价时,总承包服务费应根据招标文件中列出的内容和向总承包人提出的要求,按照省级或行业建设主管部门的规定或参照下列标准计算:

a. 招标人仅要求对分包的专业工程进行总承包管理和协调时,按分包的专业工程估算造价的 1.5% 计算;

b. 招标人要求对分包的专业工程进行总承包管理和协调,并同时要求提供配合服务时,根据招标文件中列出的配合服务内容和提出的要求,按分包的专业工程估算造价的 3%～5% 计算;

c. 招标人自行供应材料的,按招标人供应材料价值的 1% 计算。

5)招标控制价的规费和税金必须按国家或省级、行业建设主管部门的规定计算。

3. 投诉与处理

(1)投标人经复核认为招标人公布的招标控制价未按照《计价规范》的规定进行编制的,应在招标控制价公布后5天内向招投标监督机构和工程造价管理机构投诉。

(2)投诉人投诉时,应当提交由单位盖章和法定代表人或其委托人签名或盖章的书面投诉书。投诉书应包括下列内容:

1)投诉人与被投诉人的名称、地址及有效联系方式;

2)投诉的招标工程名称、具体事项及理由;

3)投诉依据及有关证明材料;

4)相关的请求及主张。

(3)投诉人不得进行虚假、恶意投诉,阻碍招投标活动的正常进行。

(4)工程造价管理机构在接到投诉书后应在2个工作日内进行审查,对有下列情况之一的,不予受理:

1)投诉人不是所投诉招标工程招标文件的收受人;

2)投诉书提交的时间不符合上述第(1)条规定的;

3)投诉书不符合上述第(2)条规定的;

4)投诉事项已进入行政复议或行政诉讼程序的。

(5)工程造价管理机构应在不迟于结束审查的次日将是否受理投诉的决定书面通知投诉人、被投诉人以及负责该工程招投标监督的招投标管理机构。

(6)工程造价管理机构受理投诉后,应立即对招标控制价进行复查,组织投诉人、被投诉人或其委托的招标控制价编制人等单位人员对投诉问题逐一核对。有关当事人应当予以配合,并应保证所提供资料的真实性。

(7)工程造价管理机构应当在受理投诉的10天内完成复查,特殊情况下可适当延长,并作出书面结论通知投诉人、被投诉人及负责该工程招投标监督的招投标管理机构。

(8)当招标控制价复查结论与原公布的招标控制价误差大于±3%时,应当责成招标人改正。

(9)招标人根据招标控制价复查结论需要重新公布招标控制价的,其最终公布的时间至招标文件要求提交投标文件截止时间不足15天的,应相应延长投标文件的截止时间。

二、投标文件

装饰装修工程投标文件是指获得投标资格的施工单位,在分析研究

招标文件与进行现场勘察的基础上,编制的有关工程施工及报价的文件,也称投标书或标函。它一般包括以下一些内容:

1. 方案投标文件主要内容

装饰方案投标文件一般包括以下主要内容:

(1)投标书:应标明投标单位名称、地址、负责人姓名、联系电话以及投标文件的主要内容。

(2)方案设计综合说明:包括设计构思、功能分区、方案特点、装饰装修风格、平面布局、整体效果、设计配备等。

(3)方案设计主要图纸(平、立、剖)及效果图。

(4)选用的主要装饰装修材料的产地、规格、品牌、价格和小样。

(5)施工图的设计周期。

(6)投资估算。

(7)授权委托书、装饰装修设计资质等级证书、设计收费资格证书、营业执照等资格证明材料。

(8)近两年的主要装修业绩和获得的各种荣誉(附复印件)。

2. 施工投标文件主要内容

施工投标文件一般包括以下主要内容:

(1)投标书:标明投标价格、工期、自报质量和其他优惠条件。

(2)授权委托书、营业执照、施工企业取费标准证书、资信证书,建设行政主管部门核发的施工企业资质等级证书、施工许可证,项目经理资质证书等;境外、省外企业进省招标投标许可证。

(3)预算书,总价汇总表。

(4)投标书辅助资料表。

(5)需要甲方供应的材料用量。

(6)投标人主要加工设备、安装设备和测试设备明细表。

(7)工程使用的主要材料及配件的产地、规格表,并提供小样。

(8)施工组织设计:包括主要工程的施工方法、技术措施、主要机具设备及人员专业构成、质量保证体系及措施、工期进度安排及保证措施、安全生产及文明施工保证措施、施工平面图等。

(9)近两年来投标单位和项目经理的工作业绩和获得的各种荣誉(提供证书复印件)。

第五节　　装饰装修工程投标报价编制

一、一般规定

(1)投标价应由投标人或受其委托具有相应资质的工程造价咨询人编制。

(2)投标价中除《计价规范》中规定的规费、税金及措施项目清单中的安全文明施工费应按国家或省级、行业建设主管部门的规定计价,不得作为竞争性费用外,其他项目的投标报价由投标人自主决定。

(3)投标人的投标报价不得低于工程成本。《中华人民共和国反不正当竞争法》第十一条规定:"经营者不得以排挤竞争对手为目的,以低于成本的价格销售商品。"《中华人民共和国招标投标法》第四十一规定:"中标人的投标应当符合下列条件……(二)能够满足招标文件的实质性要求,并且经评审的投标价格最低;但是投标价格低于成本的除外。"《评标委员会和评标方法暂行规定》(国家计委等七部委第 12 号令)第二十一条规定:"在评标过程中,评标委员会发现投标人的报价明显低于其他投标报价或者在设有标底时明显低于标底的,使得其投标报价可能低于其个别成本的,应当要求该投标人作出书面说明并提供相关证明材料。投标人不能合理说明或者不能提供相关证明材料的,由评标委员会认定该投标人以低于成本报价竞标,其投标应作废标处理。"

(4)实行工程量清单招标,招标人在招标文件中提供工程量清单,其目的是使各投标人在投标报价中具有共同的竞争平台。因此,要求投标人必须按招标工程量清单填报价格,工程量清单的项目编码、项目名称、项目特征、计量单位、工程数量必须与招标人招标文件中提供的招标工程量清单一致。

(5)根据《中华人民共和国政府采购法》第三十六条规定:"在招标采购中,出现下列情形之一的,应予废标……(三)投标人的报价均超过了采购预算,采购人不能支付的。"《中华人民共和国招标投标法实施条例》第五十一条规定:"有下列情形之一者,评标委员会应当否决其投标:……(五)投标报价低于成本或者高于招标文件设定的最高投标限价"。对于国有资金投资的工程,其招标控制价相当于政府采购中的采购预算,且其定义就是最高投标限价,因此投标人的投标报价不能高于招标控制价,否则,应予废标。

二、投标报价编制与复核

(1)投标报价应根据下列依据编制和复核:

1)《计价规范》;

2)国家或省级、行业建设主管部门颁发的计价办法;

3)企业定额,国家或省级、行业建设主管部门颁发的计价定额和计价办法;

4)招标文件、招标工程量清单及其补充通知、答疑纪要;

5)建设工程设计文件及相关资料;

6)施工现场情况、工程特点及投标时拟定的施工组织设计或施工方案;

7)与建设项目相关的标准、规范等技术资料;

8)市场价格信息或工程造价管理机构发布的工程造价信息;

9)其他的相关资料。

(2)综合单价中应考虑招标文件中要求投标人承担的风险内容及其范围(幅度)产生的风险费用,招标文件中没有明确的,应提请招标人明确。在施工过程中,当出现的风险内容及其范围(幅度)在合同约定的范围内时,合同价款不作调整。

(3)分部分项工程和措施项目中的单价项目,应根据招标文件和招标工程量清单项目中的特征描述确定综合单价。招标工程量清单的项目特征描述是确定分部分项工程和措施项目中的单价的重要依据之一,投标人投标报价时应依据招标工程量清单项目的特征描述确定清单项目的综合单价。招投标过程中,当出现招标工程量清单项目特征描述与设计图纸不符时,投标人应以招标工程量清单的项目特征描述为准,确定投标报价的综合单价。当施工中施工图纸或设计变更与招标工程量清单的项目特征描述不一致时,发、承包双方应按实际施工的项目特征,依据合同约定重新确定综合单价。

招标文件中提供了暂估单价的材料,应按暂估的单价计入综合单价;综合单价中应考虑招标文件中要求投标人承担的风险内容及其范围(幅度)产生的风险费用。在施工过程中,当出现的风险内容及其范围(幅度)在合同约定的范围内时,工程价款不做调整。

(4)投标人可根据工程实际情况并结合施工组织设计,对招标人所列的措施项目进行增补。由于各投标人拥有的施工装备、技术水平和采用的施工方法有所差异,招标人提出的措施项目清单是根据一般情况确定的,没有考虑不同投标人的"个性",投标人投标时应根据自身编制的投标施工组织设计或施工方案确定措施项目,对招标人提供的措施项目进行调整。投标人根据投标施工组织设计或施工方案调整和确定的措施项目应通过评标委员会的评审。

措施项目中的总价项目应采用综合单价计价。其中安全文明施工费应按国家或省级、行业建设主管部门的规定确定,且不得作为竞争性费用。

(5)其他项目应按下列规定报价:

1)暂列金额应按招标工程量清单中列出的金额填写,不得变动;

2)材料、工程设备暂估价应按招标工程量清单中列出的单价计入综合单价,不得变动和更改;

3)专业工程暂估价应按招标工程量清单中列出的金额填写,不得变动和更改;

4)计日工应按招标工程量清单中列出的项目和数量,自主确定综合单价并计算计日工金额;

5)总承包服务费应依据招标工程量清单中列出的专业工程暂估价内容和供应材料、设备情况,按照招标人提出协调、配合与服务要求和施工现场管理需要自主确定。

(6)规费和税金应按国家或省级、行业建设主管部门的规定计算,不得作为竞争性费用。规费和税金的计取标准是依据有关法律、法规和政策规定制定的,具有强制性。投标人是法律、法规和政策的执行者,不能改变,更不能制定,而必须按照法律、法规、政策的有关规定执行。

(7)招标工程量清单与计价表中列明的所有需要填写单价和合价的项目,投标人均应填写且只允许有一个报价。未填写单价和合价的项目,可视为此项费用已包含在已标价工程量清单中其他项目的单价和合价之中。当竣工结算时,此项目不得重新组价予以调整。

(8)实行工程量清单招标,投标人的投标总价应当与组成已标价工程量清单的分部分项工程费、措施项目费、其他项目费和规费、税金的合计金额相一致,即投标人在投标报价时,不能进行投标总价优惠(或降价、让利),投标人对招标人的任何优惠(或降价、让利)均应反映在相应清单项目的综合单价中。

第六节　投标策略和报价技巧

一、投标策略分析

承包商的投标策略是指在建筑市场上，针对具体装饰装修工程项目而据以竞争的原则和手段。在投标报价的实践中，能否在竞争中获胜，除了取决于承包商自身的实力和信誉外，采用合适的投标策略往往是中标的关键。

一般来说，承包商在投标报价中可采用以下的几种策略。

1. 报价准确，尽量接近标底

一个接近而又略低于标底的投标报价，往往能给业主及评委们留下深刻良好的印象，而远离标底的投标报价是不能进入评标程序的。

2. 充分研究业主

既然能否中标取决于业主，那么就要充分研究业主的意愿。不同的业主对影响报价的各种因素会给予不同的权重。如侧重点在于工期，就会对承包商的设备、技术实力要求严格，报价的高低就摆在第二位予以考虑。承包商就应着重强调自己将采取有效的技术措施，并明确可以达到的最短工期，价格方面不必优惠。如果业主对工期的要求低于工程造价，承包商的主要精力要放在如何提高技术、加强管理、精心组织施工、在保证质量的前提下降低投标报价。

3. 研究参与投标的竞争对手

争取中标成功的重要前提是充分了解竞争对手的情况，制定相应策略。在投标前，应该分析竞争对手的优势和不足的地方，每个竞争对手中标的可能性，以便决定自己投标报价时所应采取的态度，争取中标的最大可能性。

4. 通过科学施工而加快工程进度取胜

采用质量保证体系的措施，在编制施工组织设计中，对人、财、物做到优化配置，从提前工期入手，既提高了对业主的吸引力，又为降低施工成本创造了条件。

二、选择合适的投标种类

投标策略的选择来自实践经验的积累，来自对客观事实的认识和及时掌握业主、竞争对手及其他有关情况。不仅如此，承包商应选择合适的投标种类,以期达到最好的投标效果。

1. 盈利标

盈利标是指能给承包商带来可观利润时所投的标。招标工程既是承包商的强项,又是竞争对手的弱项时,承包商可投此标;报价时,按"高标"投。

2. 保险标

保险标是指承包商在确保有能力获取一定利润基础上所投的标。通常对可以预见的情况从技术、装备、资金等重大问题都有了解决的对策之后可投此标,一般按"低标"报价。

3. 保本标

保本标是指以获取微利为目的所投的标。一般来说,承包商无后继工程,或已出现部分窝工时投此标。通过投"低标",薄利保本。

4. 风险标

风险标是指在判定利润的获取具有明显不可确定性,即或给企业带来可观利润,或造成企业明显亏损的基础上所投的标。通常对新材料及特种结构的装饰装修工程,明知工程承包难度大,风险大,或暂时有技术上未解决的问题,但因承包商的队伍窝工,或想获得更大盈利(难度、风险解决得好),或为了开拓新技术领域,可投此标;一般在投标时,按"高标"报价。

5. 亏损标

亏损标是指明知不但不能给企业带来利润,且造成企业成本亏损的基础上所投的标。为了打入新市场,或者拓宽市场的占有率,或者要挤垮竞争对手等,往往投此标,一般"低标"报价。

三、采取合适的报价技巧

投标策略一经确定,就要具体反映到报价上。但是报价有其自身的技巧,两者必须相辅相成。

1. 不平衡报价法

不平衡报价是指在总价基本确定的前提下,提高某些分项工程的单价,同时降低另外一些分项工程的单价。通过对分项工程的单价进行增减调整,以期获得更好的经济效益。

常见的不平衡报价法见表 12-1。

表 12-1 常见的不平衡报价法

序号	信息类型	变动趋势	不平衡结果
1	资金收入的时间	早 晚	单价高 单价低
2	清单工程量不准确	增加 减少	单价高 单价低
3	报价图纸不明确	增加工程量 减少工程量	单价高 单价低
4	暂定工程	自己承包的可能性高 自己承包的可能性低	单价高 单价低
5	单价和包干混合制项目	固定包干价格项目 单价项目	单价高 单价低
6	单价组成分析表	人工费和机械费 材料费	单价高 单价低
7	议标时招标人要求压低单价	工程量大的项目 工程量小的项目	单价小幅度降低 单价较大幅度降低
8	工程量不明确报单价的项目	没有工程量 有假定的工程量	单价高 单价适中

(1)提高早期施工项目的单价,降低后期施工项目的单价,以利于资金周转。

(2)估计今后工程量可能增加的项目,其单价可提高,而工程量可能减少的项目,其单价可降低。

(3)图纸内容不明确或有错误,估计修改后工程量要增加的单价可提高,而工作内容说明不明确的单价可降低。

(4)没有工程量,只填单价的项目,其单价要高。

(5)暂定项目又叫任意项目或选择项目,对这类项目要作具体分析,因这一类项目要开工后由发包人研究决定是否实施,由哪一家承包人实施。如果工程不分标,只由一家承包人施工,则其中肯定要做的单价可高些,不一定要做的则应低些。如果工程分标,该暂定项目也可能由其他承包人施工时,则不宜报高价,以免抬高总报价。

(6)单价包干混合制合同中,发包人要求有些项目采用包干报价时,宜报高价。一则这类项目多半有风险,二则这类项目在完成后可全部按报价结账,即可以全部结算回来。而其余单价项目则可适当降低。

(7)有的招标文件要求投标者对工程量大的项目报"单价分析表",投标时可将单价分析表中的人工费及机械设备费报得较高,而材料费算得较低。这主要是为了在今后补充项目报价时可以参考选用"单价分析表"中的较高的人工费和机构设备费,而材料则往往采用市场价,因而可获得较高的收益。

(8)在议标时,承包人一般都要压低标价。这时应该首先压低那些工程量小的单价,这样即使压低了很多个单价,总的标价也不会降低很多,而给发包人的感觉即是工程量清单上的单价大幅度下降,承包人很有让利的诚意。

(9)在其他项目费中要报工日单价和机械台班单价,可以高些,以便在日后招标人用工或使用机械时可多盈利。对于其他项目中的工程量要具体分析,是否报高价,高多少有一个限度,不然会抬高总报价。

不平衡报价一定要建立在对工程量表中工程量风险仔细核对的基础上,特别是对于报低单价的项目,如工程量一旦增多,将造成承包人的重大损失,同时一定要控制在合理幅度内(一般可在10%左右),以免引起发包人反对,甚至导致废标。如果不注意这一点,有时发包人会挑选出报价过高的项目,要求投标者进行单价分析,而围绕单价分析中过高的内容压价,以致承包人得不偿失。

2. 修改设计多方案报价法

经验丰富的承包商往往能发现设计中的不合理或可改进之处,或可利用某项新的施工技术降低成本。因此,承包商除了按设计要求提出报价外,还可另外附修改设计后的方案比较,并说明其利益和可行性。这种方法要求承包商有足够的技术实力和施工经验,能以具体的数据、合理的变更与业主共同优化设计,共同承担风险,以吸引业主的注意力,提高自己的知名度。

3. 突然袭击法

由于投标竞争激烈,为迷惑对方,有意泄露一些假情报,如不打算参加投标,或准备投高标,表现出无利可图不干等假象,到投标截止之前几个小时,突然前往投标,并压低投标价,从而使对手措手不及而败北。

4. 低投标价夺标法

此种方法是非常情况下采用的非常手段。比如企业大量窝工,为减少亏损;或为打入某一建筑市场;或为挤走竞争对手保住自己的地盘,于是制定了严重亏损标,为争夺标。若企业无经济实力,信誉不佳,此法也不一定会奏效。

5. 先亏后盈法

对大型分期建设工程,在第一期工程投标时,可以将部分间接费分摊到第二期工程中去,少计算利润以争取中标。这样在第二期工程投标时,凭借第一期工程的经验、临时设施以及创立的信誉,比较容易拿到第二期工程。但第二期工程遥遥无期时,则不宜这样考虑,以免承担过高的风险。

6. 扩大报价法

在工程质量要求高同时影响施工的因素多而复杂的情况下,可增加"不可预见费",以减少风险。

7. 零星用工(计日工)

零星用工的单价一般可稍高于工程单价中的工资单价,因它不属于承包总价的范围,发生时,实报实销,可多获利。

8. 开口升级法

把报价视为协商过程,把工程中某项造价高的特殊工作内容从报价中减掉,使报价成为竞争对手无法相比的"低价"。利用这种"低价"来吸引发包人,从而取得了与发包人进一步商谈的机会,在商谈过程中逐步提高价格。当发包人明白过来当初的"低价"实际上是个钓饵时,往往已经在时间上处于谈判弱势,丧失了与其他承包人谈判的机会。利用这种方法时,要特别注意在最初的报价中说明某项工作的缺项,否则可能会弄巧成拙,真的以"低价"中标。

9. 联合保标法

在竞争对手众多的情况下,可以采取几家实力雄厚的承包商联合起来的方法来控制标价,一家出面争取中标,再将其中部分项目转让给其他承包商二包,或轮流相互保标。但此种报价方法实行起来难度较大,一方面要注意到几家联合保标公司间的利益均衡,又要保密,否则一旦被业主发现,有取消投标资格的可能。

确定投标策略、掌握报价技巧是一项全方位、多层位的系统工程,首先要对企业内部和外界的情况进行分析,并通过业主的招标文件和咨询以及社交活动等多种渠道,获得所需要的信息,明确有利条件和不利因素,发挥优势,出奇制胜,争取报出既合理又能中标的价格。

第十三章 装饰装修工程竣工结算和竣工决算

第一节 竣工结算

一、竣工结算一般规定

(1)工程完工后,发承包双方必须在合同约定时间内办理工程竣工结算。

(2)工程竣工结算应由承包人或受其委托具有相应资质的工程造价咨询人编制,并应由发包人或受其委托具有相应资质的工程造价咨询人核对。

(3)当发承包双方或一方对工程造价咨询人出具的竣工结算文件有异议时,可向工程造价管理机构投诉,申请对其进行执业质量鉴定。

(4)工程造价管理机构对投诉的竣工结算文件进行质量鉴定,宜按《计价规范》相关规定进行。

(5)竣工结算办理完毕,发包人应将竣工结算文件报送工程所在地或有该工程管辖权的行业管理部门的工程造价管理机构备案,竣工结算文件应作为工程竣工验收备案、交付使用的必备文件。

二、竣工结算编制与复核

(1)工程竣工结算应根据下列依据编制和复核:

1)《计价规范》;

2)工程合同;

3)发承包双方实施过程中已确认的工程量及其结算的合同价款;

4)发承包双方实施过程中已确认调整后追加(减)的合同价款;

5)建设工程设计文件及相关资料;

6)投标文件;

7)其他依据。

(2)分部分项工程和措施项目中的单价项目应依据发承包双方确认

的工程量与已标价工程量清单的综合单价计算；发生调整的，应以发承包双方确认调整的综合单价计算。

（3）措施项目中的总价项目应依据已标价工程量清单的项目和金额计算；发生调整的，应以发承包双方确认调整的金额计算，其中安全文明施工费应按《计价规范》的规定计算。

（4）其他项目应按下列规定计价：

1）计日工应按发包人实际签证确认的事项计算；

2）暂估价应按《计价规范》的规定计算；

3）总承包服务费应依据已标价工程量清单金额计算；发生调整的，应以发承包双方确认调整的金额计算；

4）索赔费用应依据发承包双方确认的索赔事项和金额计算；

5）现场签证费用应依据发承包双方签证资料确认的金额计算；

6）暂列金额应减去合同价款调整（包括索赔、现场签证）金额计算，如有余额归发包人。

（5）规费和税金应按《计价规范》的规定计算。规费中的工程排污费应按工程所在地环境保护部门规定的标准缴纳后按实列入。

（6）发承包双方在合同工程实施过程中已经确认的工程计量结果和合同价款，在竣工结算办理中应直接进入结算。

三、竣工结算

（1）合同工程完工后，承包人应在经发承包双方确认的合同工程期中价款结算的基础上汇总编制完成竣工结算文件，应在提交竣工验收申请的同时向发包人提交竣工结算文件。

承包人未在合同约定的时间内提交竣工结算文件，经发包人催告后14天内仍未提交或没有明确答复的，发包人有权根据已有资料编制竣工结算文件，作为办理竣工结算和支付结算款的依据，承包人应予以认可。

（2）发包人应在收到承包人提交的竣工结算文件后的28天内核对。发包人经核实，认为承包人还应进一步补充资料和修改结算文件，应在上述时限内向承包人提出核实意见，承包人在收到核实意见后的28天内应按照发包人提出的合理要求补充资料，修改竣工结算文件，并应再次提交给发包人复核后批准。

（3）发包人应在收到承包人再次提交的竣工结算文件后的28天内予以复核，将复核结果通知承包人，并应遵守下列规定：

1)发包人、承包人对复核结果无异议的,应在 7 天内在竣工结算文件上签字确认,竣工结算办理完毕;

2)发包人或承包人对复核结果认为有误的,无异议部分按照本条第1)款规定办理不完全竣工结算;有异议部分由发承包双方协商解决;协商不成的,应按照合同约定的争议解决方式处理。

(4)发包人在收到承包人竣工结算文件后的 28 天内,不核对竣工结算或未提出核对意见的,应视为承包人提交的竣工结算文件已被发包人认可,竣工结算办理完毕。

(5)承包人在收到发包人提出的核实意见后的 28 天内,不确认也未提出异议的,应视为发包人提出的核实意见已被承包人认可,竣工结算办理完毕。

(6)发包人委托工程造价咨询人核对竣工结算的,工程造价咨询人应在 28 天内核对完毕,核对结论与承包人竣工结算文件不一致的,应提交给承包人复核;承包人应在 14 天内将同意核对结论或不同意见的说明提交工程造价咨询人。工程造价咨询人收到承包人提出的异议后,应再次复核,复核无异议的,应按《计价规范》的相关规定办理,复核后仍有异议的,按《计价规范》的相关规定办理。

承包人逾期未提出书面异议的,应视为工程造价咨询人核对的竣工结算文件已经承包人认可。

(7)对发包人或发包人委托的工程造价咨询人指派的专业人员与承包人指派的专业人员经核对后无异议并签名确认的竣工结算文件,除非发承包人能提出具体、详细的不同意见,发承包人都应在竣工结算文件上签名确认,如其中一方拒不签认的,按下列规定办理:

1)若发包人拒不签认的,承包人可不提供竣工验收备案资料,并有权拒绝与发包人或其上级部门委托的工程造价咨询人重新核对竣工结算文件。

2)若承包人拒不签认的,发包人要求办理竣工验收备案的,承包人不得拒绝提供竣工验收资料,否则,由此造成的损失,承包人承担相应责任。

(8)合同工程竣工结算核对完成,发承包双方签字确认后,发包人不得要求承包人与另一个或多个工程造价咨询人重复核对竣工结算。

(9)发包人对工程质量有异议,拒绝办理工程竣工结算的,已竣工验收或已竣工未验收但实际投入使用的工程,其质量争议应按该工程保修合同执行,竣工结算应按合同约定办理;已竣工未验收且未实际投入使用的工程以及停工、停建工程的质量争议,双方应就有争议的部分委托有资质的检测鉴定机构进行检测,并应根据检测结果确定解决方案,或按工程质量监督机构的处理决定执行后办理竣工结算,无争议部分的竣工结算应按合同约定办理。

四、结算款支付

(1)承包人应根据办理的竣工结算文件向发包人提交竣工结算款支付申请。申请应包括下列内容:

1)竣工结算合同价款总额;

2)累计已实际支付的合同价款;

3)应预留的质量保证金;

4)实际应支付的竣工结算款金额。

(2)发包人应在收到承包人提交竣工结算款支付申请后7天内予以核实,向承包人签发竣工结算支付证书。

(3)发包人签发竣工结算支付证书后的14天内,应按照竣工结算支付证书列明的金额向承包人支付结算款。

(4)发包人在收到承包人提交的竣工结算款支付申请后7天内不予核实,不向承包人签发竣工结算支付证书的,视为承包人的竣工结算款支付申请已被发包人认可;发包人应在收到承包人提交的竣工结算款支付申请7天后的14天内,按照承包人提交的竣工结算款支付申请列明的金额向承包人支付结算款。

(5)发包人未按照《计价规范》的规定支付竣工结算款的,承包人可催告发包人支付,并有权获得延迟支付的利息。发包人在竣工结算支付证书签发后或者在收到承包人提交的竣工结算款支付申请7天后的56天内仍未支付的,除法律另有规定外,承包人可与发包人协商将该工程折价,也可直接向人民法院申请将该工程依法拍卖。承包人应就该工程折价或拍卖的价款优先受偿。

五、质量保证金

(1)发包人应按照合同约定的质量保证金比例从结算款中预留质量保证金。

(2)承包人未按照合同约定履行属于自身责任的工程缺陷修复义务的,发包人有权从质量保证金中扣除用于缺陷修复的各项支出。经查验,工程缺陷属于发包人原因造成的,应由发包人承担查验和缺陷修复的费用。

(3)在合同约定的缺陷责任期终止后,发包人应按照下述"六、最终结清"的规定,将剩余的质量保证金返还给承包人。

六、最终结清

(1)缺陷责任期终止后,承包人应按照合同约定向发包人提交最终结清支付申请。发包人对最终结清支付申请有异议的,有权要求承包人进行修正和提供补充资料。承包人修正后,应再次向发包人提交修正后的最终结清支付申请。

(2)发包人应在收到最终结清支付申请后的 14 天内予以核实,并应向承包人签发最终结清支付证书。

(3)发包人应在签发最终结清支付证书后的 14 天内,按照最终结清支付证书列明的金额向承包人支付最终结清款。

(4)发包人未在约定的时间内核实,又未提出具体意见的,应视为承包人提交的最终结清支付申请已被发包人认可。

(5)发包人未按期最终结清支付的,承包人可催告发包人支付,并有权获得延迟支付的利息。

(6)最终结清时,承包人被预留的质量保证金不足以抵减发包人工程缺陷修复费用的,承包人应承担不足部分的补偿责任。

(7)承包人对发包人支付的最终结清款有异议的,应按照合同约定的争议解决方式处理。

第二节　竣 工 决 算

一、竣工决算的概念

竣工决算又称竣工成本决算,分为施工企业内部单位工程竣工决算和基本建设项目竣工决算,前者是施工企业内部进行实际成本分析,反映经营效果,以工程竣工后的工程结算为依据核算一个单位工程的概预算成本、实际成本和成本降低额;编制竣工成本决算(详见表 13-1),总结经验,从而提高企业管理水平。后者是建设单位根据国家建委《关于基本建设项目竣工验收暂行规定》的要求,对所有新建、扩建和整体改造的建筑装饰工程项目竣工以后都应编制的决算。

表 13-1

竣工成本决算

建设单位名称：							开工日期　年　月　日			
工程名称：　　　工程结构：　　　建筑面积：							竣工日期　年　月　日			
成本项目	预算成本	实际成本	降低额	降低率/(%)	材料人工及机械使用分析	单位	预算用量	实际用量	实际用量与预算用量比较	
									节约或超支量	节约或超支百分率
人工费					一、材料					
材料费					1					
机械使用费					2					
其他直接费					3					
直接成本					4					
施工管理费					5					
工程成本					6					
加：					7					
总　计					8					

预算总造价：　　　　元(建筑装饰费用)　　二、人工

单位工程造价：　　　元(m²)　　　　　三、机械费

单位工程成本：

　　预算成本：　　　元(m²)

　　实际成本：　　　元(m²)

二、基本建设项目竣工决算编制

它是由建设单位在整个建设项目竣工后,以建设单位自身开支和自营工程决算及承包工程单位在每项单位工程完工后向建设单位办理工程结算的资料为依据进行编制的,反映整个建设项目从筹建到竣工验收投产的全部实际支出费用,即建筑工程费用,安装工程费用,设备、工器具购置费用和其他费用等。

基本建设竣工决算,是基本建设经济效果的全面反映,是核定新增固定资产和流动资产价值,办理交付使用的依据。通过编制竣工决算,可以全面清理基本建设财务,做到工完账清,便于及时总结基本建设经验,积累各项技术经济资料,提高基建管理水平和投资效果。

竣工决算的资料来源有两个方面:一是建设单位自身开支和自营工程决算;二是发包工程单位(即建筑装饰施工单位)在每项单位工程完工

后向建设单位办理的工程结算。

关于竣工决算的编制和内容,原建设部、财政部关于试行"基本建设项目竣工决算编制办法"的通知中做了明确规定,分大中型项目和小型建设项目制订。大中型建设项目竣工决算内容包括竣工工程概算表(表13-2)、竣工财务决算表(表13-3)、交付使用财产总表(表13-4)以及交付使用财产明细(表13-5)。小型建设项目竣工决算总表(表13-6),反映小型建设项目的全部工程和财务情况。竣工决算在上报主管部门的同时,抄送有关设计单位和开户建设银行各一份,大中型建设项目的竣工财务决算表还应抄送财政部和省、直辖市、自治区财政局各一份。竣工决算必须内容完整、核对准确、真实可靠。

表 13-2　　　　　　　　　　大、中型建设项目竣工工程概算表

建设项目(或)单位工程名称				项　目		概算/元	实际/元	主要事项说明
建设地址		占地面积		建设成本	建筑安装工程 设备、工具、器具 其他基本建设 其中土地征用费 生产职工培训费 施工机械转移费 建设单位管理 负荷试车费			
新增生产能力	能力(或效益)名　称	设计	实际					
建设时间	计划	从　年　月开工至　年　月竣工			合计			
	实际	从　年　月开工至　年　月竣工		主要材料消耗	名称	单位	概算	实际	
初步设计和概算批准机关、日期、文号					钢材 木材 水泥			
完成主要工程量	名称	单位	数量					
			设计	实际				
收尾工程	工程内容	投资额	负责收尾单位	完成时间	主要技术经济指标			

表 13-3　　　　　　　　大、中型建设项目竣工财务决算表

建设项目名称		大、中型项目决算二表		
资金来源	金额/千元	资金运用	金额/千元	
(1)基建预算拨款		(1)交付使用财产		补充资料
				基本建设收入
(2)基建其他拨款		(2)在建工程		总计
(3)基建收入		(3)应核销投资支出		其中:应上缴财政
(4)专用基金		①拨付其他单位基建款		已上缴交财政
(5)应付款		②移交其他单位未定工程		支出
		③报废工程损失		
		……		
		(4)应核销其他支出		
		①器材销售亏损		
		②器材折价损失		
		③设备报废盘亏		
		……		
		(5)器材		
		①需要安装设备		
		②库存材料		
		……		
		(6)施工机具设备		
		(7)专用基金财产		
		(8)应收款		
		(9)银行存款及现金		
		合　计		

表 13-4　　　　　　　　大中型建设项目交付使用财产总表

建设项目名称	大、中型项目竣工决算附表　　（单位:元）					
工程项目名称	合　计	固　定　资　产				流动资产
		合　计	建安工程	设　备	其他费用	

支付单位　　　　　　　　　　　　　　　　接收单位

盖章_____　年　月　　　　　　　　盖章_____　年　月

补充资料:由其他单位无偿拨入的房屋价值　　设备价值

表 13-5　　　　　　　大中小型建设项目交付使用财产明细表

建设项目名称	大、中型项目竣工决算附表 小型项目竣工决算附表								
工程项目名称	建筑工程			设备、工具、器具、家具					
	结构	面积 /m²	价值 /元	名称	规格型号	单位	数量	价值 /元	设备安装费用
合　计				合计					

交付单位　　　　　　　　　　　　　　　　接收单位

盖章_____　年　月　　　　　　　　盖章_____　年　月

表 13-6　　　　　　　　　　　小型建设项目竣工决算总表

建设项目名称						项　目	金额/元	主要事项说明
建设地址			占地面积	设计	实际	1. 基建预算拨款		
						2. 基建其他拨款		
						3. 应付款		
						4.……		
新增生产能力	能　力（或效益）	名称	设计	实际	初 步设 计 或概 算 批核 机 关日 期			
建设时间	计划	从　　年　月至　　年　月				合计		
	实际	从　　年　月至　　年　月						
建设成本	项　　目		概算/元	实际/元		1. 交付使用固定资产		
	建筑安装工程					2. 交付使用流动资金		
	设备工具器具					3. 应核销投资支出		
	其他基本建设					4. 应核销其他支出		
	1. 土地征用费					5. 库存设备材料		
	2. 负荷试车费					6. 银行存款及现金		
	3. 生产职工培训费					7. 应收款		
	4.……					8.……		
	合　计					合　计		

第三节　装饰装修工程造价审核

一、装饰装修工程造价审核简述

目前,建筑装饰材料品种繁多,装饰技术日益更新,装饰类型各具特色,装饰工程造价影响因素较多,因此,为了合理确定装饰工程造价,保证建设单位、施工单位的合法经济利益,必须加强装饰工程预算的审核。

合理而又准确地对装饰工程造价进行审核,不仅有利于正确确定装饰工程造价,同时也为加强装饰企业经济核算和财务管理提供依据,合理审核装饰工程预算还将有利于新材料、新工艺、新技术的推广和应用。

对于工程量清单计价来说,通过市场竞争形成价格,以及招标投标制、合同制的建立与完善,似乎审核作用已不明显。但实际上,审核在清单报价中仍很重要。业主对工程量的自行审核,对工程造价的确定起着非常重要的作用。从双方合作的全过程来看,从投标报价,签订合同价,工程结算到竣工结算,业主和承包商实际上都要经历一个工程造价完整的计量计价审核过程,这也是双方对工程造价确定的责任。

对于传统预算法,已被工程造价的审核人员所公认,得到了广泛应用,并形成了成熟且较完善的审核方法。

无论是传统预算的审核,还是工程量清单计价的审核,很多审核的理论和方法是通用的,但也存在一些不同的审核内容和技巧等。以下主要从传统方法介绍有关工程造价的审核。

二、工程造价的依据和形式

(一)工程造价审核的依据

(1)国家或省(市)颁发的现行定额或补充定额以及费用定额。

(2)现行的地区材料预算价格、本地区工资标准及机械台班费用标准。

(3)现行的地区单位估价表或汇总表。

(4)装饰装修施工图纸。

(5)有关该工程的调查资料。

(6)甲乙双方签订的合同或协议书以及招标文件。

(7)工程资料,如施工组织设计等文件资料。

(二)工程造价审核的形式

1. 会审

会审是由建设单位、设计单位、施工单位各派代表一起会审,这种审核发现问题比较全面,又能及时交换意见,因此审核的进度快、质量高,多用于重要项目的审核。

2. 单审

单审是由审计部门或主管工程造价工作的部门单独审核。这些部门单独审核后,各自提出修改意见,通知有关单位协商解决。

3. 建设单位审核

建设单位具备审核工程造价条件时,可以自行审核,对审核后提出的问题,同工程造价的编制协商解决。

4. 委托审核

随着造价师工作的开展,工程造价咨询机构应运而生,建筑单位可以委托这些专门机构进行审核。

三、工程造价审核的步骤

1. 审核前准备工作

(1)熟悉施工图纸。施工图是编制与审核预算分项数量的重要依据,必须全面熟悉了解。

(2)根据预算编制说明,了解预算包括的工程范围,以及会审图纸后的设计变更等。

(3)弄清所用单位工程估价表的适用范围,搜集并熟悉相应的单价、定额资料。

2. 选择审核方法

工程规模、繁简程度不同,编制工程预算的繁简和质量就不同,应选择适当的审核方法进行审核。

3. 整理审核资料并调整定案

综合整理审核资料,同编制单位交换意见,定案后编制调整预算。经审核如发现差错,应与编制单位协商,统一意见后进行相应增加或核减的修正。

四、工程造价审核的主要方法

(一)全面审核法

全面审核法就是根据实际工程的施工图,施工组织设计或施工方案,工程承包合同或招标文件,结合现行定额或有关规定以及相关市场价格信息等,全面审核工程量、定额单价以及工程量用计算等。对于传统预算的全面审核,其过程是一个完整的预算过程;对于工程量清单计价的全面审核,则是一个计量与计价分别的审核,或者说是一种虚拟全程审核。全面审核相当于将预算再编制一遍,其具体计算方法和审查过程与编制预算基本相同。

全面审核法的优点是全面细致,审查质量高,效果好,一般来讲经审核的工程预算差错比较少。其缺点是工作量大,耗费时间多。其适用对象主要是工程量比较少,工艺比较简单的工程及编制预算的技术力量比较薄弱的工程预算。

(二)重点审核法

重点审核法就是抓住工程预算中的重点进行审核的方法。审核的重点一般有:

(1)工程量大或费用高的分项(子项)工程的工程量。

(2)工程量大或费用高的分项(子项)工程的定额单价。

(3)换算定额单价。

(4)补充定额单价。

(5)各项费用的计取。

(6)材料价差。

(7)其他。

对于工程量清单计价,业主编制工程量清单时重点审核工程量大或造价较高、工程结构复杂的工程的工程量等内容,以及在投标后重点审核重要的综合单价、措施费、总价等内容;承包商重点审核工程量大或造价较高、工程结构复杂的工程的综合单价及工程量、各项措施费用及总价等内容。在合作的全过程,双方对所有这些重点内容都要进行各自审核。

重点审核法的优点是重点突出,审核时间短,效果较好;其缺点是只能发现重点项目的差错,而不能发现工程量较小或费用较低项目的差错,预算差错不可能全部修正。

(三)分组计算审核法

分组计算审核法就是把预算中的项目分为若干组,将相邻且有一定内在联系的项目编为一组,审查或计算同一组中某个分项工程量,利用工程量间具有相同或相似计算基础的关系,可以判断同组中其他几个分项工程量计算是否准确的一种审核方法。例如,在装饰装修工程预算中,将楼地面装饰与天棚装饰分为一组。天棚与楼地面的工程量在一般情况下基本上是一致的,主要为主墙间净面积,所以只需计算一个工程量。如果天棚和楼地面做法有特殊要求,则应进行相应调整。

（四）对比审核法

对比审核法是把用已建成工程的预决算或未建成但已经审核修正过的预算对比审核拟建的类似工程预算的一种审核方法。

（五）标准预算审核法

标准预算审核法是指对于利用标准图或通用图施工的工程,先编制一定的标准预算,然后以其为标准审核预算的一种方法。

工程预算造价审核的方法多种多样,可以根据工程实际选择其中一种,也可以同时选用几种综合使用。

五、装饰装修工程造价审核的质量控制

（一）审核中常见的问题及原因

1. 分项子目列错

分项子目列错有重项或漏项两种情况。重项是将同一工作内容的子目分成两个子目列出。例如:面砖水泥砂浆粘贴,列成水泥砂浆抹灰和贴面砖两个子目,消耗量定额中已规定面砖水泥砂浆粘贴已包括水泥砂浆抹灰。造成重项的原因是:没有看清该分项子目的工作内容;对该分项子目的构造做法不清楚;对消耗量定额中分项子目的划分不了解等。

2. 工程量算错

工程量算错有计算公式用错和计算操作错误两种情况。

计算公式用错是指运用面积、体积等计算公式错误,导致计算结果错误。造成计算公式用错的主要原因是:计算公式不熟悉;没有遵循工程量计算规则。

计算操作错误是计算器操作不慎,造成计算结果差错。造成计算操作的主要原因是:计算器操作时慌张,思想不集中。

3. 定额套错

定额套错是指该分项子目没有按消耗量定额中的规定套用。造成定额套错的主要原因是:没有看清消耗量定额上分项子目的划分规定;对该分项子目的构造做法尚不清楚;没有进行必要的定额换算。

4. 费率取错

费率取错是指计算技术措施费、其他措施费、利润、税金时各项费率取错,以致这些费用算错。造成费率取错的主要原因是:没有看清各项费率的取用规定;各项费用的计算基础用错;计算操作上失误。

(二)控制和提高审核质量的措施

1. 审查单位应注意装饰预算信息资料的收集

随着科技的进步,装饰材料日新月异,新技术、新工艺不断涌现,因此,应不断收集、整理新的材料价格信息,新的施工工艺的用工和用料量,以适应装饰市场的发展要求,不断提高装饰预算审查的质量。

2. 建立健全审查管理制度

(1)健全各项审查制度。包括:建立单审和会审的登记制度;建立审查过程中的工程量计算、定额单价及各项取费标准等依据留存制度;建立审查过程中核增、核减等台账填写与留存制度;建立装饰工程审查人、复查人审查责任制度;确定各项考核指标,考核审查工作的准确性。

(2)应用计算机建立审查档案。建立装饰预算审查信息系统,可以加快审查速度,提高审查质量,系统可包括:工程项目、审查依据、审查程序、补充单价、造价等子系统。

3. 实事求是,以理服人

审查时遇到列项或计算中的争议问题,可主动沟通,了解实际情况,及时解决;遇到疑难问题不能取一致意见时,可请示造价管理部门或其他有权部门调解、仲裁等。

参 考 文 献

[1] 中华人民共和国国家标准. GB 50500—2013 建设工程工程量清单计价规范[S]. 北京:中国计划出版社,2013.

[2] 中华人民共和国国家标准. GB 50854—2013 房屋建筑与装饰工程工程量计算规范[S]. 北京:中国计划出版社,2013.

[3] 规范编制组. 2013 建设工程计价计量规范辅导[M]. 北京:中国计划出版社,2013.

[4] 中华人民共和国建设部标准定额司. GJD—101—95 全国统一建筑工程基础定额(土建)[S]. 北京:中国计划出版社,1995.

[5] 中华人民共和国建设部. GYD—901—2002 全国统一建筑装饰装修工程消耗量定额[S]. 北京:中国建筑工业出版社,2002.

[6] 全国造价工程师执业资格考试培训教材编审委员会. 工程造价计价与控制[M]. 北京:中国计划出版社,2006.

[7] 张毅. 工程建设计量规则[M]. 2 版. 上海:同济大学出版社,2003.

[8] 龚维丽. 工程造价的确定与控制[M]. 2 版. 北京:中国计划出版社,2001.

[9] 杨其富,杨天水. 预算员必读[M]. 北京:中国电力出版社,2005.

[10] 许焕兴. 新编装饰装修工程预算[M]. 北京:中国建筑工业出版社,2005.

[11] 钱玉明. 建筑工程预算培训教材[M]. 北京:中国计划出版社,2000.

[12] 黄欣. 建筑工程工程量清单计价实用手册[M]. 合肥:安徽科学技术出版社,2005

[13] 王朝霞. 建筑工程定额与计价[M]. 北京:中国电力出版社,2004.

[14] 殷惠光. 建设工程造价[M]. 北京:中国建筑工业出版社,2004.

[15] 李文利. 建筑装饰工程概预算[M]. 北京:机械工业出版社,2003.